Wieland Richter · Navigation in der Zivilluftfahrt

TUD*press* Lehrbuch

Institut für Luftfahrt und Logistik (IFL)-
Schriftenreihe

Band 1

Wieland Richter

Navigation in der Zivilluftfahrt

Grundlagen und Systeme konventioneller und integrierter Flugnavigation

TUD*press*
2007

Die Deutsche Bibliothek – CIP-Einheitsaufnahme

Bibliografische Information der Deutschen Bibliothek
Die Deutsche Bibliothek verzeichnet diese Publikation in der Deutschen Nationalbibliografie; detaillierte bibliografische Daten sind im Internet unter <http://dnb.ddb.de> abrufbar.

Bibliographic information published by Die Deutsche Bibliothek
Die Deutsche Bibliothek lists this publication in the Deutsche Nationalbibliografie; detailed bibliographic data is available in the Internet at <http://dnb.ddb.de>

ISBN-13: 978-3-940046-06-2

TUDpress
Verlag der Wissenschaften GmbH
Bergstr. 70 | D-01069 Dresden
Tel.: 0351/47 96 97 20 | Fax: 0351/47 96 08 19
http://www.tudpress.de

Vorwort

„Navigation in der Zivilluftfahrt" von Herrn Flugkapitän Wieland Richter eröffnet eine Schriftenreihe des Instituts für Luftfahrt und Logistik, die die Inhalte des Studienprogramms an meinem Lehrstuhl „Technologie und Logistik des Luftverkehrs" an der TU Dresden inhaltlich begleitet und so gleichermaßen für Studenten im laufenden Lehrbetrieb als auch als Nachschlagewerk im Berufsleben dienen möge.

Die „Navigation in der Zivilluftfahrt", thematisch eingebettet in das CNS/ATM-Konzept der ICAO, stellt einen wertvollen Beitrag im Bereich der CNS-Literatur dar, in dem sie in leicht verständlicher Weise den Bogen von den Grundlagen der Kartographie über die seit nunmehr über 40 Jahren bewährte, mittlerweile aber im Ausmusterungsprozess begriffene Funknavigation bis hin zum hochaktuellen Thema Satellitennavigation - mit GALILEO in Europa eines der größten Verkehrsprojekte der Europäischen Gemeinschaft bisher - sowie zur integrierten Navigation unter Einbeziehung der hierzu relevanten Avionik an Bord moderner Luftfahrzeuge spannt.

Das Werk soll sich strategisch in weitere, geplante Bände wie „Kommunikation", „Überwachung" und „Air Traffic Management" eingliedern. Die von Herrn Richter sorgfältig durchgeführte Analyse und Aufbereitung des Wissensbereichs Navigation erleichtert den Einstieg in die Materie und motiviert gleichermaßen das Interesse am Erlangen neuer Kenntnisse. Ich danke ihm für sein außergewöhnliches, nebenberufliches Engagement als Autor.

Dresden, im Dezember 2006 — Prof. Dr.- Ing. habil. Hartmut Fricke

Inhaltsübersicht

Inhaltsverzeichnis

Einleitung

Die Aufgabenstellungen zur sicheren, verzögerungsfreien und ökonomischen Durchführung einer Flugmission sowie zur optimalen Nutzung der Luftraumkapazität werden durch die Mittel und Verfahren der Flugnavigation ermöglicht. Gleichzeitig müssen die Aufgaben der Wegesicherung des Luftverkehrs als hoheitliche Überwachungsfunktion mit demselben Ziel dargestellt werden.

Es ergibt sich damit das gleichberechtigte Nebeneinander der Navigation durch den Luftraumnutzer und der Luftfahrzeugortung durch die Luftraumüberwachung. Diese Aufgaben werden mit dem Oberbegriff Communication/Navigation/Surveillance (CNS) zusammengefasst. Der Komplex CNS wiederum steht heute ganzheitlich in Wechselbeziehung mit den Verfahren des sog. Air Traffic Management (ATM). Damit wird schnell die Komplexität der Technologie einer zivilen Flugmission sichtbar.

Dieses vorlesungsbegleitende Buch greift sich aus obiger Systematik den Bereich der Navigation heraus. Zielstellung ist die anschauliche und kurzgefasste Vermittlung der Grundlagen und Systeme, wie sie in der heutigen zivilen Luftfahrt von Bedeutung sind. Es soll einerseits solides Basiswissen dauerhafter Aktualität vermittelt werden, andererseits soll dem potentiellen Luftraumnutzer oder Verfahrensplaner bei der Flugsicherung die Möglichkeit geboten werden, sich mit dieser Wissensbasis in die zukünftigen Navigationsverfahren und Ortungssysteme zielgerichtet einarbeiten zu können. Damit wird versucht, die bisher bestehende Lücke durch ein geschlossenes und gleichzeitig überschaubares Werk zu füllen.

Im Kapitel 1 dieses Buches werden neben der begrifflichen Abgrenzung die allgemeinen Grundlagen wie Kursbegriffe, das Ortungsprinzip mit Standlinien, navigatorisch wichtige Linien sowie Zeitsysteme behandelt, soweit sie für das Verständnis der Navigation nötig sind.

Kapitel 2 vermittelt in überschaubarem Rahmen die notwendigen Grundlagen der Bereiche Geodäsie und Kartographie. Das Verständnis der Referenzsysteme für Lage und Höhe sowie die kurze Einführung in die Transformation zwischen verschiedenen Systemen sollen das gründliche Verständnis - insbesondere der Prinzipien der Satellitennavigation - erleichtern. Die Methoden der Ermittlung von der Gestalt des Erdkörpers und des Erdschwerefeldes durch die Geodäsie sowie die Umsetzung dieser Ergebnisse durch die Landesaufnahme und Kartographie gehören zu einer soliden Wissensbasis für den Umgang mit Luftfahrtkarten.

Das Kapitel 3 behandelt den breiten Bereich der Funknavigation. Diese umfasst Systeme der Strecken-, wie auch der Anflugnavigation. Die konventionellen Funknavigationssysteme Ungerichtetes Funkfeuer, UKW-Drehfunkfeuer und Peileranlagen finden momentan noch eine breite Anwendung, so dass diese hier Berücksichtigung erfahren müssen. Im sog. FANS-Konzept der ICAO (Future Air Navigation Systems) haben diese Anlagen jedoch nur noch eine zweitrangige Bedeutung, ihre Anzahl wird kontinuierlich reduziert. Funkentfernungsmessung sowie Präzisionsanflugverfahren finden jedoch auch zukünftig Anwendung.

Kapitel 4 behandelt die Systeme der Trägheitsnavigation. Als bordautonomes Navigationssystem, Datenlieferant für andere Bordsysteme und als Komponente moderner integrierter Navigation hat die Trägheitsnavigation auch zukünftig eine große Bedeutung.

In Kapitel 5 werden die Grundlagen und Prinzipien der Ortung und Navigation mit Satelliten am Beispiel des US-amerikanischen militärischen Systems GPS behandelt. Die Einsicht in die Komplexität und das Verständnis dieses Systems sollen den Leser in die Lage versetzen, das Wissen über spezifische Themen zielgerichtet zu vertiefen und das Rüstzeug für die Anwendungen des kommenden europäischen Systems GALILEO zu erwerben. Die regionalen GPS-Ergänzungssysteme schaffen die Voraussetzung für eine große Zahl, momentan in der Erprobung befindlicher, neuer Instrumentenanflugverfahren.

Das Kapitel 6 über integrierte Navigation führt alle obigen Systeme zusammen, es bildet den Kern des Buches. Dieses Kapitel hat nicht das Ziel, im Sinne einer Bedienungsanleitung die verwendeten Anlagen der spezifischen Flugzeughersteller und -Muster zu behandeln. Es wird vielmehr die prinzipielle Funktionsweise erklärt, um einem potentiellen Nutzer die gezielte Einarbeitung in ein spezifisches System zu erleichtern.

Allen Kapiteln gemeinsam ist der Vordergrund einer vor allem qualitativen und anschaulichen Betrachtung des jeweils behandelten Themas.

1 Allgemeine Grundlagen der Flugnavigation

1.1 Begriffsbestimmung und Einteilung

Navigation ist jede Maßnahme (Beobachtung, Messung und Auswertungsmethode), mit welcher der geographische Ort und/oder die Bewegung eines Fahrzeuges ermittelt bzw. ein bestimmtes Ziel, ggf. auf einem vorgegebenen Weg sicher erreicht wird (siehe auch DIN 13312). Unter Flugnavigation versteht man den Komplex von Handlungen der Flugbesatzung die darauf gerichtet sind, das Luftfahrzeug auf der zweckmäßigsten bzw. beabsichtigten Flugstrecke und in der beabsichtigten Zeit zum Bestimmungsort zu führen. Flugnavigation ist unterteilbar in:

- Funkortung und -navigation
- Terrestrische Navigation nach Sicht
- Koppelnavigation
- Trägheitsnavigation
- Astronomische Navigation
- Ortung und Navigation mit Satelliten

Navigation kann auch kurz als Lehre von der Ortung und Kursbestimmung bei der Schiffs- bzw. Flugzeugführung charakterisiert werden. In der navigatorischen Praxis werden grundsätzlich mindestens zwei der obigen Verfahren parallel angewendet. Eine Unterscheidung kann nach Eigenortung und Fremdortung sowie nach kooperativen und autonomen Verfahren erfolgen.

Funkortungs- und Navigationsverfahren

Eigenortung

bodengestützt	bordautonom
Eigenpeilung Leitstrahl Drehfunkfeuer Hyperbelverfah- ren Funkentfernungs- messung ρ/ρ-Verfahren	Funkhöhenmessung Navigationsradar Dopplerradar Trägheitsnavigation

Fremdortung

bodengestützt	bordautonom
Funkführung Fremdpeilung Flugsicherung	Radarsuch/Bord Radarwarn/Bord

Kooperative Navigationssysteme beruhen auf dem Zusammenwirken der im Luftfahrzeug befindlichen funktechnischen Einrichtungen und denen in Bodenstationen oder Satelliten (Sender/Empfänger oder umgekehrt).

Hierzu zählen:

- Funkentfernungsmesssystem (DME)
- Sekundärradar
- UKW-Drehfunkfeuer (VOR)
- Ungerichtete Funkfeuer (NDB)
- Hyperbelnavigationsverfahren (DECCA, OMEGA, LORAN A + C)
- Globale Satellitennavigationsverfahren GNSS (GPS, GLONASS, GALILEO)

Autonome Ortungssysteme sind dadurch gekennzeichnet, dass die Positionsbestimmung nur durch die an Bord oder am Boden befindlichen Mittel erfolgt, unabhängig von einer Gegenstelle. Solche sind:

- Primärradar
- Peileranlagen
- Dopplerradar
- Funkhöhenmesser
- Trägheitsnavigationsanlagen (INS/IRS)

Eine Unterscheidung ist ebenfalls nach dem geographischen Einsatzbereich möglich:

- Anflugnavigationssysteme (ILS/MLS)
- Kurz- und Mittelstreckennavigationssysteme
- Globale Navigationssysteme

Ortung und Navigation muss abgegrenzt werden zu den Mitteln und Verfahren der Luftraumüberwachung im Sinne der Verkehrswegesicherung durch die Flugverkehrskontrolle (Communication/Surveillance). Eine Abgrenzung muss ebenfalls zur Flugplanung erfolgen. Die Aufgaben der Navigation in der Zivilluftfahrt werden heute im Wesentlichen durch Satellitenortungssysteme (GNSS), Funkentfernungsmessung und Trägheitsnavigation, integriert durch moderne Flight Management Systeme (FMS), geleistet. Der Trend geht hin zu einer sog. Multi Source Navigation.

1.2 Standflächen und Standlinien

Für die Beschreibung eines Standortes im Raum ist ein dreidimensionales Koordinatensystem notwendig. Ein solches ist gegeben durch drei unabhängige Flächenscharen, welche eindeutige Schnittpunkte liefern. Außerdem muss jede dieser Flächen durch einen Parameterwert gekennzeichnet sein, der sie von den anderen Flächen unterscheidet. Ortungssysteme müssen daher drei unabhängige Messungen liefern.

Diesen müssen drei Flächenscharen eindeutig im Raum zugeordnet werden, die Zuordnung erfolgt in der Weise, dass Bezugspunkte im Raum festgelegt werden, zu denen hin gemessen wird.

Aus diesen Messbeziehungen werden geometrische Beziehungen abgeleitet, welche die einzelnen Flächen definieren. Zur Ortung und Navigation auf der Erdoberfläche wird im Allgemeinen ein zweidimensionales Koordinatensystem genutzt, die Ermittlung der Flughöhe in der Luftfahrt geschieht unabhängig durch barometrische oder Funkhöhenmessung.

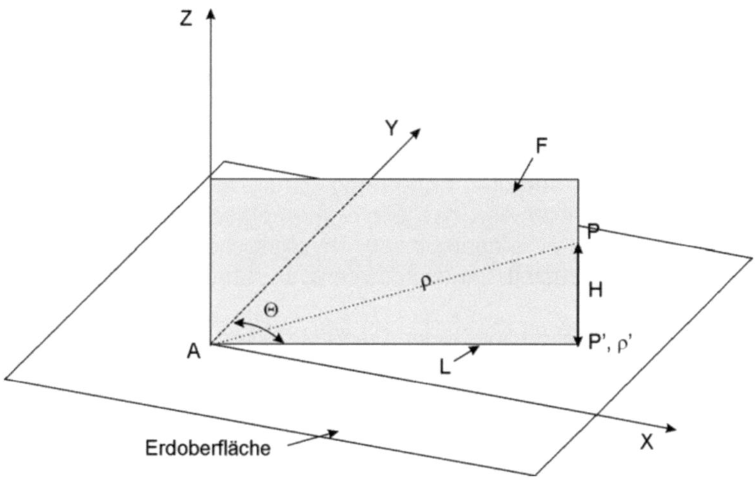

Abb. 1.1 Standfläche und Standlinie, Messung des Winkels Θ (Azimut) [22]

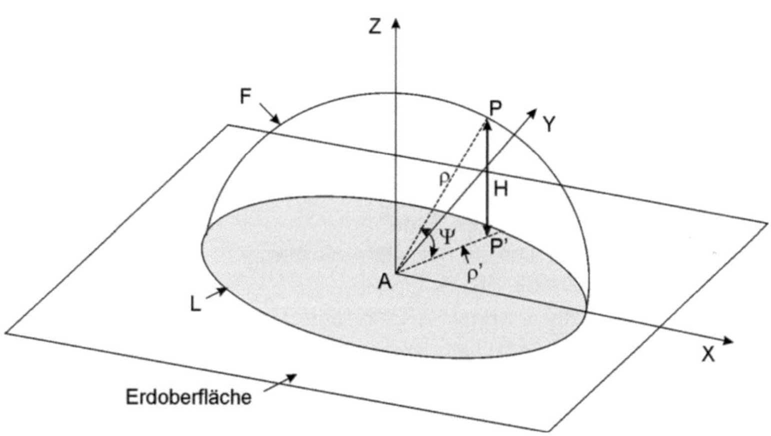

Abb. 1.2 Standfläche und Standlinie, Messung der Entfernung ρ [22]

A ... Bezugspunkt
F ... Standfläche
P ... Position des Zielobjektes
P'... Projektion von P auf die Horizontalebene
H ... Höhe des Luftfahrzeuges
Θ ... Azimut
ψ ... Elevationswinkel
ρ'... Projektion der Schrägentfernung ρ
L ... Standlinie in der Horizontalebene

Standfläche: Fläche im Raum, auf der eine geometrische Größe, z.B. Winkel, Entfernung, Entfernungsdifferenz, einen bestimmten konstanten Zahlenwert hat; diese geometrische Größe wird durch Messen einer proportionalen physikalischen Größe, z.B. Phasenwinkel, Laufzeit, Laufzeitdifferenz, bestimmt [22,23].

Standlinie: Schnittlinie einer Standfläche mit der als eben angenommenen Erdoberfläche [22,23].

Die meisten funktechnischen Ortungsmittel liefern Standflächen bzw. Standlinien. Eine Position im Raum ergibt sich aus dem Schnittpunkt von drei Standflächen, der gemessene Standort auf der (als eben angenommen) Erdoberfläche ist der Schnittpunkt zweier Standlinien. Der wahre Standort ist die senkrechte Projektion des Luftfahrzeugschwerpunktes auf die Erdoberfläche. Der sich bei der Funkentfernungsmessung ergebende geometrische Höhenfehler kann bei kleiner Flughöhe relativ zur gemessenen Entfernung im allgemeinen vernachlässigt werden.

Folgende Arten von Standlinien kann man unterscheiden:

- Terrestrische Standlinie: gründet sich auf optische Beobachtung landfester Ziele
- Astronomische Standlinie: geometrischer Ort auf der Erdoberfläche durch astronomische Beobachtung eines Gestirns bestimmt
- Funkstandlinie: Kurve auf der Erdoberfläche, auf der eine an Bord mit Hilfe eines Funkortungsverfahrens messbare Größe, z.B. Winkel oder Entfernungsunterschied, konstant bleibt
- Radialstandlinie: von einem Senderstandort ausgehender Strahl, der die Richtung gegen Nord, vom Ort des Zentrums aus gemessen, festlegt
- Hyperbelstandlinie: Linie gleichen Unterschieds der sphärischen Entfernungen zu zwei Punkten auf der Erdoberfläche

Eine Ausnahme bilden die sog. integrierenden Verfahren, d.h. Dopplerradar und Trägheitsnavigation. Bezogen auf den Ausgangsort wird die zurückgelegte Wegstrecke, zerlegt in Bewegungskomponenten in den Richtungen der Achsen eines Koordinatensystems, integriert (Koppelnavigation). Im Ergebnis werden die Positionskoordinaten direkt ausgegeben.

1.3 Navigatorische Grundbegriffe

1.3.1 Begriff des Kurses und der Peilung

Ein Winkel ist die Differenz zweier von einem Punkt ausgehenden Richtungen, gemessen in Grad (engl. degree) oder in Gon (engl. grade), wobei der Vollkreis 360° (Navigation) oder 400 gon (Vermessungswesen) umfasst. Der geographische Richtungswinkel, das Azimut α_0 , ist der Winkel zwischen dem Meridian, d.h. der Richtung geographisch Nord durch den Standort A (φ_A, λ_A) und der Orthodrome von A nach B (φ_B, λ_B). Bei Annahme einer Kugel als Bezugsfläche gilt [19]:

$$\tan\alpha_0 = \frac{\sin(\lambda_B - \lambda_A)}{\cos\varphi_A \cdot \tan\varphi_B - \sin\varphi_A \cdot \cos(\varphi_B - \varphi_A)}$$

Unter einem Kurs versteht man einen in der Horizontalebene gemessenen Winkel. Er wird von einer anzugebenden Bezugsrichtung aus im Uhrzeigersinn von 000° bis 360° gezählt und in ganzen Grad dreistellig geschrieben (z.B. 075°) [9].

1° umfasst 60' (Bogenminuten), 1' umfasst 60" (Bogensekunden). Bezugsrichtungen sind rechtweisend/geographisch Nord (true north - TN), missweisend/magnetisch Nord (magnetic north - MN), Kompassnord (compass north - CN) und Gitternord (grid north - GN). Klassisches Messinstrument für missweisende Kurse ist der Magnetkompass sowie in modernen Luftfahrzeugen erdfelddetektorgestützte Fernkompasse. Die Ausrichtung der Kompassnadel erfolgt parallel zu den Erdmagnetfeldlinien, deren Horizontalkomponente gibt die Richtung zum magnetischen Pol (missweisend Nord ist magnetisch ein Südpol) an.

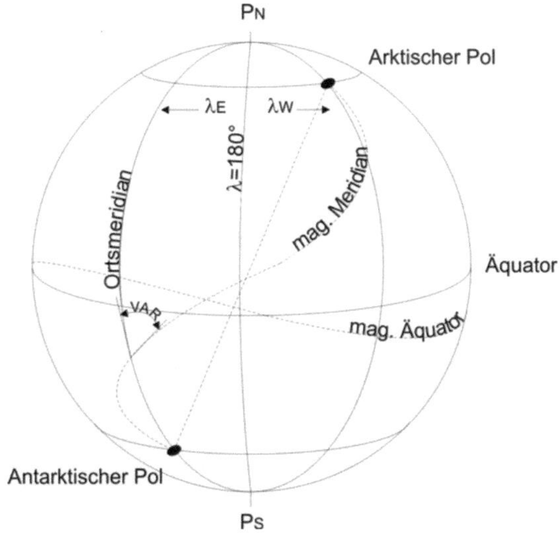

Abb. 1.3 Gegenwärtige Lage der magnetischen Pole [7]

Dessen Position ist jedoch veränderlich aufgrund der Säkularvariation, d.h. einer langperiodischen Änderung der Richtung des Erdmagnetfeldes. Diese wiederum kann erklärt werden mit dem Geodynamoprinzip, d.h. der Verschiebung des flüssigen Eisenkerns der Erde gegenüber dem Erdmantel sowie der kontinentalen Plattenverschiebung. Lokale Störungen des Feldlinienverlaufs als magnetische Anomalien werden bedingt durch z.B. Erzlagerstätten unter der Erdoberfläche.

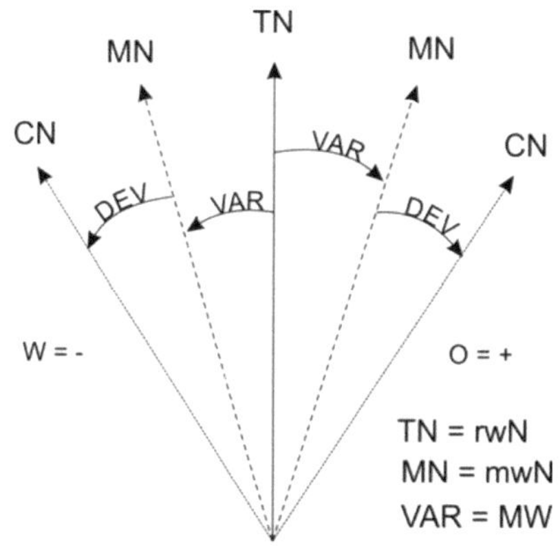

Abb. 1.4 Ortsmissweisung und Deviation

Das Maß für diese Richtungsablenkung ist die Ortsmissweisung (Variation), dies ist der Winkel zwischen rechtweisend und missweisend Nord. Ein rechtweisender Kurs (true course - TC) hat die Bezugsrichtung rechtweisend Nord, ein missweisender Kurs (magnetic course - MC) die Bezugsrichtung missweisend Nord. Isogonen sind die Verbindungslinien aller Punkte gleicher Missweisung. Sie sind in den Flugkarten eingetragen. Die Isogone der Ortsmissweisung = 0° wird als Agone bezeichnet.

Den Kompasskurs (compass course - CC) erhält man durch Beschickung des missweisenden Kurses mit Werten zur Korrektur der Störung der Feldlinien durch das elektrische Bordnetz (Deviation). Die Deviationswerte können Deviationstabellen entnommen werden, welche bei der sog. Kompensation individuell für jedes Luftfahrzeug erstellt werden.

BOMBARDIER

STANDBY COMPASS WITH ALL RADIOS ON SWUNG JAN. 6 2004 BY								82522
TO FLY	N	45	E	135	S	225	W	315
STEER	0	044	089	135	179	222	269	317

A/c 7901

Abb. 1.5 Magnetkompass-Deviationstabelle, angebracht in Gerätesichtweite

Variation und Deviation werden gem. Abb. 1.4 als Kurskorrekturwerte angebracht, wobei für das richtige Vorzeichen beachtet werden muss, ob ein der Karte entnommener rechtweisender Kurs über einen missweisenden Kurs in einen Kompasskurs umgerechnet werden soll oder umgekehrt. Westliche Werte für VAR und DEV sind negativ, östliche Werte positiv.

Ein weiterer wichtiger Begriff in der Navigation ist die Peilung. Unter einer Peilung versteht man einen optisch, über Funk oder mittels Radar in der Horizontalebene gemessenen Winkel zwischen Bezugsrichtung und Sehstrahl. Die Peilung wird von einer anzugebenden Bezugsrichtung aus im Uhrzeigersinn von 000° bis 360° gezählt und dreistellig geschrieben, sie ist recht- oder missweisend. Wird am Fahrzeug gepeilt, so handelt es sich um eine Eigenpeilung, peilt eine Station das Fahrzeug, handelt es sich um eine Fremdpeilung [7,9].

Jede Peilung enthält eine Information über die Ausrichtung der Luftfahrzeuglängsachse und eine Kursinformation.

1.3.2 Berücksichtigung des Windeinflusses

Der Windeinfluss kann mit der vektoriellen Darstellung des navigatorischen Winddreiecks graphisch oder rechnerisch erfasst werden.

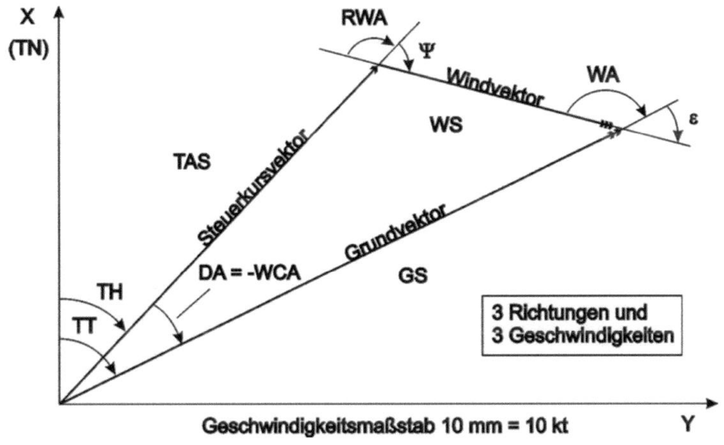

Abb. 1.6 Winkel und Vektoren des navigatorischen Winddreiecks [9]

Der rechtweisende Kurs über Grund (true track - TT) ist die Summe aus rechtweisendem Steuerkurs (true heading - TH) und der Abdrift durch Windeinfluss (drift angle - DA):

$$TT = TH + DA$$

Die Geschwindigkeit des Luftfahrzeuges über Grund (ground speed - GS) ergibt sich aus der Komponente der wahren Eigengeschwindigkeit (true airspeed - TAS) und der in Flugrichtung wirkenden Komponente der Windgeschwindigkeit (wind speed - WS):

$$GS = TAS \cdot \cos DA + WS \cdot \cos \varepsilon$$

Die Differenz ε aus Windwinkel (wind angle - WA) und Windeinfallwinkel (relative wind angle - RWA), abhängig von der Windrichtung (wind direction - WD), kann berechnet werden mit:

$$\varepsilon = WD - (180° + TT)$$

Den Komplementärwinkel ψ kann man berechnen mit:

$$\psi = \varepsilon + DA$$

Es gelten die Winkelbeziehungen nach dem Sinussatz [31]:

$$\frac{WS}{\sin DA} = \frac{TAS}{\sin \varepsilon} = \frac{GS}{\sin \psi}$$

Der notwendige Vorhaltewinkel (wind correction angle - WCA) entspricht vorzeichenverkehrt der Abdrift (DA). Er ergibt sich aus dem Sinussatz zu [31]:

$$WCA = \arcsin\left(\frac{WS}{TAS} \cdot \sin \varepsilon\right)$$

Die wahre Eigengeschwindigkeit (TAS) kann während des Fluges aus der angezeigten Geschwindigkeit (indicated airspeed - IAS), als Funktion der Flughöhe, mit folgender Faustformel berechnet werden:

$$TAS = IAS + \left(2\% IAS \cdot 1000 ft^{-1}\right)$$

Die effektive Fluggeschwindigkeit TAS_{eff} ist der Betrag der Komponente der Eigengeschwindigkeit in Richtung der Bewegung des Luftfahrzeuges über Grund, die äquivalente Windkomponente (equivalent wind component - EWC) ist die Differenz zwischen wahrer Eigengeschwindigkeit und Geschwindigkeit über Grund.

1.3.3 Entfernungs- und Geschwindigkeitsmaß in der Navigation

Natürliches Entfernungsmaß ist die Länge einer Bogenminute auf einem Großkreis, sie entspricht einer Seemeile [sm] bzw. der Nautischen Meile [NM] = 1.852 m.

- 360° = 40.000 km = 21.600 NM
- 1° = 111 km = 60 NM

- 1′ = 1,852 km = 1 NM
- 1′′ = 30,9 m = 1/60 NM

Entsprechend der Abweitung a verringert sich der jeweilige Meridianabstand auf einem Breitenparallel.

Geschwindigkeitseinheit ist der Knoten [kt] = 1 NM/h = 1.852 m/h. Knoten ist keine gesetzliche Einheit, in der See- und Luftfahrt aber wegen internationaler Vereinbarungen zugelassen (Gesetz über Einheiten im Messwesen von 1985) [9].

1.3.4 Begriff der Abweitung

Unter Abweitung a versteht man den in Längenmaßen ausgedrückten Abstand zwischen zwei beliebigen geographischen Längenkreisen in einer bestimmten Entfernung vom Äquator. D.h. bei konstanter Längendifferenz im Winkelmaß nimmt mit zunehmenden Abstand vom Äquator die nominelle Länge eines Breitenparallelbogens l′ ab.

$$a = l' \cdot \cos\varphi \quad \text{[NM]}$$

Ursache ist die Meridiankonvergenz k zu den Polen hin. Diese wächst mit dem Längen- und Breitenunterschied sowie der Mittelbreite φ_m zweier Orte A und B.

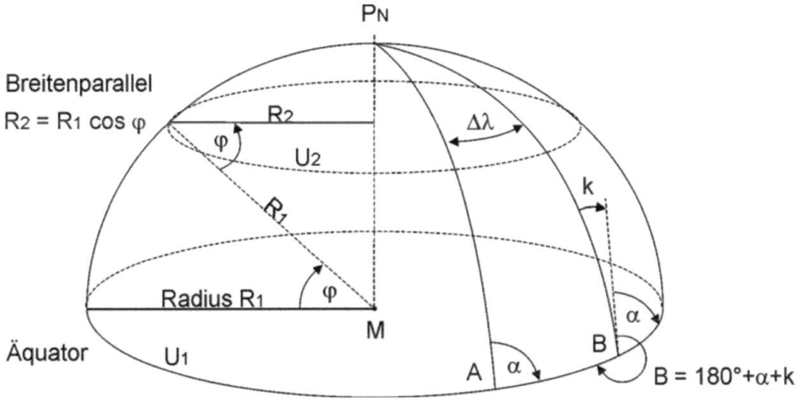

Abb. 1.7 Breite, Abweitung und Meridiankonvergenz für die Orte A und B

Dabei schneiden alle Meridiane die Breitenparallele unter einem Winkel von 90°. Die Meridiankonvergenz k ergibt sich nach [20]:

$$\tan\frac{k}{2} = \tan\frac{\Delta\lambda}{2} \cdot \sin\varphi_m \cdot \sec\frac{\Delta\varphi}{2}$$

1.4 Navigatorisch wichtige Linien

Aufgrund ihrer Bedeutung in der Flugnavigation müssen wir die folgenden navigatorischen Linien auf der Erdoberfläche betrachten:

- Großkreis (Orthodrome)
- Kursgleiche (Loxodrome)
- verschiedene Arten von Standlinien

1.4.1 Großkreis (Orthodrome) als Flugweg

Als Orthodrome bezeichnet man in der Navigation die Linie der kürzesten Entfernung zwischen zwei Punkten auf der Erdoberfläche. Sie wird daher auch als Großkreisbogen bezeichnet, d.h. sie ist ein Teil des Kreises, dessen Fläche durch den Erdmittelpunkt verläuft. Andererseits ist die Linie der kürzesten Entfernung auf der Oberfläche eines beliebigen Körpers stets die Linie mit der geringsten Krümmung. Damit wird klar, dass die Orthodrome vor allem für Flüge über große Entfernungen wichtig ist, denn nur sie ergibt die kürzeste Flugstrecke zwischen zwei Punkten.

Die Durchführung von Flügen auf der Orthodrome macht eine Reihe von Berechnungen der Elemente Richtung und Länge derselben erforderlich. Die Meridiane werden unter verschiedenen Winkeln geschnitten, damit sind ständige Kursänderungen notwendig. Als Vereinfachung in der fliegerischen Praxis kann die Orthodrome zwischen Anfangs- und Endkurs jedoch durch eine Anzahl von Streckensegmenten mit konstantem Kurs angenähert werden. Durch zwei Punkte auf der Erdoberfläche, die nicht auf einem Durchmesser liegen, kann nur eine einzige Orthodrome verlaufen. Ausnahme sind die Antipoden (z.B. Pole), welche durch unendlich viele Großkreise geschnitten werden, bzw. die Meridiane mit α_0 = 0° und der Äquator mit α_0 = 90°.

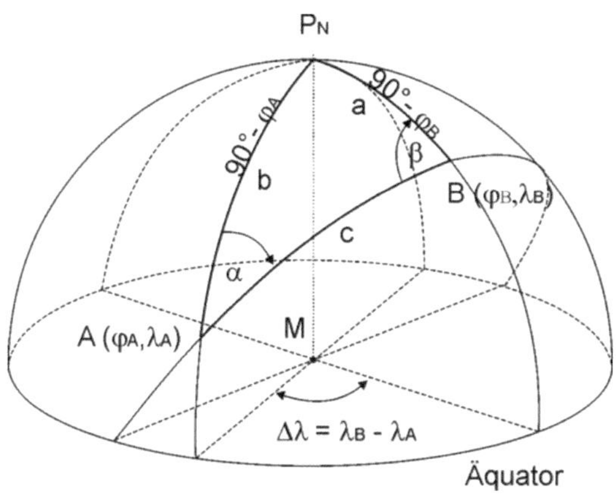

Abb. 1.8 Sphärisches Dreieck auf der Erdkugel zwischen den Orten A und B

Für Kurs- und Streckenberechnungen wird ein sphärisches Dreieck aus drei Großkreisbögen konstruiert. Dabei schneidet die Ebene eines Großkreises immer den Erdmittelpunkt. Die Berechnungen erfolgen nach den Sätzen der sphärischen Trigonometrie.

Die Länge der orthodromen Strecke s_0 wird mit dem Seitencosinussatz berechnet [1,19]:

$$s_0 = \frac{R \cdot c^\circ \cdot \pi}{180^\circ}$$

$$\cos c = \sin \varphi_A \cdot \sin \varphi_B + \cos \varphi_A \cdot \cos \varphi_B \cdot \cos \Delta\lambda$$

Anfangskurs α und Endkurs β können mit dem sphärischen Sinussatz berechnet werden [1,19]:

$$\sin\alpha = \sin\Delta\lambda \cdot \cos\varphi_A \cdot 1/\sin c$$

$$\sin\beta = \sin\Delta\lambda \cdot \cos\varphi_B \cdot 1/\sin c$$

1.4.2 Kursgleiche (Loxodrome) als Flugweg

Die Loxodrome ist die Linie auf der Erdoberfläche, welche alle Meridiane unter gleichem Winkel schneidet. Auf der Erdoberfläche hat die Loxodrome die Form einer logarithmischen Spirale, die sich den Polen nähert. Sonderfälle von Loxodromen sind die Meridiane, der Äquator und die Breitenparallelen. Die Kursgleiche hat den Vorteil, dass sie einen konstanten Kurs ermöglicht, sie ist aber immer länger als die Orthodrome und liegt mehr äquatorwärts.

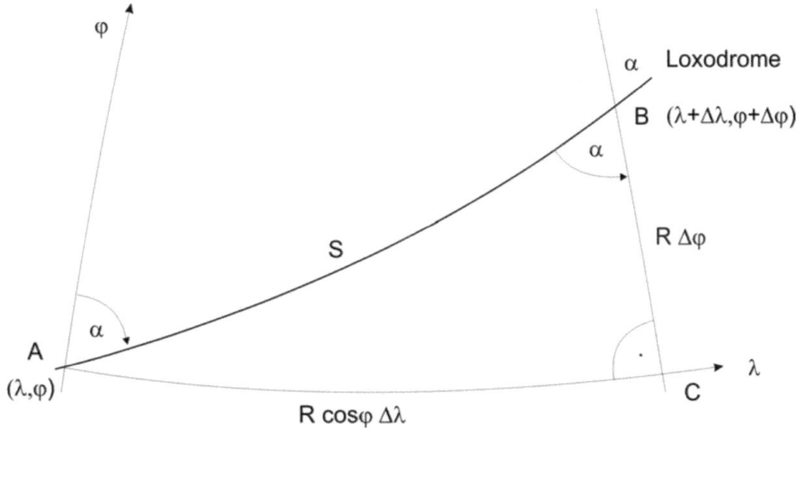

Abb. 1.9 Ermittlung von Richtung und Länge der Loxodrome

Der Unterschied zwischen den Längen von Orthodrome und Loxodrome ist abhängig von der Längendifferenz von Anfangs- und Endpunkt der Flugstrecke. Der Streckenunterschied ΔS abhängig von der Längendifferenz $\Delta\lambda$ kann z.B. die Maximalwerte von 15 km ($\Delta\lambda = 30°$), 120 km ($\Delta\lambda = 60°$), 1050 km ($\Delta\lambda = 120°$), 2200 km ($\Delta\lambda = 150°$) annehmen [42].

Der Richtungsunterschied zwischen Großkreisrichtung und loxodromischer Richtung heißt loxodromische Beschickung u. Für Entfernungen bis zu 1000 km können wir u = k/2 setzen. Ist u bekannt, so können wir eine Großkreisrichtung zu einer loxodromischen Richtung beschicken und umgekehrt [20].

Der loxodromische Kurswinkel α_L und die Strecke S_L werden berechnet mit [1,19]:

$$\alpha_L = \arctan\left[\frac{\lambda_B - \lambda_A}{\ln\tan\left(\frac{\pi}{4}+\frac{\varphi_B}{2}\right) - \ln\tan\left(\frac{\pi}{4}+\frac{\varphi_A}{2}\right)} \cdot \frac{\pi}{180°}\right]$$

$$s_L = \frac{(\varphi_B - \varphi_A)\cdot R \cdot \pi}{\cos\alpha_L \cdot 180°} \qquad \text{für } \alpha_L \neq 90°$$

$$s_L = \frac{(\lambda_B - \lambda_A)\cdot R \cdot \cos\varphi \cdot \pi}{180°} \qquad \text{für } \alpha_L = 90° \text{ bzw. } \varphi_A = \varphi_B$$

... mit Erdradius R = 6371,221 km

Für loxodromische Berechnungen auf kurze Distanz bzw. in großmaßstäbigen Karten sind die Gesetze des ebenen rechtwinkligen Dreiecks anwendbar. Die Länge der Loxodrome kann dann nach dem Verfahren der Mittelbreite φ_m ermittelt werden.

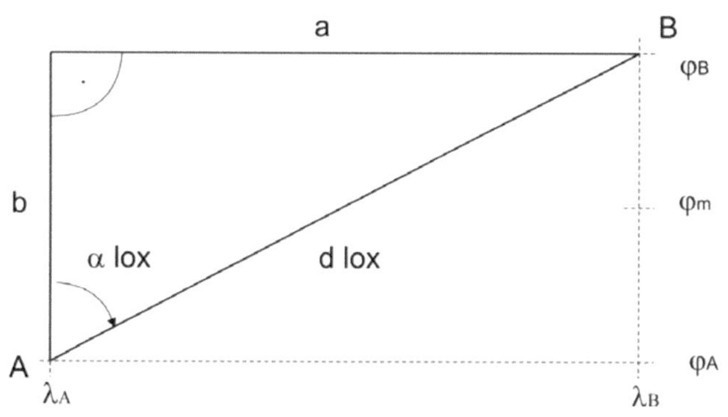

Abb. 1.10 Darstellung eines ebenen loxodromischen Dreiecks

Bei diesem Verfahren muss als erster Schritt der Wert der Mittelbreite φ_m aus φ_A und φ_B ermittelt werden. Die Länge der Seite b ist ein Großkreisbogen und ergibt sich daher direkt aus der Anzahl der Bogenminuten entsprechend der Breitendifferenz der Orte A und B. Seite a stellt die Abweitung zwischen den Orten A und B entsprechend ihrer Längendifferenz dar. Den Wert für a als Strecke erhält man aus der Längendifferenz zwischen A und B in Bogenminuten multipliziert mit cos φ_m. Die Länge der Seite d ist die loxodromische Entfernung zwischen A und B, sie ergibt sich nach:

$$d = \sqrt{a^2 + b^2}$$

Den Betrag des loxodromischen Kurswinkels α erhält man aus:

$$\alpha = \arccos \frac{b}{d}$$

Übungsaufgabe: Berechnen Sie die Entfernung zwischen den Orten Berlin und Moskau als Orthodrome, als Loxodrome und nach dem Verfahren der Mittelbreite. Vergleichen Sie im Anschluss die Ergebnisse miteinander!

Berlin: φ_A = 52° 29′ N, λ_A = 13° 24′ E

Moskau: φ_B = 55° 45′ N, λ_B = 37° 37′ E

1.4.3 Arten von Standlinien bei Funknavigationssystemen

Neben der Orthodrome und Loxodrome gibt es Standlinien, welche hauptsächlich bei funktechnischen Navigationsverfahren Anwendung finden, diese sind:

- Linie gleicher Azimute
- Linie gleicher Entfernungen
- Linie gleicher Entfernungsdifferenzen

a) Azimutgleiche

Die Linie gleicher Azimute stellt eine Linie dar, auf welcher die Funkpeilung an jedem Punkt die gleiche Größe hat, d.h. die Azimutgleiche ist der geometrische Ort gleicher Funkpeilungen. In der Ebene stellt diese Linie einen Kreis dar, auf der Erdoberfläche ist sie eine komplizierte Kurve. Die Gleichung der Linie gleicher Azimute erhält man aus der Gleichung der Orthodrome. Der Schnittwinkel P mit dem Meridian ist konstant.

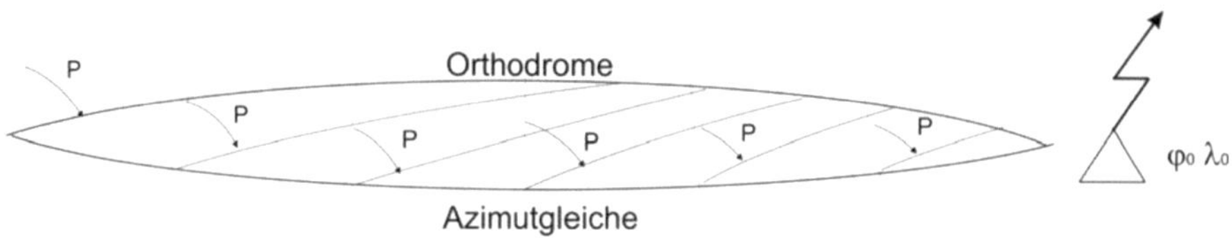

Abb. 1.11 Darstellung der Azimutgleiche [42]

b) Linie gleicher Entfernungen

Die Linie gleicher Entfernungen ist der geometrische Ort aller Punkte, die von einem bestimmten Punkt auf der Erdoberfläche (Bezugspunkt) gleichweit entfernt sind. Sie entsteht aus der räumlichen geometrischen Deutung einer Kugelschale als Standfläche, deren Schnitt mit der Erdoberfläche einen Kreis ergibt. Als Standlinie findet die Linie gleicher Entfernungen in der Astro- , Satellitennavigation und bei funktechnischen Entfernungsmesssystemen Anwendung.

In der astronomischen Navigation bildet die Höhengleiche auf der Erdoberfläche eine Kreisstandlinie. Sie ist die Summe aller Punkte, für die ein bestimmter Wert der Höhe eines Gestirns bzw. der Deklination im Koordinatensystem des wahren Horizontes zur Ortung auf der Erdoberfläche gemessen werden kann. Die Gestirnsposition selbst ist auf der Himmelskugel im Koordinatensystem des Himmelsäquators festgelegt. Beide Systeme werden durch das sog. nautisch-astronomische Grunddreieck verbunden.

Bei der Satellitenortung bilden alle Punkte mit demselben Elevationswinkel zum Zeitpunkt t_i auf der Erdoberfläche eine Kreisstandlinie mit dem Abstand r zum Subsatellitenpunkt.

c) Linie gleicher Entfernungsdifferenzen

Linien gleicher Entfernungsdifferenzen sind Standlinien, die sich aus den räumlichen Standflächen zweier Hyperboloide durch Schnitt mit der Erdoberfläche ergeben. Sie stellen den geometrischen Ort aller Punkte gleicher Entfernungsdifferenzen zu zwei Navigationsbodenstationen dar. Die Summe aller Orte gleicher Entfernungsdifferenzen ergibt in der Ebene eine Hyperbel, auf der Kugeloberfläche eine sphärische Hyperbel.

Die Linien gleicher Entfernungsdifferenzen wurden bei den sog. Hyperbelnavigationsverfahren (Hyperbelsysteme) OMEGA/DECCA/LORAN A + C in der Langstreckennavigation angewendet. Der Standort ergibt sich als Schnittpunkt zweier Hyperbelstandlinienpaare bezogen auf eine Haupt- und zwei Nebenstationen. Die Phasenwinkelmessung bezieht auf den jeweiligen Wellenzug, die Mehrdeutigkeit der Messung wird durch sog. lane-count (OMEGA) bzw. zeitliche Synchronisation (LORAN C) beseitigt. OMEGA wurde im Herbst 1997 abgeschaltet, LORAN C fand bis 2005 noch Anwendung im North European LORAN System (NELS) und wird bislang durch die US-Küstenwache, möglicherweise als GPS-Backup betrieben.

1.5 Zeitsysteme

In der Naturwissenschaft, wie auch in der Navigation ist die Zeit eine fundamentale Größe, besondere Bedeutung kommt ihr bei der astronomischen, oder Satellitennavigation zu. Zur Zeitmessung benutzt man im Allgemeinen irgend eine Erscheinung, die sich periodisch wiederholt und eine gleichbleibende Dauer hat. Die Drehung der Erde um ihre eigene Achse ist z.B. eine solche Erscheinung. Sie ergibt eine natürliche Zeiteinheit, den Tag. Die Bewegung der Erde um die Sonne hat eine zweite wichtige Zeiteinheit zur Folge, das Jahr. Der Tag als wichtigste Zeiteinheit wird unterteilt in Stunden, Minuten und Sekunden, deren Einteilung durch künstlich geschaffene periodische Prozesse gewährleistet wird. In der Navigation sind die folgenden Zeitsysteme von Bedeutung:

- Sonnenzeit (wahre, mittlere)
- Sternzeit
- Atomzeit (auf Basis Cs 133- oder Rb-Frequenznormale, H-Maser)

Die Periode der Drehung der Erde um ihre Achse kann man entweder nach der Stellung der Sonne (tatsächlicher Sonnentag) oder nach der Stellung der Sterne (Sterntag) messen.

1.5.1 Sonnenzeit

a) Wahre Sonnenzeit

Durch Beobachtung aufeinanderfolgender Höchststände der Sonne am Beobachtungsort kann diese Zeiteinheit realisiert werden. Die Zeitspanne zwischen zwei aufeinanderfolgenden oberen Kulminationen der Sonne nennt man tatsächlicher Sonnentag. Die damit verbundene Zeitskala ist die wahre Sonnenzeit. Zum Zweck einer einheitlichen Zeitskala für die gesamte Erde wird dem Sonnenhöchststand im Meridian von Greenwich die Zeit 12.00 Uhr zugeordnet. Der Beginn eines tatsächlichen Sonnentages ist also am Mittag, wenn sich das Zentrum der Sonne im höchsten Punkt über dem Horizont befindet. Die wahre Sonnenzeit ist daher in einem beliebigen Moment gleich dem westlichen Stundenwinkel des Zentrums der Sonne. Der wahre Sonnentag ist allerdings keine unveränderliche Größe.

Gemäß dem 2. Keplerschen Gesetz (Flächensatz) ist die Umlaufgeschwindigkeit der Erde um die Sonne, abhängig von ihrer Position auf der Bahnellipse, unterschiedlich. Des Weiteren ist die Ebene der Erdumlaufbahn um die Sonne (Ekliptik) nicht rechtwinklig zur Rotationsachse der Erde. Daher ist ein wahrer Sonnentag im Mittel um vier Minuten länger als ein Sterntag, dessen Länge als konstant angenommen wird. Die wahre Sonnenzeit wird nur von Sonnenuhren angezeigt [4].

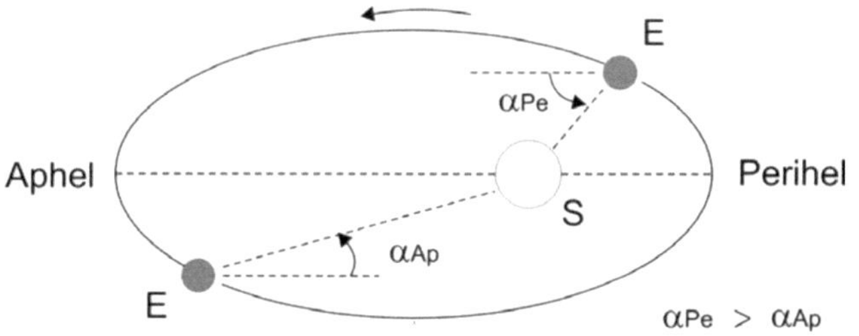

Abb. 1.12 Unterschiedliche Zeitdauer der Sonnentage [4]

Im Perihel ist die Bahngeschwindigkeit der Erde um die Sonne größer als im Aphel. Daher ist der Sonnentag - Perihel der Zeitraum einer Erdumdrehung um $360°+\alpha_{Pe}$, und der Sonnentag - Aphel ist der Zeitraum einer Erdumdrehung um $360°+\alpha_{Ap}$. Der Sonnentag ist der Zeitraum zwischen zwei Meridiandurchgängen der Sonne. Da $\alpha_{Pe} > \alpha_{Ap}$, ist der Sonnentag - Perihel länger als der Sonnentag - Aphel.

Wegen der veränderlichen Dauer eines tatsächlichen Sonnentages und aufgrund der Bedeutung des Sonnentages für den Lebensrhythmus des Menschen wird der Sonnentag als Zeiteinheit nicht aufgegeben. Als beständigere Zeiteinheit für die Messung der Sonnenzeit wurden die mittlere Sonne und die mittlere Sonnenzeit eingeführt.

b) Mittlere Sonnenzeit

Es wird eine mittlere Sonnenbahn definiert. Dies führt zu einem mittleren Sonnentag, dessen Dauer im Laufe eines Jahres konstant ist. 365,2422 mittlere Sonnentage ergeben die Länge eines tropischen Jahres. Die mittlere Sonnenzeit wird nach dem westlichen Stundenwinkel der mittleren Sonne gemessen, er ist bei der oberen Kulmination der mittleren Sonne gleich Null.

Da es im täglichen Leben unzweckmäßig ist, mittags den neuen Tag zu beginnen, wurde als Beginn eines neuen Tages der Moment der unteren Kulmination der mittleren Sonne (Mitternacht) festgelegt. Die mittlere Zeit, die von Mitternacht aus gezählt wird, nennt man Bürgerliche Zeit, sie unterscheidet sich von der mittleren Sonnenzeit um genau 12 Stunden. Die Abweichung zwischen der mittleren Sonnenzeit und der wahren Sonnenzeit wird durch die Zeitgleichung e beschrieben.

Die mittlere Sonnenzeit für den Nullmeridian wird Weltzeit, engl. Universal Time (UT), genannt. Sie wird routinemäßig von 50 astronomischen Stationen, die um die gesamte Erde verteilt sind, aus astronomischen Beobachtungen abgeleitet. UT bezieht sich auf die augenblickliche Rotationsachse der Erde und wird von Polschwankungen beeinflusst.

Um einen Vergleich der weltweit gewonnenen UT-Zeiten zu ermöglichen, muss eine Reduktion der jeweils beobachteten UT auf den konventionellen Pol (Conventional International Origin - CIO [international vereinbarter Pol, der durch die mittlere Lage der Erdachse zwischen den Jahren 1900 und 1905 definierte Nordpol]) erfolgen [4,40].

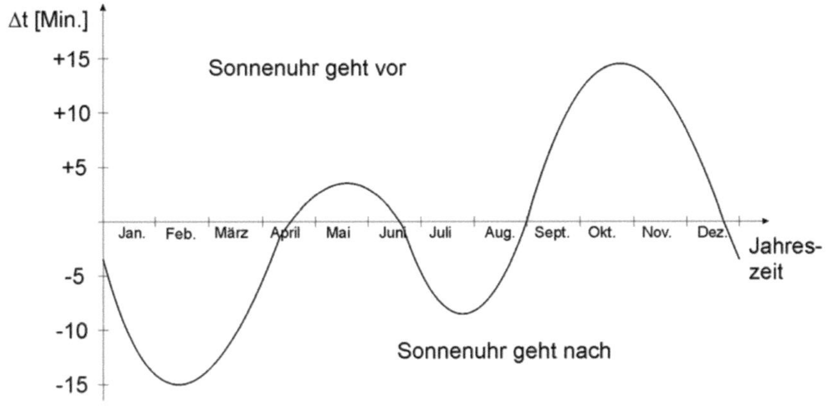

Abb. 1.13 Zeitgleichung e = WOZ - MOZ [4]

Dies ergibt die Zeit UT 1, welche sich definitionsgemäß auf die aktuelle Erdrotation, eine mittlere Sonnenbahn und den mittleren Pol bezieht. Werden zur Verbesserung der Gleichmäßigkeit der Zeitskala die jährlichen und halbjährlichen Veränderungen der Drehgeschwindigkeit der Erde berücksichtigt, entsteht UT 2. Diese ist wegen der heute üblichen Atomzeit unbedeutend geworden [4].

1.5.2 Sternzeit

Eine zweite Möglichkeit, die Zeit auf Grundlage der Erdrotation zu bestimmen, ist den Meridiandurchgang eines Fixsterns zu beobachten. Als Fixstern dient der Frühlingspunkt.

Ein Sterntag entspricht der Umdrehung der Erde um 360°, ein Sonnentag jedoch entspricht einer Umdrehung der Erde um 360°+α. Aufgrund der Zeitdifferenz wahrer Sonnentag/Sterntag von ca. vier Minuten täglich, fällt der Beginn der Sternzeit über das Jahr auf verschiedenste Tageszeiten.

Die Zeitspanne zwischen zwei aufeinanderfolgenden gleichartigen Kulminationen des Frühlingspunktes (Punkt der Frühjahrstag- und Nachtgleiche) nennt man Sterntag. Unter Kulmination versteht man den höchsten oder tiefsten Punkt der Bewegungsbahn eines Gestirns. Im oberen oder unteren Kulminationspunkt ändert sich die scheinbare Bewegungsrichtung eines Gestirns. Als Beginn des Sterntages bezeichnet man den oberen Kulminationspunkt des Frühlingspunktes. Die Sternzeit ist dann gleich dem Stundenwinkel des Frühlingspunktes in einem beliebigen Moment [42].

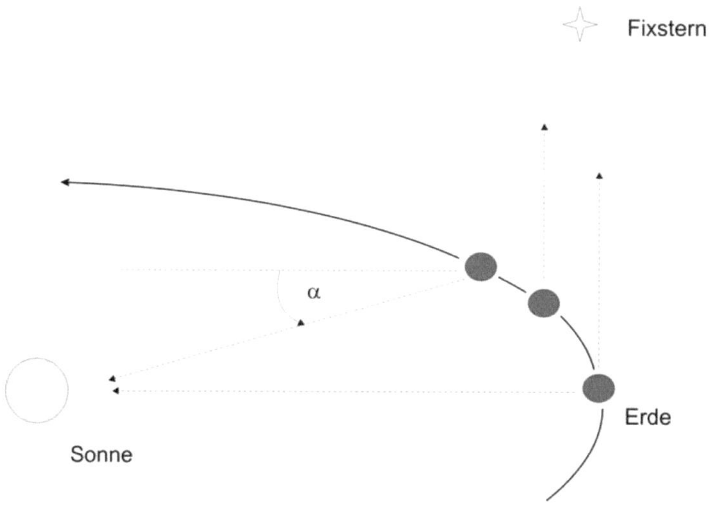

Abb. 1.14 Sterntag < Sonnentag [4]

Der Frühlingspunkt ist der Punkt, in dem die Sonne am 21. März den Himmelsäquator überquert. Er ist jedoch ein gedachter Punkt, der nicht direkt am Sternenhimmel sichtbar ist. Deshalb wird in der Praxis zur Bestimmung der Sternenzeit der Stundenwinkel eines beliebigen Gestirns gemessen.

Der Stundenwinkel eines Gestirns ist der Winkel, welcher vom Himmels-Nullmeridian entlang dem Himmelsäquator bis zum Deklinationskreis dieses Sternes gemessen wird. Er wird wie die geographischen Meridiane vom Nullmeridian in östlicher oder westlicher Richtung von 0° - 180° gezählt und entsprechend mit t_E und t_W bezeichnet. Im Moment der oberen Kulmination eines Sternes ist sein Stundenwinkel gleich Null.

Infolge der Tagesdrehung der Himmelssphäre entfernt sich der Stern vom Nullmeridian nach Westen. Die Sternzeit S ist in einem beliebigen Moment gleich der Summe des Stundenwinkels t und der Rektaszension α, $S = t + \alpha$. Im Moment der oberen Kulmination ist die Sternzeit S gleich der Rektaszension α des betreffenden Gestirns, $S = \alpha$ [29,42].

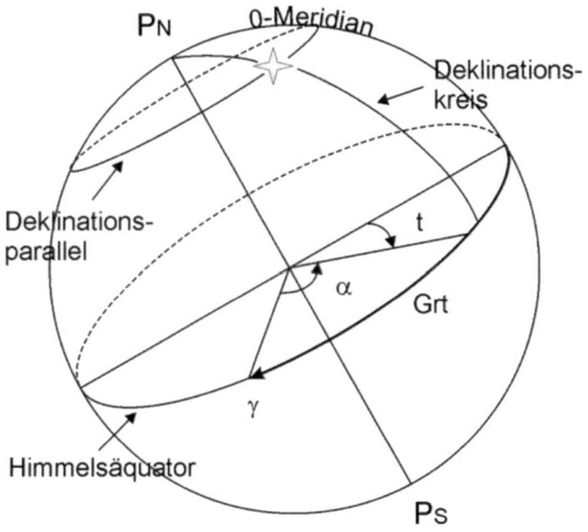

Abb. 1.15 Stundenwinkel eines Gestirns, gemessen vom Himmels-Nullmeridian entlang des Himmelsäquators zum Deklinationskreis des Gestirns [42]

γ ... Frühlingspunkt
t ... Stundenwinkel
α ... Rektaszension des Gestirns (Winkel in der Himmelsäquatorebene zwischen dem Frühlingspunkt und dem Deklinationskreis des Gestirns)
Grt ... Greenwicher Stundenwinkel des Frühlingspunktes = Sternzeit S

Damit kann man durch Messung des Stundenwinkels und durch Entnahme der Rektaszension aus dem Astronomischen Jahrbuch einfach die Sternzeit bestimmen. Da der von der Erde aus beobachtete Frühlingspunkt mit der Lage der Erdachse im Raum zusammenhängt, welche wie festgestellt nicht raumfest ist, ergibt sich eine Bewegung des Frühlingspunktes.

Diese Bewegung erfordert eine Reduktion des Sterntages auf den mittleren Frühlingspunkt. Das führt zum mittleren Sterntag als Zeiteinheit. In der Satellitengeodäsie ist auch die Sternzeit, bezogen auf den augenblicklichen Frühlingspunkt von Bedeutung. Diese Zeit heißt momentane Sternzeit, in der angelsächsischen Literatur „Greenwich Apparent Sideral Time" (GAST) [4].

Die Präzessionsbewegung der Erdachse im Raum hat eine Periode von 25.700 Jahren (Platonisches Jahr). Dieser aufgelagert ist die Nutation, das ist die Umlaufperiode des Mondknotens. Der resultierende Gezeiteneffekt hat eine Periode von 18,6 Jahren [40].

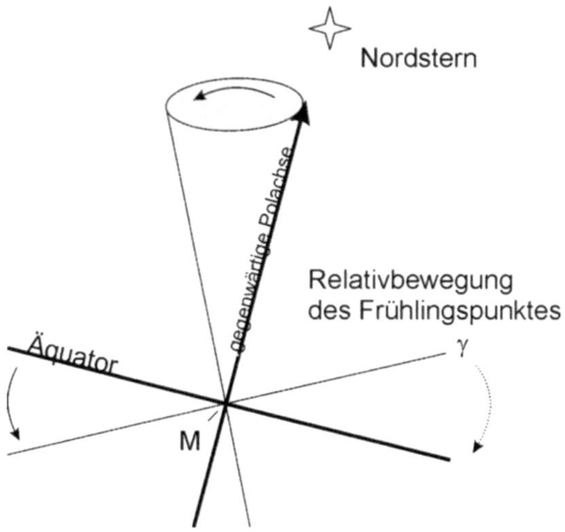

Abb. 1.16 Taumeln der Weltachse und Präzession des Frühlingspunktes γ

1.5.3 Atomzeit und dynamische Zeit

Aufgrund der Notwendigkeit einer extrem genauen Zeitmessung, insbesondere in der Physik, gilt seit 1967 die von der Internationalen Kommission für Maße und Gewichte (BIPM) eingeführte SI-Sekunde. Deren Definition entspricht der Atomsekunde.

Eine streng gleichförmige Zeitskala (Inertialzeit) ist erforderlich, um die Bewegung von Himmelskörpern und künstlichen Satelliten zu beschreiben. Dies wird durch eine aus den Bewegungen von Körpern im Sonnensystem abgeleiteten dynamischen Zeit erreicht. Deren Zeitskala bezieht sich entweder auf den Schwerpunkt des Sonnensystems oder auf den Erdschwerpunkt [40].

a) Definition der Sekunde im Systeme International (SI-Sekunde) [4,40]

„Die Sekunde ist 9 192 631 770 mal die Periode der ausgesandten Strahlung, die dem Übergang zwischen zwei Hyperfeinenergieniveaus des Grundzustandes des Cäsium 133-Atoms entspricht." (Generalkonferenz für Gewichte und Maße [CGPM 1967]).

Auf der Basis dieser Zeiteinheit wurde die Atomzeit eingeführt (Temps Atomique International - TAI). Der Nullpunkt der Zeitskala stimmt mit UT vom 1. Januar 1958 überein. TAI wird durch mehr als 200 Atomuhren realisiert, die in rund 60 global verteilten Zeitlaboratorien betrieben werden. Die Atomuhren verbreiten ihre Zeit über Funk (Deutschland: PTB - Physikalisch Technische Bundesanstalt in Braunschweig).

1965 erfolgte die Einführung der Koordinierten Weltzeit (Universal Time Coordinated - UTC). Deren Zeiteinheit ist die SI-Sekunde der Atomzeit. Die Zeitskala ist UT 1 angepasst, eine Differenz UT 1 - UTC wird regelmäßig durch Einfügung von Schaltsekunden kompensiert (Differenz max. 0,9 Sekunden).

b) Zeitskalen - Zusammenfassung

UT ... Universal Time (Weltzeit), bezogen auf Erdrotation und mittlere Sonnenzeit des Meridians durch Greenwich

UT 1 ... korrigierte UT, bezogen auf aktuelle Erdrotation, mittlere Sonnenzeit und mittlerem Pol ; in der Astronomie bevorzugte Zeitskala

UT 2 ... berücksichtigt die jahreszeitlichen Schwankungen der Erddrehung

TAI ... Atomzeit, s.o. , vom Bureau International des Poids et Measures ermittelt, Grundlage sind die Zeitwerte der ca. 230 Atomuhren

UTC ... Universal Time Coordinated, s.o. , international vereinbarte, weltweit benutzte, auf TAI beruhende Zeitskala, Skalenmaß stimmt mit TAI überein

UTC (USNO) ... Koordinierte Weltzeitskala des US Naval Observatory

UTC (SU) ... Koordinierte Weltzeitskala der GUS-Staaten

T (GPS) ... GPS-Zeitskala, an UTC (USNO) gekoppelt

Überwiegend werden noch Cäsium-Frequenznormale genutzt, welche insbesondere die Langzeitstabilität sicherstellen. Eine hohe Kurzzeitgenauigkeit wird durch Wasserstoffmaser erreicht. Relativistische Effekte erfordern die Reduktion der Atomzeitmessungen auf eine gemeinsame Höhenbezugsfläche, die sog. SI-Sekunde „auf dem Geoid" [40].

Weitere gebräuchliche Zeitbegriffe sind:

- Ortszeit (local time - LT)
- Mittlere Ortszeit (local mean time - LMT)
- Bürgerliche Zeit
- Dekretzeit bzw. bedingte Zeit (gesetzliche Sommerzeit)
- Greenwicher Zeit (greenwich mean time - GMT)
- Zonenzeit (zone time - ZT)

Die Erdoberfläche ist in 24 Zeitzonen mit jeweils einer Breite von 15° aufgeteilt. Dabei richtet sich die Nummer der Zeitzone nach der Gradzahl ihres Mittelmeridians.

Der Bereich von 7,5° östlich bzw. westlich des Mittelmeridians ist der jeweiligen Zeitzone zugehörig. Die Zeitzone Null ist bezogen auf den 0°-Meridian von Greenwich, die Zählung erfolgt in östliche Richtung mit positivem Vorzeichen.

2 Geodätische und kartographische Grundlagen

Die Erfassung und Vermessung sowohl der Erdfigur als auch der Erdoberfläche und des Schwerefeldes sind Teilgebiete der Geodäsie. Mit deren Abbildung und Nutzbarmachung für z.B. navigatorische Zwecke befasst sich die Kartographie. Landesaufnahme und Kartographie sind eng miteinander verknüpft.

2.1 Bestimmung der Gestalt des Erdkörpers

Seit dem Altertum (Erathostenes) über Newton und Cassini im 17. Jh. gibt es verschiedene Modelle des Erdkörpers. Die Kugelform ist eine Annäherung des Rotationsellipsoids. Beispiele verwendeter Ellipsoide sind das Ellipsoid von Bessel oder das Ellipsoid von Krassowski.

Diese mathematischen Modelle sind die Grundlage für verschiedene geodätische Referenzsysteme. Durch Einbeziehung des Erdschwerefeldes (Lotabweichnung) entsteht ein Geoid. Die Abweichung zwischen Ellipsoid als mathematisch brauchbare Fläche und dem Geoid wird als Geoidundulation bezeichnet.

Motiviert durch die Schaffung topographischer Karten verschiedener Staaten Europas für militärische Zwecke am Ende des 18. und zu Beginn des 19. Jh. wurde das notwendige Festpunktfeld durch Triangulation geschaffen. Wesentlicher Bestandteil dieser Triangulationen waren die Messung von Länge und Breite sowie Azimutmessungen durch astronomische Verfahren. Für die Abbildung von Kugel oder Ellipsoid in die Ebene bedarf es der Einrichtung von Koordinatensystemen, welche die abzubildenden Objekte in ihrer absoluten und gegenseitigen Lage festlegen. Folgende Systeme kommen in Betracht:

Globale geozentrische Koordinaten x, y, z finden Anwendung in der Erdvermessung, sind jedoch für Abbildungszwecke ungeeignet.

Geographische Koordinaten φ, λ zeichnen sich durch eine hohe Anschaulichkeit aus. Mit ihren Koordinatenlinien auf der Bezugsfläche, den Parallel- oder Breitenkreisen mit φ = konst. und den Meridianen mit λ = konst. sind sie für Abbildungs- oder navigatorische Zwecke gut geeignet. Neben diesen beiden Winkeln müssen noch der Kugelradius R oder ggf. die Ellipsoidhalbachsen a und b bekannt sein.

Lokale Koordinatensysteme, in der Regel auf einem Ellipsoid dienen der Abbildung kleinerer Gebiete und bilden als geodätische Abbildungen die Grundlage der Landesaufnahme. Das Koordinatensystem der Bezugsfläche ist in die Ebene (Karte) abzubilden, d.h. in ein kartesisches System (x, y) oder in ein Polarkoordinatensystem (ε, s) zu transformieren.

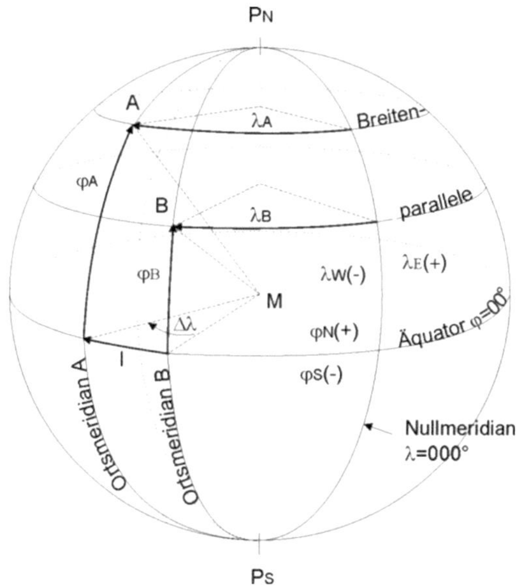

Abb. 2.1 Geographisches Koordinatensystem der Erde mit den Zentriwinkeln geographische Breite φ und geographische Länge λ

2.1.1 Exkurs - Koordinatentransformation

Die folgenden räumlichen Koordinatensysteme finden in der Ortung und Navigation sowie in der Geodäsie Anwendung:

- rechtwinkliges (kartesisches) Koordinatensystem
- sphärisches Koordinatensystem
- ellipsoidisches Koordinatensystem

In den folgenden Abschnitten werden die Umrechnungen zwischen den jeweiligen Koordinatensystemen behandelt, wie sie beispielsweise bei Satellitennavigationssystemen notwendig sind.

a) Umrechnung zwischen Kugel- und rechtwinkligen Koordinaten

Um bestimmte physikalische Eigenschaften der Erde, z.B. die Topographie, analytisch und anschaulich zu beschreiben, werden häufig Kugelkoordinaten r, ϑ und λ verwendet. Dabei ist r der radiale Abstand vom Geozentrum, ϑ die Poldistanz (Kobreite) und λ die geozentrische Länge. Anstelle von ϑ wird auch die geozentrische Breite $\overline{\varphi}$ verwendet [40]:

$$\overline{\varphi} = 90° - \vartheta$$

Die Position des Punktes P ergibt sich nach [40]:

$$r = \begin{pmatrix} X \\ Y \\ Z \end{pmatrix} = r \begin{pmatrix} \sin\vartheta \cdot \cos\lambda \\ \sin\vartheta \cdot \sin\lambda \\ \cos\lambda \end{pmatrix}$$

Die rechtwinkligen (kartesischen) Koordinaten eines Raumpunktes lassen sich aus den Kugelkoordinaten (sphärische) berechnen nach (Erdradius r = 6371,221 km) [31]:

$$x = r \cdot \cos\varphi \cos\lambda$$
$$y = r \cdot \cos\varphi \sin\lambda$$
$$z = r \cdot \sin\varphi$$

Umgekehrt ergeben sich die Kugelkoordinaten eines Raumpunktes aus den rechtwinkligen Koordinaten nach folgenden Beziehungen [40]:

$$r = \sqrt{x^2 + y^2 + z^2}$$

$$\varphi = \arctan \frac{z}{\sqrt{x^2 + y^2}}$$ für $x^2 + y^2 \neq 0$

$$\lambda = \arctan \frac{y}{x}$$ für $x > 0$

$$\lambda = \pi + \arctan \frac{y}{x}$$ für $x < 0$

Die Position eines Himmelskörpers S lässt sich entweder durch die kartesischen Koordinaten x, y, z oder die Kugelkoordinaten α, δ, r (r = Abstand vom Koordinatenursprung 0) festlegen. Es gilt die Transformation [40]:

$$r = \begin{pmatrix} X \\ Y \\ Z \end{pmatrix} = r \begin{pmatrix} \cos\alpha \cdot \cos\delta \\ \sin\alpha \cdot \cos\delta \\ \sin\delta \end{pmatrix}$$

Die Lagerung des Koordinatensystems kann konventionell-terrestrisch [CT] oder geozentrisch-äquatorial [GA] sein.

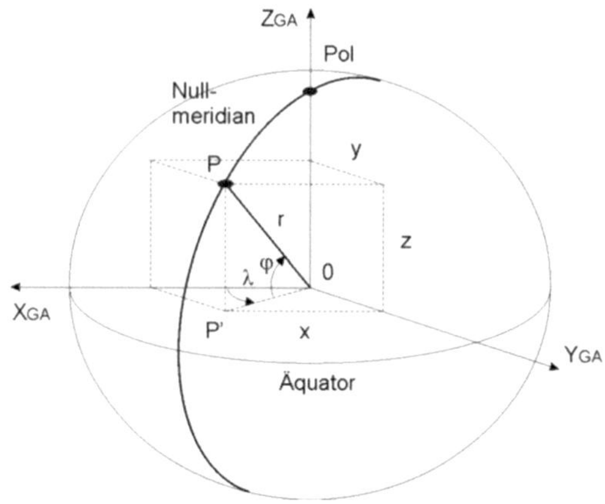

Abb. 2.2 Kugelkoordinaten eines Raumpunktes

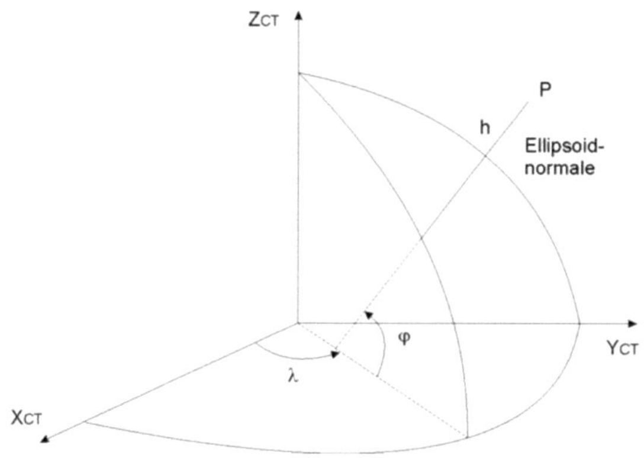

Abb. 2.3 Ellipsoidisches Koordinatensystem mit Raumpunkt P

b) Berechnung ellipsoidischer aus rechtwinkligen Koordinaten [31]

Die ellipsoidische Breite φ wird berechnet mit:

$$\varphi = \arctan\left(\frac{z + e'^2 \cdot b \cdot \sin^3 \Theta}{p - e^2 \cdot a \cdot \cos^3 \Theta}\right) \quad \text{mit} \quad p = \sqrt{x^2 + y^2} \quad \text{und} \quad \Theta = \arctan\left(\frac{z \cdot a}{p \cdot b}\right)$$

Die erste numerische Exzentrität e ergibt sich aus:

$$e = \frac{\sqrt{a^2 - b^2}}{a}$$

Die zweite numerische Exzentrität e' berechnet man mit:

$$e' = \frac{\sqrt{a^2 - b^2}}{b}$$

Die ellipsoidische Länge λ ergibt sich nach:

$$\lambda = \arctan \frac{y}{x}$$

Die ellipsoidische Höhe h, abhängig vom Geoidmodell wird berechnet:

$$h = \frac{p}{\cos\varphi} - \upsilon \qquad \text{mit} \qquad \upsilon = \frac{a}{\sqrt{1 - e^2 \cdot \sin^2\varphi}}$$

WGS 84: große Halbachse a = 6378,137 km/ kleine Halbachse b = 6356,752 km

c) <u>Berechnung rechtwinkliger aus ellipsoidischen Koordinaten [31]</u>

Ellipsoidische Koordinaten können in kartesische Koordinaten umgewandelt werden mit:

$$x = (\upsilon + h)\cos\varphi \cdot \cos\lambda$$
$$y = (\upsilon + h)\cos\varphi \cdot \sin\lambda \qquad \text{mit } \nu\text{, siehe oben !}$$
$$z = \left[\upsilon(1 - e^2) + h\right]\sin\varphi$$

Beispielaufgabe zur Koordinatentransformation: Bestimmen Sie die lineare Abweichung zwischen den Systemen!

Geg.: Punkt P (φ, λ) in sphärischen Koordinaten

φ = 51° 02′ 01″ , λ = 013° 43′ 44″

$\overline{R}$ = 6371,221 km, Parameter WGS 84, Formelapparat

Ges.: Punkt P in Koordinaten WGS 84

Schritt 1 Umrechnung der gegebenen Koordinaten in Dezimalmaß

$\varphi = 51{,}0336°$

$\lambda = 13{,}7289°$

Hier muss die Genauigkeit mindestens vier Stellen hinter dem Komma betragen !

Schritt 2 Umwandlung der sphärischen in kartesische Koordinaten

$x = r \cos\varphi \cos\lambda = 3892{,}164$ km

$y = r \cos\varphi \sin\lambda = 950{,}887$ km

$z = r \sin\varphi = 4953{,}719$ km

Schritt 3 Umwandlung der kartesischen in ellipsoidische Koordinaten mit obigen Formeln

$p = 4006{,}635$ km

$e'^2 = 0{,}00674$

$e^2 = 0{,}00669$

$\Theta = 51{,}1276°$

$\varphi = 51{,}2214°$

$\lambda = 13{,}7289°$

Schritt 4 Vergleich der errechneten ellipsoidischen Koordinaten mit den gegebenen sphärischen Koordinaten

$\Delta\varphi = \underline{0{,}1878}°$, $\Delta\lambda = \underline{0}°$

Übungsaufgabe: Welchen Wert haben die Kugelkoordinaten des Punktes P ?

P (3185,61 ; 3185,61 ; 4505,13) [km]

Übungsaufgabe: Berechnen sie die lineare Abweichung zwischen den Systemen !

Geg.: P = 45°00'00" N , 00°00'00" E

Ges.: P in WGS 84

2.1.2 Geographische Begriffe

Neben Geodäsie, Astronomie und Geographie nutzt auch die Navigation die Sexagesimalteilung mit einem Vollkreis = 360°. Für navigatorische Berechnungen betrachten wir die Erde als Kugel mit einem mittleren Durchmesser $\overline{D} = 6371$ km und einem mittleren Erdumfang von $\overline{U} = 40.000$ km.

Entsprechend der Erddrehung von 360° in 24 Stunden ergeben sich 15°/h. Die Drehung um 1° erfolgt innerhalb von 4 Minuten. Der Drehsinn ist entgegengesetzt dem Uhrzeigersinn, d.h. Sonnenaufgang erfolgt im Osten, Untergang im Westen. Er wird überlagert durch den Umlauf der Erde um die Sonne auf einer elliptischen Bahn. Die Modellierung von Form und Ausmaßen des Erdkörpers kann durch eine Kugel, ein Ellipsoid oder Geoid erfolgen. In diesem Zusammenhang sind die folgenden Begriffe von Bedeutung:

Geoid — Dieser Begriff wurde von C. F. Gauß als Modell für die Figur der Erde eingeführt. Es wurde von ihm als die Äquipotentialfläche des Erdschwerefeldes definiert, welche mit dem mittleren Meeresspiegel der Ozeane zusammenfällt. Bei diesem Modell setzt sich der mittlere Meeresspiegel unterhalb der Kontinente fort.

Erdkugel — Geoid bzw. Rotationsellipsoid (kugelähnlicher Körper), der durch Fliehkräfte, ausgehend vom Erdellipsoid, an den Polen ca. 14 km abgeplattet, am Äquator ca. 7 km aufgewulstet ist. Ziel der mathematischen und physikalischen Geodäsie ist jeweils die Schaffung eines lokal bestanschließenden Ellipsoids oder eines globalen Referenzellipsoids.

Erdpole — Endpunkte der Erdachse als Nordpol (P_N) und Südpol (P_S)

Erdäquator — Großkreis der Erdkugel, dessen Ebene senkrecht zur Erdachse verläuft und die Erde in Nord- und Südhalbkugel teilt

Breitenparallele — Nebenkreise, die parallel zum Äquator und senkrecht zur Erdachse verlaufen (Breitenkreise)

Meridian — Halbe Großkreise der Erdkugel, die vom Nord- zum Südpol senkrecht zum Äquator und den Breitenparallelen verlaufen (Längenkreise)

Geogr. Breite φ — Winkel am Mittelpunkt (M) der Erdkugel zwischen der Äquatorebene und dem Erdradius eines Ortes, Zählung erfolgt von 00° (Äquator) nach Nord (N bzw. +) oder Süd (S bzw. -) bis 90° (Pole)

Geogr. Länge λ — Sphärischer Winkel an den Polen zwischen dem Nullmeridian (Meridian durch Greenwich) und dem Meridian eines Ortes

(Ortsmeridian), Zählung erfolgt von 000° (Nullmeridian) nach Ost (E bzw. +) oder West (W bzw. -) bis 180° (Datumsgrenze)

Breitenunterschied $\Delta\varphi$	Winkeldifferenz der geographischen Breiten zweier Orte [°] mit der Richtungsangabe Nord oder Süd
Längenunterschied $\Delta\lambda$	Winkeldifferenz der geographischen Längen zweier Orte [°] mit der Richtungsangabe Ost oder West
Breitendistanz b	Anzahl der Nautischen Meilen auf einem Meridian zwischen den Breitenparallelen zweier Orte
Äquatormeridiandistanz l	Distanz zwischen zwei Meridianen auf dem Äquator, der Zahlenwert von l entspricht $\Delta\lambda$
Mittelbreite φ_m	Arithmetischer Mittelwert aus der Breite des Abflugortes φ_A und der Breite des Bestimmungsortes φ_B

Übungsaufgabe: Berechnen Sie die Längen- und Breitendifferenz sowie die Mittelbreite φ_m zwischen den folgenden Punkten !

Punkt A	$\varphi_A = 30° 24' 15''$ N	Punkt B	$\varphi_B = 36° 42' 35''$ N
	$\lambda_A = 15° 12' 00''$ E		$\lambda_B = 30° 20' 30''$ E

2.2 Kartographische Grundlagen

Aufgabe kartographischer Abbildungen ist die Darstellung von größeren Regionen, Ländern, Kontinenten oder der ganzen Erde in Karten kleinen Maßstabs im geographischen Koordinatensystem. Dieses Kapitel behandelt die Grundlagen und Besonderheiten von Navigationskarten. Die Darstellung des unregelmäßigen Erdkörpers in der Ebene ist nicht ohne Verzerrungen möglich. Diese Verzerrungen bestehen in Nichtübereinstimmung der Winkel oder Längen der Orte, welche in einem bestimmten konstanten Maßstab dargestellt werden sollen.

Karte	Sie ist eine bedingte graphische Darstellung der Erdoberfläche auf der Ebene, d.h. eine geschlossene (ohne Klaffungen und Falten) und generalisierte Abbildung (mit Kartenzeichen, Signaturen und Schrift) einzelner Gebiete derselben, die in veränderlichem Maßstab nach bestimmten Gesetzen erfolgt.
Plan	Der darzustellende Bereich ist so klein, dass er praktisch als Ebene angenommen werden kann. Die Darstellung eines solch kleinen Teils der Erdoberfläche lässt sich auf der Ebene in großem Maßstab ohne irgendwelche praktisch bemerkbaren Verzerrungen wiedergeben.

Die kartographische Projektion ist ein Verfahren zur Abbildung der Oberfläche der Erdkugel oder des Erdellipsoids. Sie wird durch analytische und geometrische Abhängigkeit zwischen den sphärischen oder geographischen Koordinaten eines Punktes M auf der Kugel und den kartesischen- oder Polarkoordinaten der Abbildung des Punktes M' auf der Ebene bestimmt, $x = f_1 (\varphi, \lambda)$, $y = f_2 (\varphi, \lambda)$ [19].

Der Maßstab *M* einer Karte gibt das Verkleinerungsverhältnis zwischen Abbild und Urbild an, d.h. zwischen Kartenstrecke s_k und Naturstrecke s (z.B. M = 1 : 500.000) [19]:

$$M = \frac{1}{m} = \frac{s_k}{s}$$

Je größer die Maßstabszahl m ist, desto kleiner ist der Maßstab. Für Umrechnungen von der Kartenfläche F_k in die Naturfläche F gilt [19]:

$$F = F_k \cdot m^2$$

Je größer der Maßstab, desto stärker die Annäherung an gleichzeitige Flächen- , Winkel- und Längentreue. Da es keine vollständig verzerrungsfreie Abbildung der Erde in die Karte gibt, gilt die Maßstabsangabe streng nur für längentreu abgebildete Linien. Bis zum Maßstab M = 1 : 1 Mio. sind die Verzerrungen jedoch in der Regel so gering, dass sie im einzelnen Kartenblatt praktisch nicht messbar sind, und damit der Maßstab überall gilt.

2.2.1 Aufnahme der Erdoberfläche

Klassische und moderne geodätische Messverfahren der Landesaufnahme sind:

- Triangulation und Messtischaufnahme mit Theodolit/ Tachymeter (Messung von Horizontalrichtungen und Zenitwinkeln)
- Trilateration (Messung von Strecken)
- Photogrammetrie
- Satellitengeodäsie/Fernerkundung

Die vor Ort gegebene Oberflächengestalt erfordert ein die lokale Topographie bestmöglich approximierendes Ellipsoid. Infolge dessen ergibt sich eine große Zahl von geographisch begrenzt genutzten Referenzellipsoiden (zur Zeit >100), um mit mathematischen Verfahren Koordinaten erstellen zu können. Die klassischen Lagenetze erster und zweiter Ordnung wurden auf einem Bezugsellipsoid im System der ellipsoidischen Koordinaten (geodätische Flächenkoordinaten) berechnet. Netze niederer Ordnung sind in der Regel nach einer konformen Abbildung des Ellipsoids in die Ebene in ebenen kartesischen Koordinaten berechnet [15].

Unter einem Geodätischen Referenzsystem versteht man die Summe der theoretischen Vereinbarungen zur Konkretisierung eines Koordinatensystems für geodätische Zwecke.

Das geodätische Datum eines Lagenetzes umfasst die Parameter des Bezugsellipsoids und die Orientierung des Netzes gegenüber dem Erdkörper [4,15].

Datumsfestsetzung Verabredungen zur Anordnung eines geodätischen Netzes in einem gewählten Koordinatensystem

Referenznetz geodätische Realisierung des Referenzsystems

Das geodätische Bezugssystem (Referenzsystem) unterteilt sich in ein Lage- und ein Höhenbezugssystem.

a) Lagebestimmung

Die klassische Methoden der Landesvermessung werden in neuerer Zeit mehr und mehr durch Photogrammetrie (Luftbildmessung, Laser-Scanning, Erfassung mit optischen Scannern) und Verfahren der Satellitengeodäsie bzw. Fernerkundung (Scanner- und Radarverfahren) ersetzt. Die Orientierung des Bezugsellipsoids wird bei den klassischen Netzen durch die ellipsoidischen Koordinaten eines Fundamentalpunktes (auch Zentralpunkt) und Bedingungen zur Achsparallelität zwischen dem ellipsoidischen und dem globalen geozentrischen System festgelegt. Für den Fundamentalpunkt gilt: Lotabweichung und Geoidhöhe müssen gleich Null sein [15] !

Bei konventionellen Ellipsoiden ist die Achse parallel zur Erdrotationsachse gelagert.

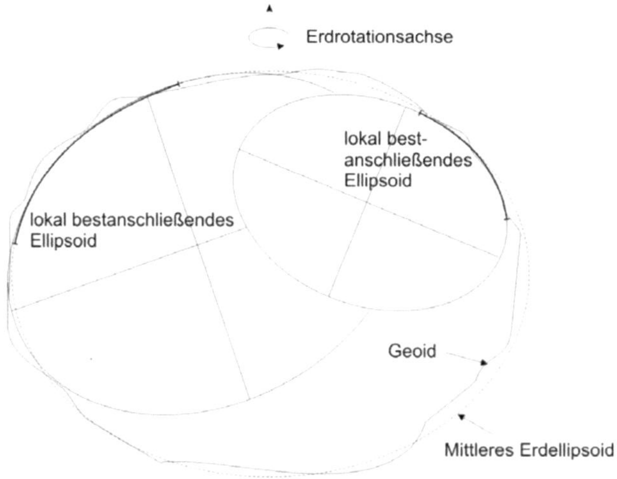

Abb. 2.4 Lokal bestanschließende Ellipsoide [4]

Bei einer Datumstransformation zwischen zwei konventionell-terrestrischen Bezugssystemen [CT] erfolgen:

- Verschiebung des Koordinatenursprungs um Δx , Δy, Δz
- Rotationen um die drei Koordinatenachsen Ω_X, Ω_Y, Ω_Z
- Änderung des Maßstabes

Dies sind sieben Transformationsparameter. Die Datumstransformation zwischen den Koordinaten eines globalen Systems (X_{Gl} , Y_{Gl} , Z_{Gl}) und den Koordinaten eines lokalen Datums (X_L , Y_L , Z_L) ist durch das folgende Gleichungssystem gegeben [4]:

$$\begin{bmatrix} X_{Gl} \\ Y_{Gl} \\ Z_{Gl} \end{bmatrix} = \begin{bmatrix} \Delta X \\ \Delta Y \\ \Delta Z \end{bmatrix} + (1+\Delta)\cdot \begin{bmatrix} 1 & -\Omega_Z & \Omega_Y \\ \Omega_Z & 1 & \Omega_X \\ -\Omega_Y & \Omega_X & 1 \end{bmatrix} \cdot \begin{bmatrix} X_L \\ Y_L \\ Z_L \end{bmatrix}$$

Δ ... Maßstabsparameter
Ω_X , Ω_Y , Ω_Z ... Drehung der Koordinatenachsen
ΔX , ΔY , ΔZ ... Translationsparameter zur Verschiebung des Koordinatenursprungs

Diese Gleichung ist gültig für kleine Drehwinkel. Bei geringen Genauigkeitsansprüchen und/oder sehr kleinen Messgebieten können die Rotationsparameter vernachlässigt werden. Es gilt dann folgende Beziehung [4]:

$$\begin{bmatrix} X_S \\ Y_S \\ Z_S \end{bmatrix} = \begin{bmatrix} \Delta X \\ \Delta Y \\ \Delta Z \end{bmatrix} + \begin{bmatrix} X_L \\ Y_L \\ Z_L \end{bmatrix}$$

b) Höhenbestimmung

Die Höhe eines Messpunktes ist sein lotrechter Abstand von einer Bezugsfläche, dieses ist die Länge der Lotlinie zwischen der Höhenbezugsfläche und dem Messpunkt. Klassische und moderne Verfahren zur Höhenbestimmung sind:

- geometrische Höhenmessung (Nivellements)
- trigonometrische Höhenmessung mit Zenitwinkeln mittels Theodolith
- gravimetrische Messungen zur Schwerefeldmodellierung, Messung von Schwerebeschleunigungen und Bestimmung von Niveauflächen, Ermittlung von Orthometrischen- oder Normalhöhen auf Geoid- bzw. Quasigeoid- Basis
- Stereo-Photogrammetrie
- Satellitengeodäsie (GPS-Positionierung)/Satelliten-Altimetrie

Der Geoid wird in Geodäsie, Kartographie und Ozeanographie als Bezugsfläche für Höhen und Tiefen (kontinentale- und Meeresbodentopographie) benutzt.

Ein Punkt P wird einer speziellen Niveaufläche durch seinen Schwerepotentialwert W zugeordnet. Mit dem Geoidpotential W_0 ergibt sich so die Höhe von P durch die negative Potentialdifferenz zum Geoid, sie wird als geopotentielle Kote bezeichnet. Nationale und kontinentale Höhensysteme benutzen ebenso wie die darauf aufbauenden Geländebeschreibungen (topographische Karten, digitale Geländemodelle) orthometrische Höhen oder Normalhöhen [40].

Die orthometrische Höhe H_0 ist die Länge der gekrümmten Lotlinie zwischen einem Oberflächenpunkt und dem Geoid. Orthometrische Höhen werden als Höhe über NN „Höhe über Normal Null" bezeichnet. Diese Definition entspricht der allgemeinen Anschauung „Höhe über dem Meeresspiegel" [30].

Die Normalhöhe H_N ist der Abstand eines Oberflächenpunktes vom Quasigeoid (Vermeidung von Hypothesen über die Anordnung der topographischen Massen) als Bezugsfläche. Es erfolgt die Verwendung einer mittleren Normalschwere bei Berücksichtigung der Lotabweichung. Normalhöhen werden als Höhen über HN „Höhen über Null" bezeichnet. Normalhöhenreduktionen auf den Ozeanen sind gleich Null, deshalb fallen die Oberflächen des Geoids und des Quasigeoids dort zusammen. Für Punkte auf dem Land beträgt die Höhendifferenz maximal 2 m [30].

Die ellipsoidische Höhe H_E ist die Länge der Ellipsoidnormalen zwischen einem Punkt und der Oberfläche des Referenzellipsoids, unterschiedliche Schwereverteilungen werden nicht berücksichtigt. GPS-Messungen liefern ellipsoidische Höhen [30].

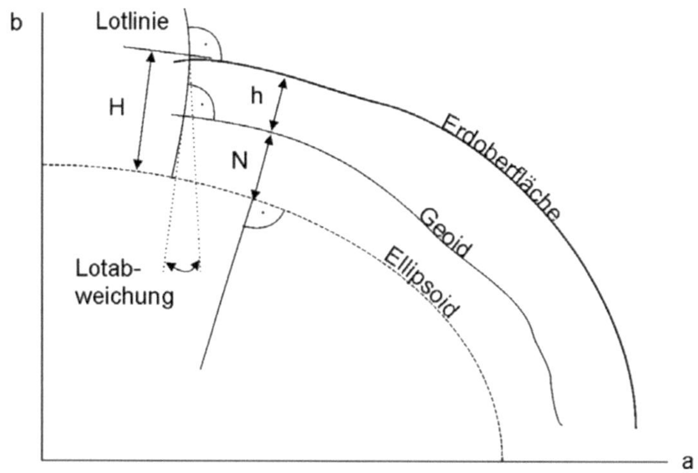

Abb. 2.5 Definition des Ellipsoids und der Höhensysteme im WGS 84 für Deutschland (ellipsoidische Höhe, Geoidhöhe, Geoidundulation N) [15]

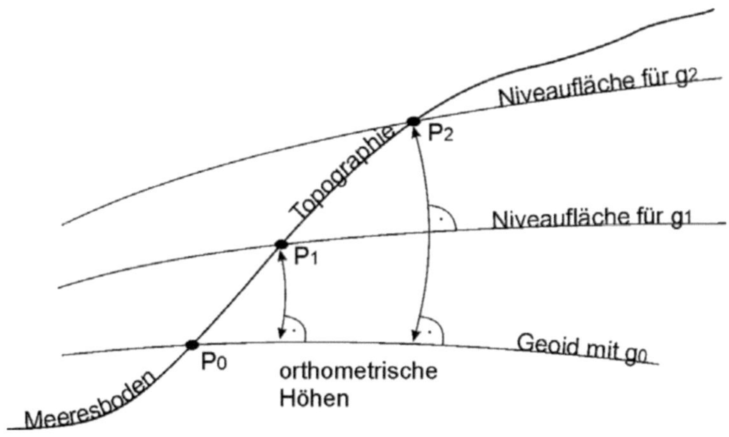

Abb. 2.6 Schwerebeschleunigungen, Niveauflächen und Höhen [30]

Benachbarte Äquipotentialflächen, d.h. Flächen gleichen Schwerepotentials und konstanter Differenz der Lageenergie, haben unterschiedliche Abstände, sie verlaufen also nicht parallel. Dies bedeutet das geometrische Nivellement ist wegeabhängig. Das gravimetrische Nivellement zur Bestimmung des Schwerefeldes der Erde erfolgt durch absolute und relative Schweremessung mittels Laser-/ Prismen-Inferometer bzw. Freifall-Gravimetern.

2.2.2 Geodätische Abbildung

Voraussetzung für die Landesaufnahme ist die Schaffung eines ebenen Rechtssystems als Vermessungsgrundlage, Vermessungsergebnisse können anschließend in Koordinaten umgewandelt werden. Seit dem Jahre 1923 werden in Deutschland die Ergebnisse der Landesvermessung zur Abbildung der Ellipsoidoberfläche in die Kartenebene als ebene rechtwinklige Gauß/Krüger-Koordinaten (C. F. Gauß 1777 - 1855, Verfahren später von Krüger 1857 - 1923 weiterentwickelt) durch die Landesvermessungsämter in den verschiedenen Kartenwerken umgesetzt. Die zu bestimmenden Positionen werden zunächst metrisch im Gauß/Krüger-System ermittelt, d.h. in das vorhandene Festpunktnetz eingemessen, und bei Bedarf rechnerisch in geographische Koordinaten umgewandelt.

a) Gauß/Krüger-Abbildung

Vom Erdellipsoid werden Meridianstreifen winkeltreu in die Ebene übertragen. Ein längentreuer Mittelmeridian bildet die x-Achse, senkrecht dazu steht die y-Achse. Beiderseits des Mittelmeridians kommt es zu Verzerrung infolge paralleler Abbildung konvergierender Ordinaten.

Um die Verzerrung in tragbaren Grenzen zu halten, erfolgt eine Beschränkung der Abbildung auf jeweils 2° beiderseits des Mittelmeridians, sowie Einrichtung selbständiger, 4° breiter Meridianstreifensysteme, die sich in 1° breiten Streifen überdecken. Die Abszissen sind in Deutschland 6°, 9°, 12°, 15° usw. östlicher Länge. Im Koordinatensystem ist somit eine eindeutige Lagebestimmung jedes Ortes möglich.

Der Hochwert x bezeichnet den Abstand vom Äquator in [m], z.B. Hochwert 57^{07} = 5707 km. Der Rechtswert y bezeichnet Abstand vom Mittelmeridian in [m + 500.000], seine erste Zahl gibt dessen Kennziffer an, gewonnen aus Gradzahl des Mittelmeridians (6°, 9°, 12° östliche Länge) geteilt durch Zahl 3 (= 2, 3, 4 usw.). Die zweite Zahl ist Grundzahl 500, hinzugefügt zur Vermeidung der Vorzeichen + oder – für eine Lage östlich bzw. westlich vom jeweiligen Mittelmeridian, die dritte und vierte Zahl ergeben durch Addition bzw. Subtraktion zu bzw. von der Grundzahl die Entfernung vom Mittelmeridian.

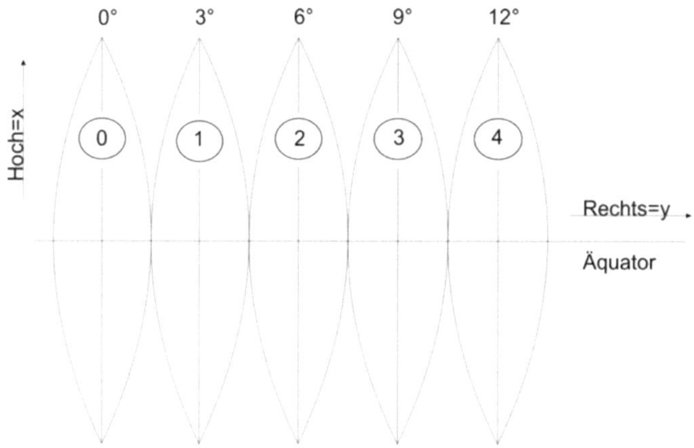

Abb. 2.7 Gauß/Krügersches 3°-Meridianstreifensystem

Beispiel: Rechtswert 35^{41} = Ort liegt 41 km östlich 9° E (500 + 41 = 541)
Rechtswert 34^{59} = Ort liegt 41 km westlich 9° E (500 – 41 = 459)

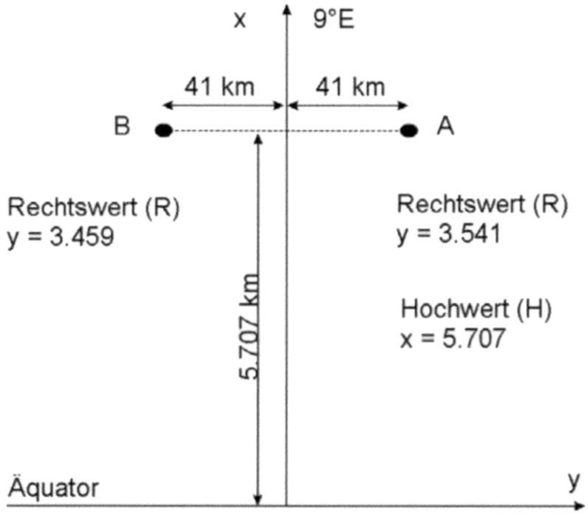

Abb. 2.8 Gauß/Krügersches Koordinatensystem des 3. Meridianstreifens mit den Beispielpunkten A und B [17]

b) <u>UTM-Koordinaten</u>

UTM ist die Abkürzung für Universal Transverse Mercator Grid System (Universale Transversale Mercator Projektion). Diese Benennung ist auf den Begründer der winkeltreuen Zylinderabbildung, Gerhard Mercator, zurückzuführen. Als 6°-Meridianstreifensystem mit günstiger Verzerrungsverteilung durch verkürzte Abbildung des Hauptmeridians, bietet es Vorteile gegenüber dem 3° Meridiansteifensystem durch den Wegfall von häufigen Systemwechseln.

Das UTM-System wurde 1947 vom US-Army Map Service für Karten mittleren Maßstabes eingeführt und 1951 von der Internationalen Assoziation für Geodäsie (IAG) für Landesvermessungen empfohlen. Grundlage ist die Gaußsche Abbildung, die Verkürzung des Hauptmeridians kann als Abbildung auf einem transversalen Schnittzylinder gedeutet werden [19].

Im UTM-System werden 60 sechs Grad breite Meridianstreifen (Zonen) mit einer Ausdehnung von 84° N bis 80° S festgelegt. Innerhalb dieser Zonen erfolgt eine weitere Nord/Süd-Unterteilung in 8° breite Parallelkreisbänder sowie die Bildung eines Meldegitters, bestehend aus 100 x 100 km^2 Feldern. Für die Abbildung der Polgebiete wird die winkeltreue Azimutalprojektion in normaler Lage verwendet. Die Koordinatenbenennung erfolgt unter der Angabe der Zonennummer, wobei x und y Gaußsche Koordinaten sind [19]:

Ordinatenwert (East):	$E = y + k_y$	$k_y = 500.000$ m	
Abszissenwert (North):	$N = x + k_x$	$k_x = 0$ m	(nördl. Breite)
		$k_x = 10.000.000$ m	(südl. Breite)

Die in verschiedenen Ländern verwendeten unterschiedlichen Ellipsoide sollen im Zuge der europäischen Zusammenarbeit auf dem Gebiet des Vermessungswesens und der Kartographie auf der Grundlage des Ellipsoid des GRS 80 vereinheitlicht werden.

2.2.3 Referenzsysteme und deren Orientierung

Die derzeit wichtigsten realisierten globalen Referenzsysteme sind [4]:

- International Earth Rotation Service (IERS) Terrestrial Reference Frame (ITRF) als globale Grundlage für die dreidimensionale Positionsbestimmung
- World Geodetic System 84-Coordinate System (WGS 84) durch ein globales Netz von GPS-Trackingstationen realisiert
- European Terrestrial Reference Frame 89 (ETRF 89) als Europäisches Terrestrisches Referenzsystem (ETRS), welches seit Ende der 1980er Jahre als European Reference Frame (EUREF) aufgebaut wird, unter Einschluss von ITRF- und IGS-Stationen
- Parametri Zemli 90 (PZ 90) der Russischen Föderation (GLONASS)

Seit dem 1. Januar 1994 ist der Internationale GNSS-Dienst (IGS), von der International Association of Geodesy (IAG) eingerichtet, operationell. Dieser besteht aus einem globalen Netz von über 200 permanent operierenden GPS-Stationen, die mit geodätischen GPS-Zweifrequenzempfängern ausgerüstet sind, und einer Anzahl von Daten- und Analysezentren. Durch den Einschluss einer Anzahl o.g. ITRF-Stationen (Koordinaten und Geschwindigkeiten) ist das IGS-Netz mit dem ITRF verknüpft. Im Bereich der verschiedenen Höhenbezugssysteme findet international ebenfalls eine Harmonisierung statt (Europäisches Vertikales Bezugssystem - EVRS).

a) Bisherige Bezugssysteme in Deutschland

Auf dem Gebiet der westlichen Bundesländer wurde das bis 1945 gültige Bezugssystem verfeinert. Es war dies das Deutsche Hauptdreiecksnetz (DHDN) mit Potsdamer Datum, Zentralpunkt Rauenberg, auf Basis des Bessel-Ellipsoids. Die amtliche Höhen sind Höhen über Normalnull (NN-Höhen).

In der DDR wurde seit Konferenz der geodätischen Dienste sozialistischer Länder im Juni 1952 das Staatliche Trigonometrische Netz (STN) System 42/83 geschaffen. Dieses basierte auf dem Krassowski-Ellipsoid mit geodätischem Datum von Pulkowo (bei Sankt Petersburg), bei Minimierung der astronomisch-geodätischen und gravimetrischen Lotabweichungen. Das Höhensystem sind Normalhöhen über Höhennull (HN-Höhen), das Niveau ist vom Pegel Kronstadt abgeleitet [4,10,15].

Für Deutschland ist das zukünftige amtliche Bezugssystem ETRS 89 für den Lagebezug und DHHN 92 für den Höhenbezug.

b) World Geodetic System 1984 (WGS 84)

Gemäß ICAO ist das WGS 84-System ab dem 01. Januar 1998 bei der Veröffentlichung von geographischen Koordinaten vorgeschrieben. Es handelt sich dabei um ein auf den Erdmittelpunkt bezogenes globales Referenzsystem, welches weltweit einsetzbar ist. Vorerst werden nur horizontale Koordinaten (Breiten- , Längengrade) angegeben, die Höhen beziehen sich auf das Ellipsoid und nicht auf NN. Die Definition des Ellipsoids und des Höhensystems umfasst für Deutschland (siehe Abb. 2.5):

- große Halbachse a und kleine Halbachse b des Ellipsoids,
- ellipsoidische Höhe H, diese ist die Länge des Lots eines Punktes auf der Erdoberfläche bis zur Ellipsoidoberfläche,
- orthometrische (Normal-) Höhe h Erdoberfläche/Geoid und die
- Geoidhöhe N, diese ist die Länge des Lotes von einem Punkt auf dem Geoid zum Ellipsoid (Geoidundulation).

Das Referenznetz basiert auf den Koordinaten der fünf Stationen des weltweit verteilten GPS-Kontrollsegmentes. Neben den geometrischen Festlegungen gehören zu WGS 84 [4]:

- ein mathematisches Modell des Schwerefeldes der Erde,
- die Lichtgeschwindigkeit im Vakuum und
- das Produkt aus der Gravitationskonstante und der Masse der Erde.

Zur Realisierung des WGS 84-Systems in Europa wurde von den Vermessungsverwaltungen der europäischen Länder gemeinsam das European Terrestrial Reference Frame 89 (ETRF 89) -System geschaffen, das in Europa mit WGS 84 identisch ist. Die Positionsangaben zwischen dem geodätischen Hauptbezugssystem DHDN und dem WGS 84-System weisen für das Gebiet Deutschlands ortsabhängig Unterschiede zwischen 3 - 5 Bogensekunden in der geographischen Breite und 3 - 7 Bogensekunden in der geographischen Länge auf. Dabei bewegt sich der absolute Wert des Unterschiedes zwischen ca. 125 m im Bereich Bodensee und ca. 215 m im Bereich Usedom [10].

Die unterschiedliche Lagerung und Orientierung der Ellipsoide ist u.a. auch maßgebend dafür, dass eine bestimmte Position auf der Erdoberfläche voneinander abweichende geographische Koordinaten dieses Punktes in den verschiedenen geodätischen Bezugssystemen aufweist.

Bei einer Transformation von Positionsangaben in das WGS 84-System ist es daher von entscheidender Bedeutung, in welchem der o.a. Bezugssysteme die Ausgangsdaten vorliegen. Die folgende Tabelle stellt die Parameter einiger wichtiger Ellipsoide dar:

Tab. 2.1 Parameter wichtiger Referenzellipsoide

	große Halbachse a [km]	kleine Halbachse b [km]	Abplattung f (a - b)/a
Bessel	6.377,397	6.356,079	1 : 299
Krassowski	6.378,245	6.356,863	1 : 298
International	6.378,388	6.356,912	1 : 297
WGS 84	6.378,137	6.356,752	1 : 298

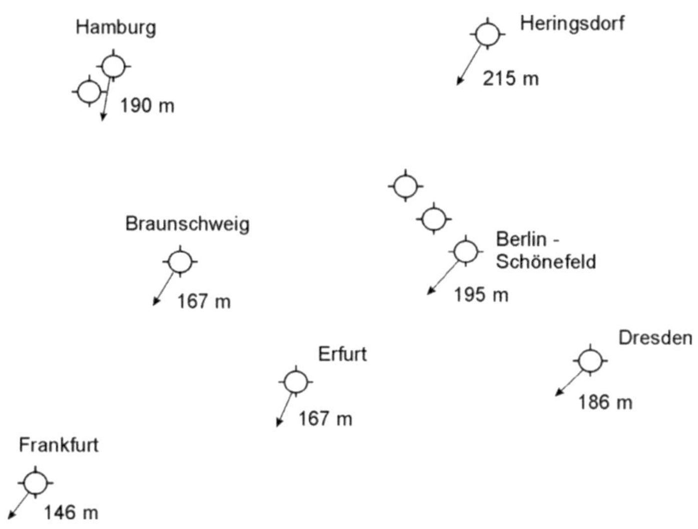

Abb. 2.9 Abweichungen zwischen den geodätischen Bezugssystemen DHDN und WGS 84 an ausgewählten deutschen Flughäfen (Versatz nach Größe und Richtung) [10]

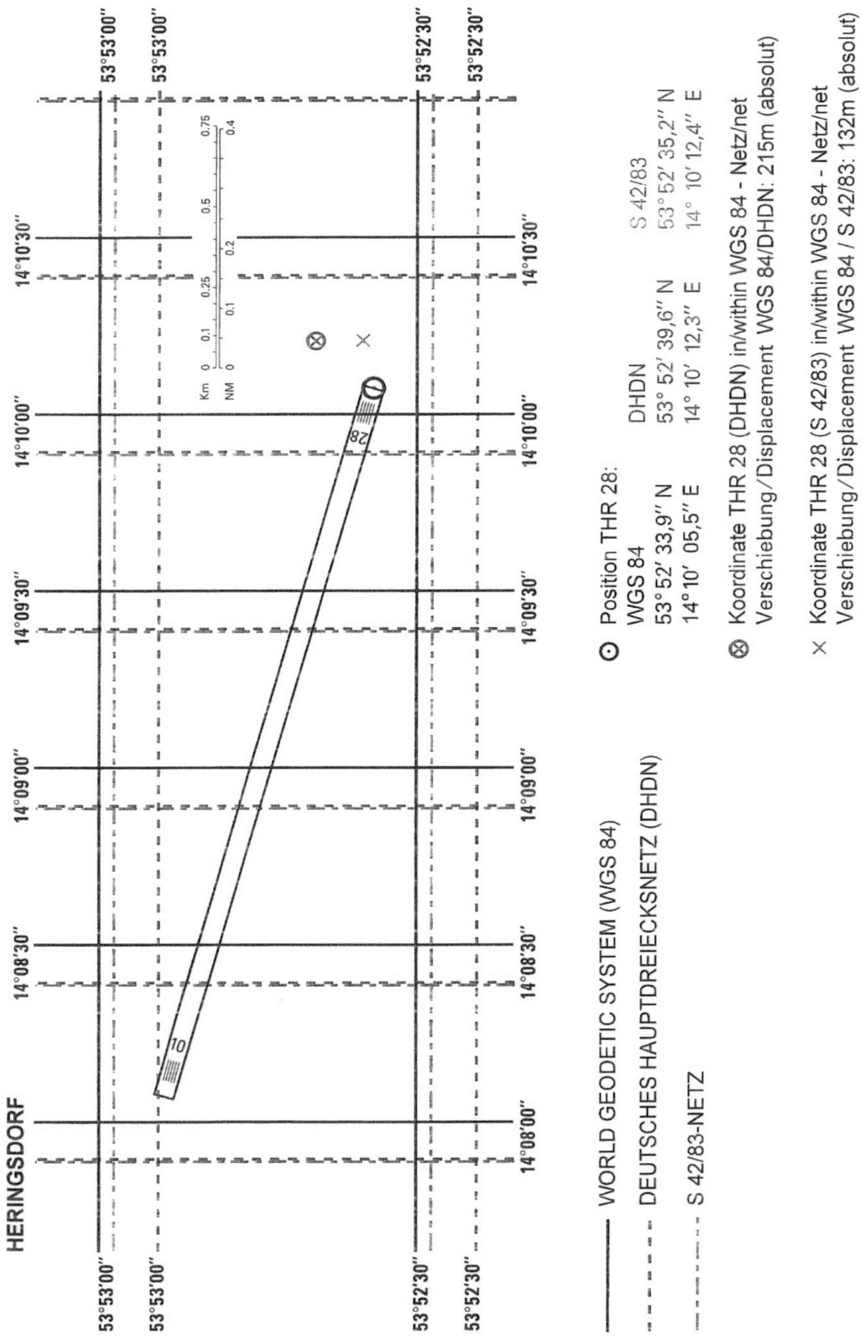

Abb. 2.10 Beziehung zwischen den geodätischen Koordinatensystemen [DFS Deutsche Flugsicherung GmbH, AIC 18/95 Abb. 4]

2.2.4 Projektionsarten und Kartennetze

Die Vielzahl theoretisch möglicher Netzentwürfe gliedert sich nach:

- Konstruktionsmethode
- verwendeter Projektionsfläche
- Lage des Berührungspunktes der Projektionsfläche im Gradnetz der Erde

Hauptanforderung an Navigationskarten (See- und Luftfahrt) ist *Winkeltreue*. Die Projektionen lassen sich nach dem Verzerrungscharakter klassifizieren:

a) Winkeltreue (konforme) Projektion

Hierzu gehören jene Projektionen, die Winkel und Richtungen ohne Verzerrungen abbilden. D.h. für die winkeltreue Projektion besteht die Beziehung [42]:

$$\beta = \alpha, \tan \beta = b(a \tan \alpha) \rightarrow a = b$$

Hauptbedingung für eine beliebige winkeltreue Projektion ist die Gleichheit der Teilmaßstäbe nach den Hauptrichtungen. So wird jeder beliebige unendlich kleine Kreis ebenfalls als Kreis abgebildet. Folglich bleibt bei den winkeltreuen Projektionen die Ähnlichkeit kleiner Figuren erhalten [42].

b) Längentreue (äquidistante) Projektion

Längentreue Projektionen sind solche, deren Teilmaßstäbe in allen Punkten der Karte nach einer Hauptrichtung gleich dem Hauptmaßstab und folglich untereinander gleich sind. Bei der längentreuen Projektion können sowohl a = 1 als auch b = 1 sein.

Ein unendlich kleiner Kreis wird hier als Ellipse abgebildet, deren eine Halbachse gleich dem Radius des Kreises ist, d.h. die Ähnlichkeit bleibt nicht erhalten, folglich ist die längentreue Projektion nicht winkeltreu. Generell ist es unmöglich, Längentreue nach allen Richtungen hin zu erhalten [42].

c) Flächentreue (äquivalente) Projektion

In der flächentreuen Projektion ist die Fläche der abzubildenden Figur gleich der Fläche derselben Figur auf dem Globus. Das bedeutet, die Flächenänderung ist gleich eins, $P = a \cdot b = 1$. Der größte Teilmaßstab a ist um so viele Male größer als Eins, um so viele Male die Eins größer als der kleinste Maßstab ist. Weil die Teilmaßstäbe a und b nach den Hauptrichtungen in dieser Projektion untereinander nicht gleich sind, wird ein unendlich kleiner Kreis als Ellipse abgebildet [42].

d) Vermittelnde Projektion

Vermittelnde Projektionen besitzen keine der oben angegebenen Eigenschaften, weisen praktisch aber nur geringe Verzerrung in Winkeln und Längen auf. Sie haben ebenfalls nur kleine Unterbrechungen zwischen den einzelnen Blättern.

Des Weiteren können die Projektionsarten ebenfalls nach der geometrischen Deutung der verwendeten Projektionsfläche unterschieden werden. Die wichtigsten Projektionsarten sind:

- Zylinderprojektion
- Kegelprojektion
- Azimutalprojektion (ebene Projektionsfläche an Projektionspunkt)

Lagemöglichkeiten der Projektionsfläche sind:

- normal
- transversal
- schiefachsig

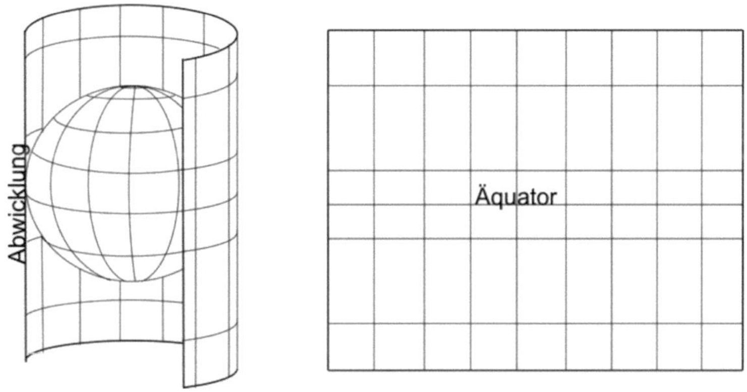

Abb. 2.11 Prinzip der Zylinderprojektion [11,17]

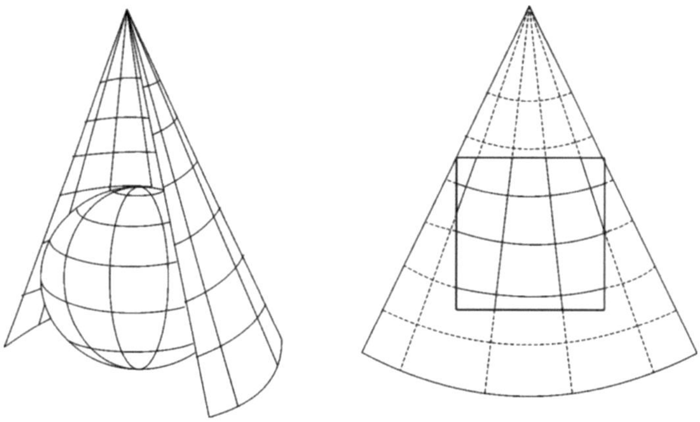

Abb. 2.12 Prinzip der Kegelprojektion [11,17]

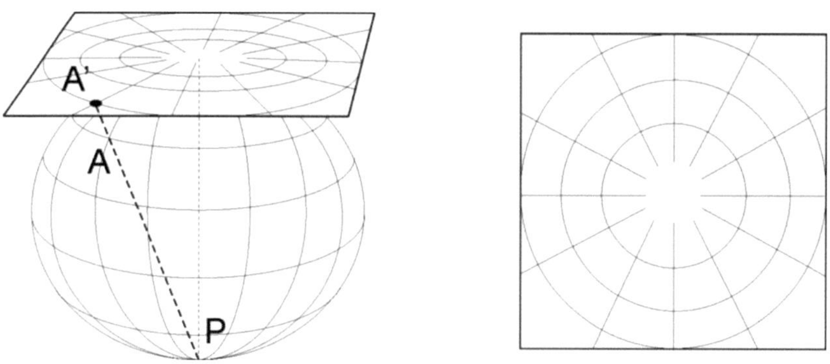

Abb. 2.13 Prinzip der Azimutalprojektion [11,17]

Mercator-Projektion:

Diese ist ein Spezialfall der Zylinderprojektion, nach Gerhart Kremer (1512 - 1594), genannt Mercator, 1569 in Duisburg veröffentlicht.

Bei der Mercatorprojektion verlaufen die Meridiane parallel, sie schneiden die parallelen Breitenkreise im Winkel von 90°. Sie ist sinnvoll zur Abbildung der Gebiete zwischen etwa 40° nördlicher und südlicher Breite, da die Verzerrungen mit zunehmenden Abstand vom Äquator erheblich anwachsen. Sie liefert eine winkeltreue Abbildung, die Loxodrome wird als Gerade, die Orthodrome polwärts gekrümmt dargestellt.

Die Kursgleiche (Loxodrome) schneidet alle Meridiane stets unter dem gleichen Winkel. Damit kann der Kurswinkel direkt in der Karte gemessen werden.

Der Abbildungsmaßstab wächst mit dem secans (1/cos φ) der abzubildenden geographischen Breite. Ein Nachteil der Mercatorabbildung ist die starke Flächenfälschung mit wachsender geographischer Breite. Anwendung findet diese Projektion für Seekarten als winkeltreue Zylinderabbildung in normaler Lage, bezogen auf das Hayford-Ellipsoid (zukünftig WGS 84).

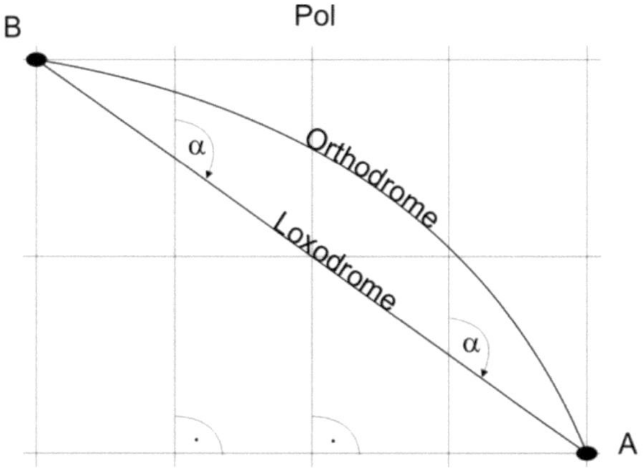

Abb. 2.14 Darstellung von Orthodrome und Loxodrome in der Mercatorkarte

Lambert-Projektion:

Die geometrische Interpretation ist hier eine Schnitt- oder Berührkegelprojektion mit einem oder zwei längentreuen Bezugsbreitenkreisen. Bei einer Berührkegelprojektion verkleinert sich der Kartenmaßstab bezüglich des Bezugsbreitenkreises in Richtung nördlicher bzw. südlicher Kartenbreite. Bei Schnittkegelprojektion vergrößert sich der Maßstab ausgehend von den Bezugsbreitenkreisen in Richtung Kartenmitte.

Die Meridiane konvergieren zu den Polen hin und schneiden die Breitenkreise im Winkel von 90°. Der Maßstab ist nur am Bezugsbreitenkreis korrekt, Darstellung mittlerer geographischer Breiten bis max. 80° nördlicher bzw. südlicher Breite. Die Loxodrome wird als Gerade abgebildet, die Orthodrome ist polwärts gekrümmt, wahre Kartengerade ist die Lambodrome. Lamberts winkeltreue Berühr- oder Schnittkegelprojektion ist ein Spezialfall der Kegelprojektion.

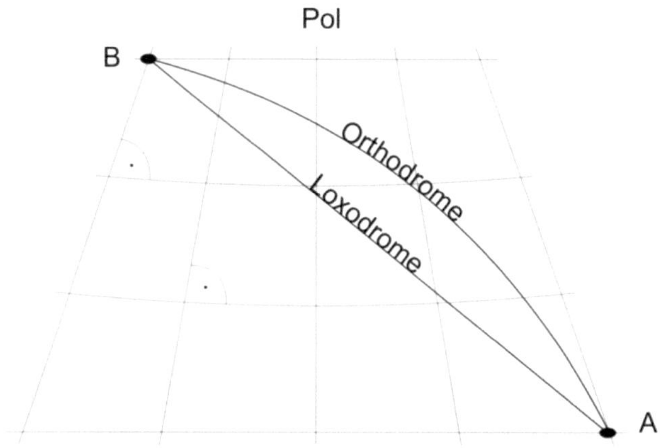

Abb. 2.15 Lambertsche winkeltreue Kegelprojektion mit Darstellung von Orthodrome und Loxodrome

Entsprechend der ICAO-Empfehlung gem. Annex 4 (Aeronautical Charts) findet diese Projektionsart Anwendung für Luftfahrtkarten, Herausgeber für die Bundesrepublik Deutschland ist die Deutsche Flugsicherung GmbH (DFS) in Langen.

Großkreisnetze (Azimutalprojektion):

Azimutalprojektionen, zum Teil auch als perspektivische Projektion bezeichnet, gehen von einem Projektionspunkt aus. Je nach dessen Lage unterscheidet man die Azimutalprojektion:

- polarständig
- zwischenständig
- äquatorständig

Nach der Lage des Blickpunktes bzgl. des Erdmittelpunktes wird unterschieden:

- zentrale (gnomonische)
- stereographische
- äußere
- orthographische Azimutalprojektion

Für die Flugkartographie kommen die zentrale polare und die polarstereographische Azimutalprojektion (winkeltreu) zur Anwendung. Der dargestellte Bereich befindet sich nördlich von 70° N bzw. südlich von 70° S.

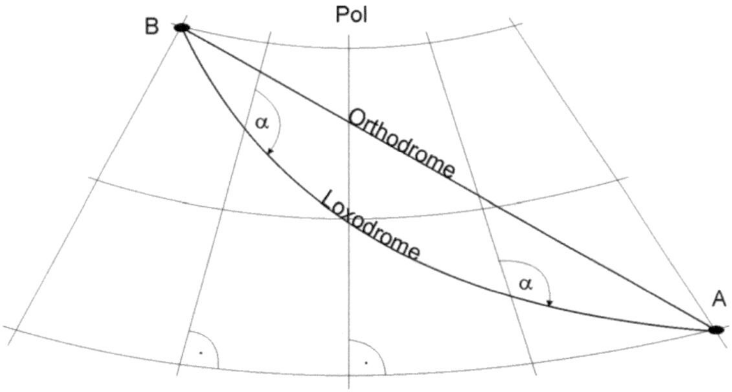

Abb. 2.16 Darstellung von Orthodrome und Loxodrome in einem Großkreisnetz

2.3 Arten von Luftfahrtkarten

ICAO Annex 4 regelt Arten und Inhalt von Karten für die Zivilluftfahrt. Standardflugkarten sind:

- Übersichts-, Planungs- und Hinderniskarten
- Flugplatzkarten
- Abflugkarten (Standard Instrument Departure - SID)
- Anflugkarten (Standard Arrival Route - STAR)
- Anflugkarten (Approach)
- Streckenkarten (oberer/unterer Luftraum)
- Streckenkarten für Sichtflieger (VFR) z.B. ICAO M = 1 : 500.000
- Flugplatz- sowie An- und Abflugkarten für Sichtflieger

In Deutschland publiziert das Büro Nachrichten für Luftfahrer (NfL) der DFS die Standardkartenwerke im Luftfahrthandbuch (Aeronautical Information Publication - AIP) Band II und III. Weitere Publikationen erfolgen von der Firma JEPPESEN sowie Lufthansa Systems FlightNav. Mit wenigen Ausnahmen basieren die internationalen Luftfahrtkarten auf WGS 84.

Sichtflugkarten sind eine topographische Darstellung kombiniert mit der Luftraumstruktur in einer horizontalen und vertikalen Abbildung (Farbcodierung und Signatur). Wiedergegeben wird das Höhenprofil des Geländes mittels Höhenpunkten und farblicher Höhencodierung. Dargestellt werden in generalisierter Form Flughäfen, Flugplätze und Segelfluggelände. Des Weiteren werden Funknavigationsanlagen, An- und Abflugverfahren für Sichtflug sowie Meldepunkte abgebildet.

Luftfahrtkarten für Planungszwecke und Instrumentenkarten geben die Luftraumstruktur und das auf Funknavigationsanlagen und Wegpunkten basierende Luftstraßennetz wieder. Sie sind nicht nur Grundlage für Flugnavigation und Flugplanung, sondern sind auch für Flugverkehrskontrolle und Air Traffic Management (ATM).

Luftraumstruktur und Luftstraßensystem unterliegen in der BRD sowie in der EUR-Region hinsichtlich der Neuplanung und Anpassung an die Verkehrsnachfrage einer beständigen Veränderung. Verschiedene Einflussgrößen müssen bei der Planung der Luftraumstruktur und des Luftstraßensystems Eingang in die Planungsstrategie der Deutschen Flugsicherung GmbH (DFS) finden. Zentrales Planungsinstrument ist der FP-TAAM- Rechner in Langen (TAAM - Total Airport/Airspace Manager).

TAAM 53, umfasst den gesamten BRD-Luftraum. Es wird z.B. die Verfahrensgeometrie (Kurvenradien als Funktion der Fluggeschwindigkeit, ICAO-Standardflugverfahren) berücksichtigt. Mittels Schnellzeitsimulation kann eine erste Analyse der Leistungsfähigkeit der neuen Luftraumstruktur bezüglich der Flugsicherungskapazität erstellt werden.

Durch das Lage- und Informationszentrum der DFS (LIZ) erfolgt die Nachher-Analyse (Qualitätskontrolle), sowie eine statistische Aufbereitung bestimmter, wählbarer Verkehrstage. Daraus ergeben sich die Aufdeckung von Restpotential und Nachbesserungsbedarf sowie der Aufschluss darüber, wie sich Strecken in der Praxis bewähren.

Des Weiteren erfolgt eine Fluglärmberücksichtigung über NIROS (Noise Impact Reduction and Optimization System). Hier findet eine Korrelation der Lärmbelastung mit der Bevölkerungsdichte statt. Dabei werden die Daten der statistischen Landesämter, auf Basis der Koordinaten nach Bessel verwendet. Fluglärmkriterien sind Bestandteil der Routenplanungen für An- und Abflugverfahren. Im Ergebnis ist ein Gesamtgütewert der Streckenplanung ableitbar. Parallel erfolgt am Radar-Simulator die Einweisung der Fluglotsen sowie die Praxiserprobung. Abschließend werden die Routen in den gedruckten Planungs- , Strecken- sowie An- und Abflugkarten veröffentlicht.

Das Bundesamt für Kartographie und Geodäsie (BKG) sowie die Landesvermessungsämter halten raumbezogene Daten, neben den gedruckten amtlichen Karten, im Rahmen der Geo-Informationssysteme (GIS) elektronische Raster- sowie Vektorkarten für verschiedenste Anwendungen verfügbar.

Elektronische Kartenwerke halten seit den 1990er Jahren in der kommerziellen Seefahrt verstärkt Einzug. Dies ist neben der klassischen elektronischen Seekarte ECS (Electronic Chart System) vor allem das multifunktionale komplexe System ECDIS (Electronic Chart Display and Information System), welches Navigation, Information, Warnfunktionen sowie Kommunikation und Schiffsführung integriert [14].

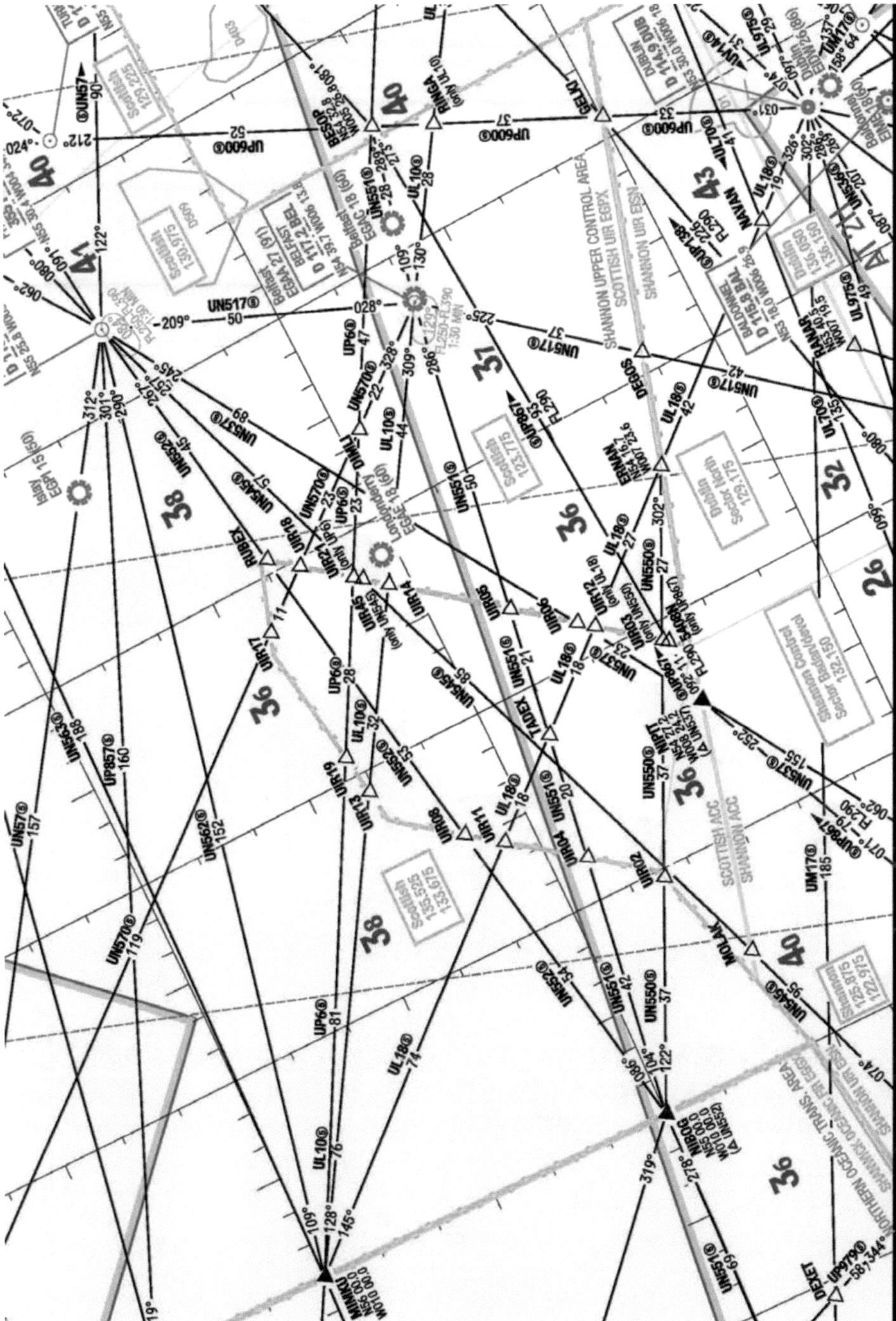

Abb. 2.17 Streckenkartenausschnitt - oberer Luftraum Nordirland/Schottland - in winkeltreuer Lambertscher Schnittkegelprojektion (RFC 2 N-HL) [Lido RouteManual]

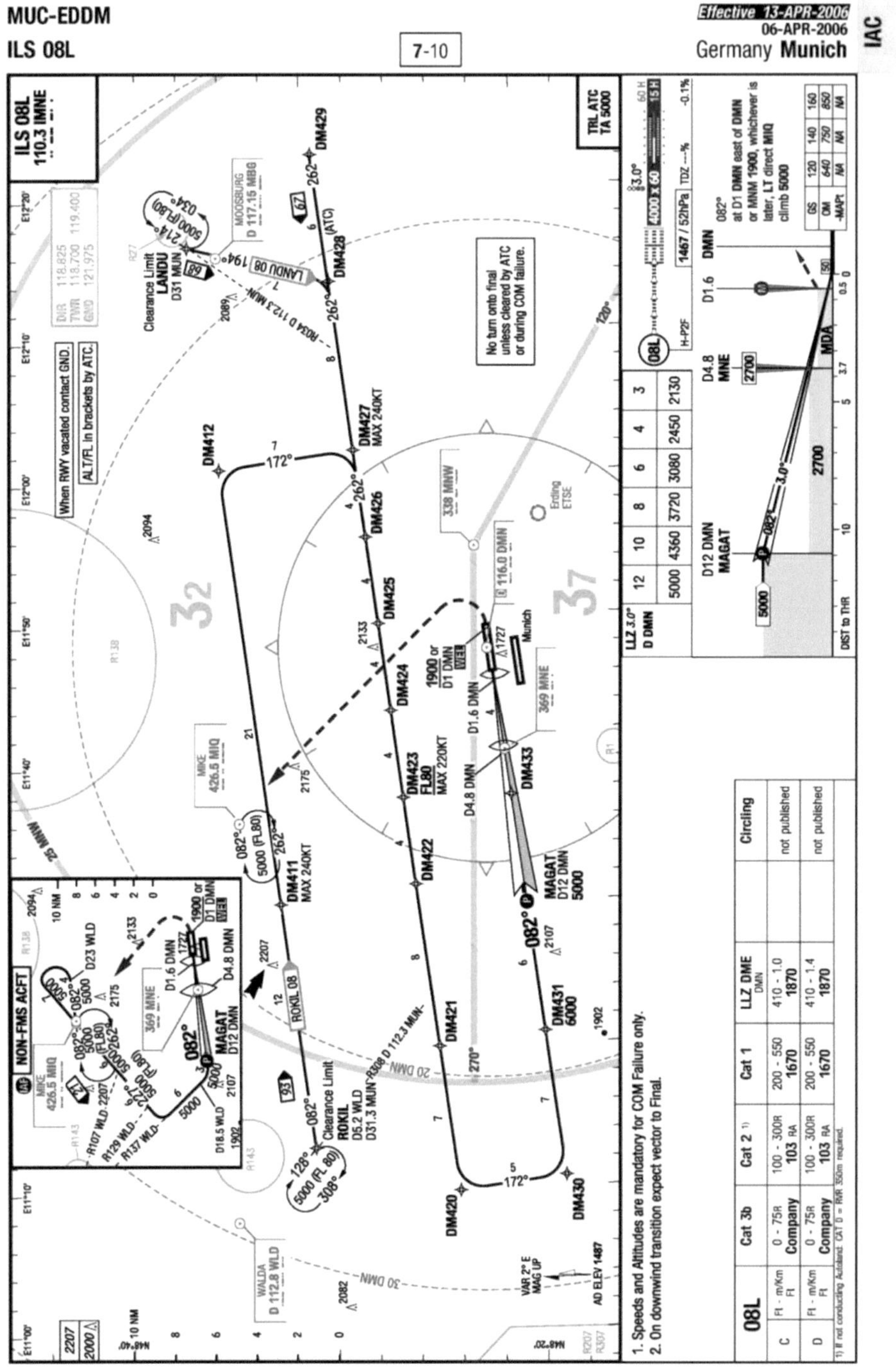

Abb. 2.18 Instrumentenanflugkarte (Instrument Approach Chart - IAC) mit RNAV-Transition, Landekurs und Gleitweg [Lido RouteManual]

3 Funknavigation

Navigation ohne Bodensicht, unabhängig von Wetterbedingungen sowie Tageslichtverhältnissen erfolgt nach Instrumentenflugregeln (Instrument Flight Rules - IFR). Nach Art der Navigation ist diese eine wegpunktbasierte Navigation. Der Flugweg ergibt sich als Abfolge von Wegpunkten zwischen den Orten A und B, dabei können die Wegpunkte auf Funknavigationsanlagen, Satellitennavigation oder bordautonomen Trägheitsnavigationssystemen basieren. Werden terrestrische Funknavigationsanlagen genutzt, deren Position in einer Luftfahrtkarte verzeichnet ist, spricht man von Funknavigation. Klassische Funknavigationsanlagen liefern dem Nutzer:

- Entfernung Luftfahrzeug - Bodenstation
- Winkel zwischen einer Bezugsrichtung am Luftfahrzeug (Längsachse) und einer Bezugsrichtung am Boden (z.B. missweisend Nord)
- Standortkoordinaten
- Geschwindigkeit über Grund
- Höhe über Grund (Funkhöhenmesser)

Arten von terrestrischen Funknavigationssystemen und -anlagen sind:

- Ungerichtete Funkfeuer
- Richtsendeanlagen/UKW-Drehfunkfeuer
- Peileranlagen
- Funkentfernungsmesssysteme
- Präzisionsanflugsysteme sowie Markierungsfunkfeuer
- Langwellensender der Hyperbelnavigationssysteme

Aus der Art der verwendeten Funkwellen ergeben sich die Reichweite und damit der Einsatzbereich des jeweiligen Systems. Die klassische Funknavigation findet im Wesentlichen Anwendung als Navigationssystem der Kurz- und Mittelstrecke.

3.1 Ungerichtete Funkfeuer - NDB

Ungerichtete Funkfeuer (Non Directional Beacon - NDB) sind Funknavigationsanlagen, welche im Lang- und Mittelwellenbereich arbeiten. Sie können zur Bestimmung der Relativrichtung zwischen Luftfahrzeug und Bodenstation angepeilt werden. Gemäß ICAO-Frequenzverteilerplan arbeiten ungerichtete Funkfeuer im Frequenzbereich von 190 - 1750 kHz (Empfängerauslegung). NDB sind vergleichbar mit Rundfunksendern, sie strahlen über die Antennenanlage einen vertikal polarisierten hochfrequenten RF-Träger ab.

Die Ausstrahlung erfolgt ohne Richtwirkung nach dem Rundstrahlerprinzip, das Horizontalrichtdiagramm ergibt einen Kreis, das Vertikalrichtdiagramm ist von der Form der Antenne abhängig.

Der Radiofrequenz-Träger wird mit einem Signal moduliert, z.B. der Senderkennung. Unter Modulation versteht man das Aufprägen eines niederfrequenten Signals auf einen hochfrequenten RF-Träger. Das kooperative Navigationssystem besteht aus einer Boden- sowie einer Bordanlage, durch die die Richtungsbestimmung erfolgt.

3.1.1 Bodenanlage

Die Bodenanlage, d.h. das eigentliche Funkfeuer setzt sich zusammen aus:

- Sender/Reservesender
- Antennensystem
- Monitor
- Stromversorgung

Der Sender besteht aus einem quarzstabilisiertem Frequenzgenerator, einem Sendervor- und Endverstärker sowie einem Kennungs- und Modulationsgenerator zur Erzeugung der Senderkennung. Die automatische Überwachungsanlage/Monitor erfüllt die folgenden Aufgaben:

- Kontrolle von Netzspannung und Sendeleistung
- Überwachung von Kennung (1020 Hz) und Modulation
- bei Abfall der Sendeleistung um mehr als 50% Umschaltung auf Reservesender bzw. Notstromversorgung
- Störanzeige bei Ausfall der NDB-Kennung im Kontrollturm

Die hierzu notwendigen Signale werden über eine abgesetzt positionierte Empfangsantenne in die Überwachungsanlage eingespeist.

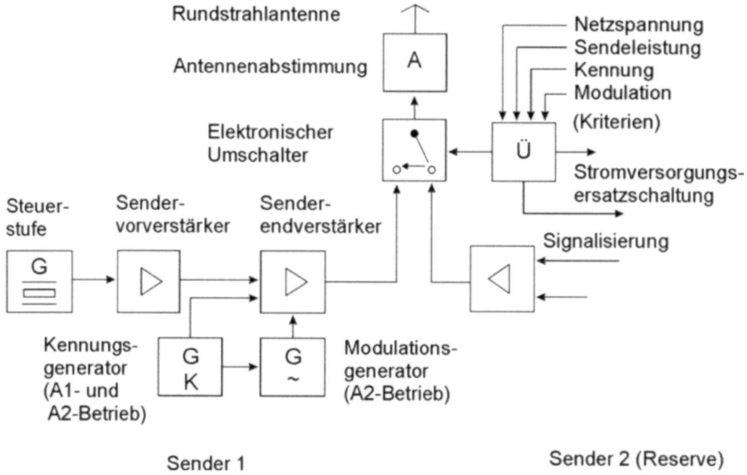

Abb. 3.1 Vereinfachtes Blockschaltbild eines Ungerichteten Funkfeuers [22,23]

Die Polarisation der verwendeten Lang- und Mittelwellen ist vertikal. Verursacht durch den Dämmerungs- oder Nachteffekt und durch Zusammentreffen von Boden- und Raumwelle, sind Polarisationsdrehungen χ gegenüber der Vertikalebene möglich. Der Peilfehler Φ ergibt sich zu [12]:

$$\Phi = \arctan(\sin\psi \cdot \tan\chi)$$

ψ ... Erhebungswinkel der Welle zur Rahmenantenne des Bordempfängers

Die Reichweite der abgestrahlten Lang- oder Mittelwellen eines Strecken-NDB beträgt nach ICAO-Annex 10 von 25 bis 150 NM, jene eines Anflugfunkfeuers 10 bis 25 NM (BRD 25 - 100 NM). Sie wird durch die Sendeleistung bestimmt. Die im Luftfahrthandbuch (AIP I - COM) angegebenen Werte sind Sollreichweiten, eine Nutzung der Anlage außerhalb dieser Reichweiten kann schwere Navigationsfehler zur Folge haben. Die Darstellung von NDB für den Nutzer erfolgt in Luftfahrtkarten, diese können sein:

- Sichtflugkarten (ICAO-Karte M = 1 : 500.000)
- Funknavigationskarten (Instrumentenan-/und Abflugkarten, Strecken- und Übersichtskarten)

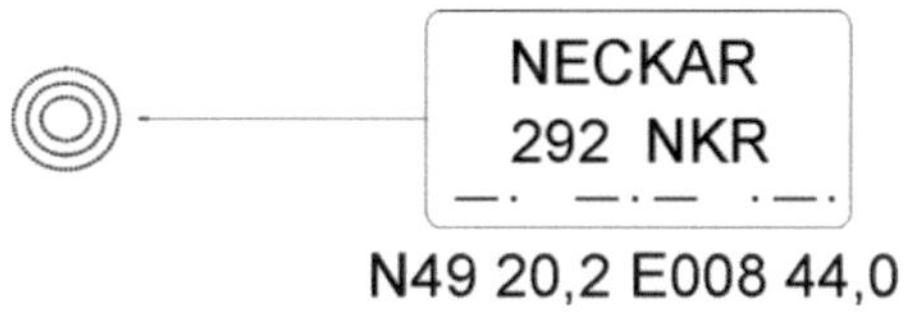

Abb. 3.2 Kartendarstellung eines NDB

3.1.2 Bordanlage

Die Anlage an Bord des Luftfahrzeuges wird bezeichnet als Radiokompass, seine Weiterentwicklung als automatisches Funkpeilgerät (Automatic Direction Finder - ADF). Die Bordanlage umfasst folgende Komponenten:

- Empfangsantennen (Rahmen- und Hilfsantenne)
- Empfänger
- Bedien- und Anzeigegerät
- Kompensator zum Ausgleich von Funkfehlweisungen durch Rückstrahlfehler
- Bordstromversorgung

Der vorgeschriebene Frequenzbereich ist empfängerseitig auf eine Kanalstaffelung von 0,5 kHz ausgelegt.

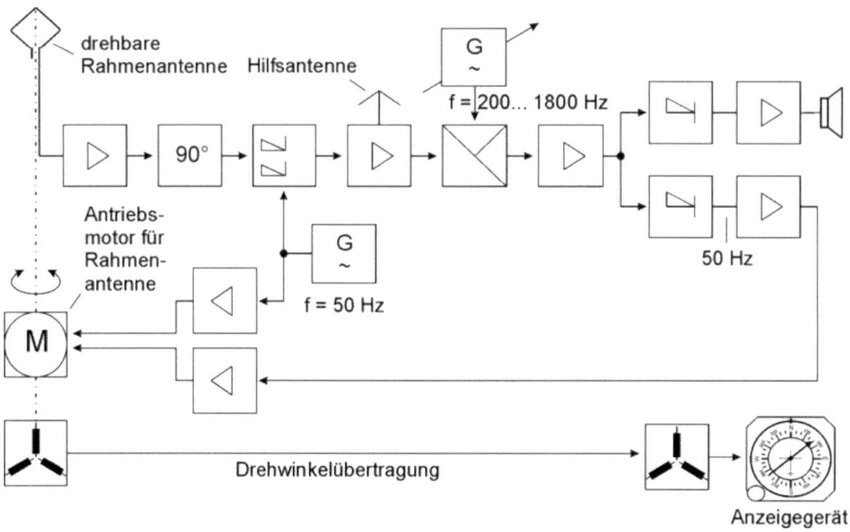

Abb. 3.3 Blockschaltbild eines Radiokompasses [22,23]

Aufgrund der Zweideutigkeit der Funkpeilung ist ein Antennensystem, bestehend aus Rahmen- und Hilfsantenne erforderlich. Dabei liefert der Peilrahmen ein Doppelkreisdiagramm, d.h. die Funkwelle könnte von links oder rechts einfallen. Die Hilfsantenne liefert ein Kreisdiagramm. Erst die Überlagerung beider Antennendiagramme ermöglicht so eine eindeutige Richtungsbestimmung bei Minimumpeilung. Moderne Anlagen bestehen aus einer fest installierten Anordnung aus Ferritkreuz, Feld- und Suchspule.

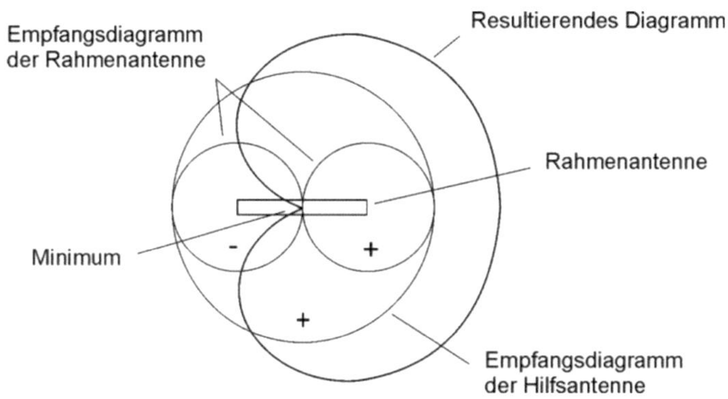

Abb. 3.4 Empfangsdiagramm eines ADF-Antennensystems [12,38]

Der Peilvorgang geschieht durch Drehen der Rahmenantenne bis die Antennenspannung minimal wird (Minimumpeilung). Damit ist die 90°-Einfallsrichtung der Funkwelle bestimmt. Die Seite, auf welcher sich die Funkstation befindet, ist jedoch unbekannt. Das Hinzuschalten einer Hilfsantenne (Stab oder Draht) ermöglicht die Überlagerung beider Antennendiagramme zur resultierenden Herzkurve (Kardioide) und damit eine eindeutige Richtungsbestimmung. Da die Richtungsbestimmung im Luftfahrzeug erfolgt, ist das Ergebnis eine Eigenpeilung. Moderne Bordanlagen verwenden eine kombinierte Antenne, bestehend aus Feld- und Suchspule, welche an der Rumpfunterseite angebracht ist (Ferritkreuz).

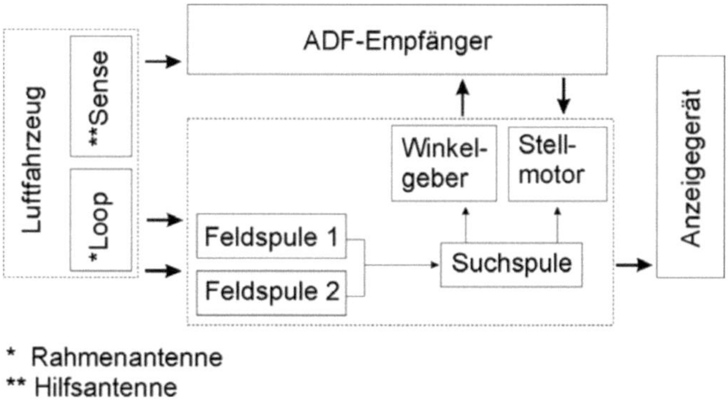

Abb. 3.5 Prinzip der Goniometerpeilung (Goniometer = Winkelmesser)

Die Empfängeranlage hat die Aufgabe, aus der Vielzahl von Funkwellen, jene der gewählten Bodenstation herauszufiltern. Dies geschieht durch Abstimmung des Eingangsschwingkreises auf die Trägerfrequenz des Senders. Ein Überlagerungsempfänger verstärkt das Eingangssignal, es erfolgt die Bildung einer Zwischenfrequenz, welche leichter verstärkt werden kann als ein breites Frequenzband. Der Peilempfänger arbeitet mit dekadischer, quarzstabilisierter Frequenzaufbereitung, in Schritten von 0,5 kHz mit einer Genauigkeit von ± 50 Hz bei 20° C [22,23].

Die Bedien- und Anzeigeeinheit erfüllt die Funktion der Frequenzwahl und Identifizierung des gewählten Funkfeuers sowie die Präsentation der navigatorischen Information. Mögliche Stellungen und damit Funktionalitäten des Betriebsartenwahlschalters an der Bedieneinheit sind:

ON/OFF	-	Ein-/Ausschalten, Inbetriebnahme der Anlage
REC/ANT	-	Receiver/Antenna zur Senderidentifizierung
BFO	-	Beat Frequency Oscillator zur Identifizierung bei unmoduliertem RF-Träger
TEST	-	Testfunktion

Mit dem Frequenzwahlschalter kann die jeweils gewünschte NDB-Frequenz gerastet werden. Das Anzeigegerät besteht aus einer festen oder drehbaren Kursrose und einer Nadel, an welcher die jeweilige Peilinformation abgelesen werden kann. D.h. die navigatorische Information ergibt sich aus der Interpretation der durch das Anzeigegerät dargestellten Peilungen.

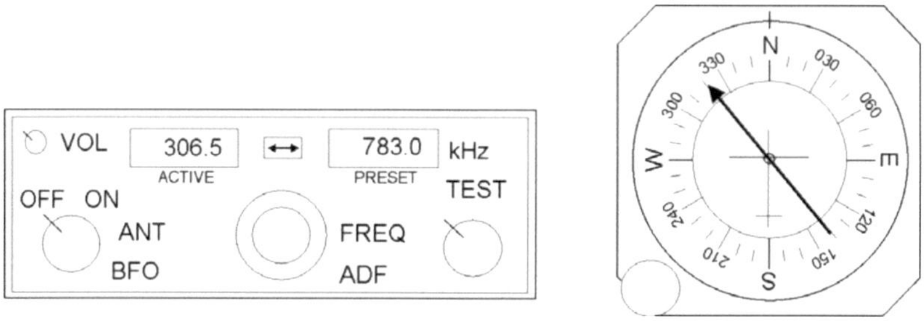

Abb. 3.6 Prinzipdarstellung einer Bedien- und Anzeigeeinheit für ADF

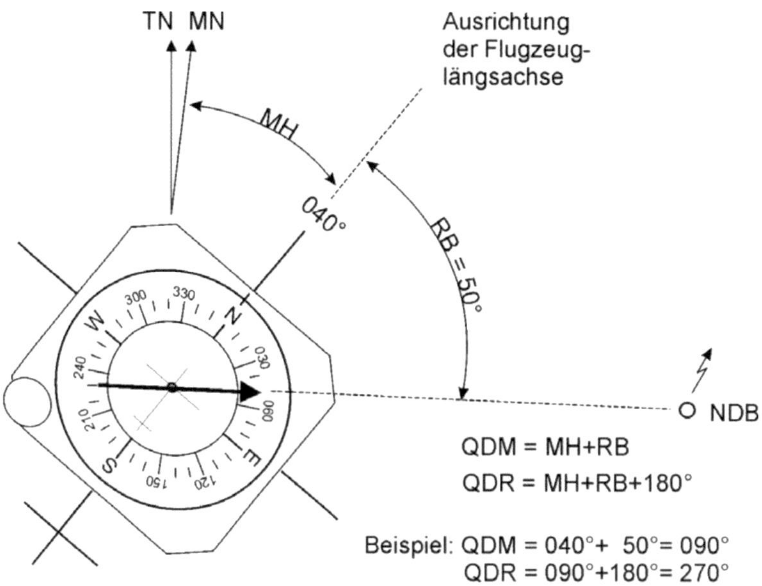

Abb. 3.7 Art und Darstellung der navigatorischen Information mit ADF

Peilwerte können Relativpeilungen, d.h. auf die Flugzeuglängsachse bezogene Winkel sein (Funkseitenpeilung). Absolute Peilungen beziehen zusätzlich eine Kursinformation mit ein, daher können diese recht- oder missweisend sein. Die Art der darstellbaren Peilungen wird durch die sog. Q-Gruppen festgelegt:

RB	-	Funkseitenpeilung (relative bearing)
QDM	-	missweisende Peilung vom Luftfahrzeug zur Station
QDR	-	missweisende Peilung von Station zum Luftfahrzeug
QUJ	-	rechtweisende Peilung vom Luftfahrzeug zur Station
QTE	-	rechtweisende Peilung von Station zum Luftfahrzeug

An der Nadelspitze wird der QDM-Wert abgelesen, am Nadelende kann der QDR-Wert abgelesen werden. Das QDR ist gleichzeitig die Standlinie bezogen auf die NDB-Sendeanlage, deren Position ist bekannt und in der Karte verzeichnet. Mittels einem möglichst gleichzeitig ermitteltem zweiten QDR-Wert bezogen auf eine andere empfangene Sendestation und damit durch Kreuzpeilung kann der Luftfahrzeugstandort eindeutig bestimmt und ggf. in die Karte eingetragen werden. Eindeutige Ortung durch Nutzung von einem NDB ist nur möglich durch direkten Überflug der Station oder durch Kombination der Peilung mit einer Entfernung zur Station, welche durch ein geeignetes Verfahren ermittelt werden muss (time/ distance check).

Je nach Art des verwendeten Anzeigegerätes mit fester, beweglicher oder automatisch nachgeführter Kursrose müssen die QDM/QDR-Werte berechnet werden oder sind direkt vom Gerät ablesbar. Bei manuell auf den aktuellen Steuerkurs eingestellter Kursrose oder automatisch nachgeführtem Steuerkurs ergibt sich die direkte Peilwertanzeige als Summe der beiden jeweils addierten Kreisbögen des Anzeigegerätes. Entsprechend ergibt sich die Unterscheidung der Anzeigegeräte:

- Anzeigegerät mit fester oder manuell verstellbarer Kursrose (Relative Bearing Indicator - RBI)
- Anzeigegerät mit automatisch vom Fernkompass nachgeführter Kursrose (Radio Magnetic Indicator - RMI)
- Integrierte Darstellung der Peilwerte auf EFIS-Bildschirm (Primary Flight Display - PFD)

Bei Vorhandensein zweier Anzeigenadeln in einem RMI können zwei NDB gleichzeitig gepeilt werden, eine Interpretation des Luftfahrzeugstandortes ist dann jederzeit möglich.

3.1.3 Verwendung und Flugverfahren

NDB kommen als Streckennavigationsfunkfeuer auf sog. ATS-Routes zum Einsatz. Auf ihrer Basis können Pflichtmeldepunkte im Streckennetz definiert werden. Des weiteren dienen NDB als Wartefunkfeuer (holding fix) und als sog. Initial Approach Fix (IAF) in Nahverkehrsbereichen (TMA). Sie dienen als Anflugfunkfeuer auf Landebahnen (locator beacon) innerhalb der Systematik von Nichtpräzisionsanflügen (NPA).

Angewendete Flugverfahren sowohl für Streckennavigation als auch Anflug sind:

- Zielflug
- Kursflug
- Anschneiden vorgegebener Peilungen
- Warteflug sowie Verfahrenskurven

Nichtpräzisionsanflugverfahren, d.h. Anflugverfahren mit Kurs- aber ohne Gleitwegführung können als sog. NDB- oder NDB/DME-Anflüge (mit Höhen-/Entfernungskorrelation) durchgeführt werden. Die Verfahrensdarstellung erfolgt in den jeweiligen Instrumentenanflugkarten.

3.1.4 Genauigkeit und Fehlereinflüsse bei NDB-Navigation

Die Systemgenauigkeit ergibt sich aus Genauigkeit der Boden- und der Bordanlage. Diese wiederum ist jeweils abhängig von Störungen in der Funkwellenausbreitung sowie bordempfängerseitigen Ungenauigkeiten. Solche Einflüsse bei der Funkwellenausbreitung, welche die Ortungsgenauigkeit beeinflussen, sind:

- Küsteneffekt
- Bergeffekt
- Dämmerungs-/Nachteffekt

Bord- und empfängerseitig bedingte Ungenauigkeiten entstehen durch:

- Viertelkreisige Funkfehlweisung (quadrantal error)
- Neigungsfehler durch Kurvenflug des Luftfahrzeuges (dip error)

Der bodenseitige Fehler liegt im Bereich von 4°, der bordseitige Fehler im Bereich von 2°. Damit ergibt sich ein Gesamtsystemfehler in 95 % der Zeit, welcher nicht größer ist als 6,2° (Forderung ICAO Doc. 8168, Band 2). Hinzu kommt ein flugtechnischer Fehler (Steuer- und Bedienfehler), bei 3° angenommen. Damit ergibt sich bei der Planung von NDB/ADF-Verfahren statistisch:

$$Gesamtfehler = \sqrt{6{,}2^2 + 3^2} = \pm 6{,}9^\circ$$

3.2 Peileranlagen

Peiler sind autonome Funkanlagen, die der Bestimmung eines Relativwinkels dienen. Darunter versteht man hier den Azimutwinkel von einer Bodenstation aus zu einem Flugziel. Damit sind Funkpeilungen ein Verfahren der passiven Fremdortung. Deren Anwendung erfolgt heute vorwiegend in der Allgemeinen Luftfahrt als Ortungshilfe, der Peilstrahl kann dem Fluglotsen aber auch bei Instrumentenanflügen Unterstützung bieten.

Bei diesem Richtempfangsverfahren wird mit Hilfe der Richtcharakteristik der Empfangsantenne die Richtung zum Sender bestimmt. Sender sind hier die an Bord der Luftfahrzeuge befindlichen VHF- bzw. UHF-Sender für den Sprechfunkverkehr (VDF, UDF).

Eingesetzt werden Minimum-, Sicht- und Doppler-Peiler. Allen Peilerarten gemeinsam ist das Antennensystem mit Richtcharakteristik. Nach dem entsprechenden Auswerteverfahren werden die empfangenen Signale nach Passieren einer Empfangs- und Auswerteeinheit auf dem Sichtgerät des Flugleiters/Lotsen zur Anzeige gebracht. Die Genauigkeit der Fremdpeilungen wird nach ICAO in drei Klassen unterteilt:

Klasse A - Genauigkeit von ± 002°
Klasse B - Genauigkeit von ± 005°
Klasse C - Genauigkeit von ± 010°

Bei den UKW-Peilern an internationalen Verkehrsflughäfen entspricht sie in der Regel Klasse A. Zur Anwendung bei der Flugsicherung kommen heute vorwiegend Doppler-Peiler. Während des Sprechfunkverkehrs kann der Peilstrahl direkt auf dem Radarschirm des Fluglotsen eingeblendet werden. Der Durchmesser des Antennenkreises einer Peileranlage beträgt 5,8 m bei VHF und 2,4 m bei UHF (Großbasispeiler).

3.3 Richtsendeanlagen - VOR

Die Richtsendeanlage UKW-Drehfunkfeuer (Very High Frequency - Omni Directional Radio Range - VOR) liefert Luftfahrzeugen eine Azimutinformation von 0° - 360° als Winkel zwischen Luftfahrzeug und missweisender Nordrichtung. Aufgrund der Entstehung der Richtcharakteristik wird die Sendeanlage als UKW-Drehfunkfeuer bezeichnet. Der verwendete Frequenzbereich ist 108,00 - 117,95 MHz. UKW-Funkwellen sind weniger störanfällig als Lang- oder Mittelwellen, daraus folgt eine höhere Ortungsgenauigkeit. Die Nutzungsreichweite ergibt sich aufgrund quasioptischer Funkwellenausbreitung. Sie ist damit primär durch die Flughöhe bestimmt. Das VOR stellt die Bodenstation des kooperativen Funkortungssystems dar. Die bordseitige Anlage im Luftfahrzeug wird als VOR-Empfänger zusammengefasst.

3.3.1 Bodenanlage

Eine VOR-Anlage setzt sich zusammen aus:

- UKW-Sender in Doppelanordnung
- Antennensystem
- Überwachungsanlage (Monitor)
- Felddetektor
- Energieversorgung

Die Bodenstation sendet zwei voneinander unabhängige Signale: das Bezugssignal, dessen Phasenlage unabhängig vom Standort des Empfängers ist, und ein Signal mit azimutabhängiger Phasenlage. Die Phasenverschiebung beider Signale entspricht der Relativrichtung des Empfängers bezogen auf die Bodenstation. Das macht ein Antennensystem zur Erzeugung des Bezugs- und eines variablen Signals erforderlich. Das Antennensystem besteht aus einer Rundstrahl- und einer Richtstrahlantenne. Zur Antennenanlage gehört ferner noch der sog. Käfig, d.h. vertikale Stäbe, die rund um die Antenne angeordnet sind. Er dient zur Beseitigung vertikal polarisierter Strahlungsanteile.

Zur Erzeugung der rotierenden Doppelkreischarakteristik werden ein mechanisch umlaufender Dipol (1800 U/min = 30 Hz) oder ein Kreuzrahmen mit Goniometer verwendet (bei rein elektronischer Realisierung der Goniometerfunktion moderner Anlagen hoher Zuverlässigkeit und geringer Leistungsaufnahme). Beide Strahlerelemente sind in Ätztechnik auf kupferkaschierter Epoxyd/Glasfaser-Platine hergestellt. Der UKW-Sender arbeitet im Frequenzbereich 108,00 - 117,95 MHz. Die Sendeleistung für sog. Terminal-VOR beträgt 25 bis 50 W, für sog. Strecken-VOR ist sie 50 bis 200 W. Die Modulation des RF-Trägers ist A0/A2 oder A0/A2/A3 = A9. Durch den Monitor erfolgt die automatische Überwachung von:

- Sendeleistung der Bodenstation,
- Phasenlage und damit Kursstabilität (durch Felddetektor),
- Abstrahlung der Kennung (drei Buchstaben im Morsecode) und
- Umschaltung auf Reservestromversorgung bei Abfall der Sendeleistung unter 50%.

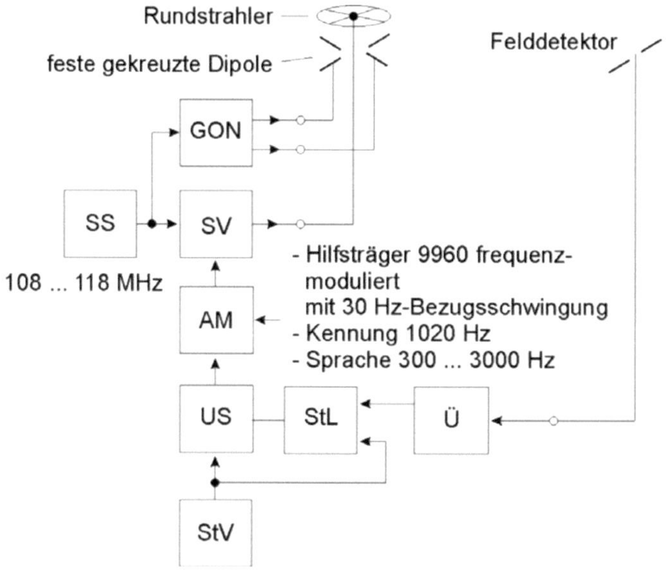

Abb. 3.8 Vereinfachtes Blockschaltbild der VOR-Bodenstation [22,23]

AM ... Amplitudenmodulator
Gon ... elektronisches Goniometer
SS ... Steuerstufe
StL ... Steuerlogik
StV ... Stromversorgung
SV ... Sendeverstärker
US ... Umschalter
Ü ... Überwachungseinrichtungen

Das Funktionsprinzip eines elektronischen Goniometers nutzt die Resultierende der Strahlung zweier Dipole mit Doppelkreischarakteristik. Die Umdrehungszahl beträgt 30 U/s, es erfolgt eine Überlagerung des ungerichteten RF-Trägers und den Seitenbändern mit Doppelkreischarakteristik. Dies ergibt die Richtcharakteristik mit einem Maximum wie bei einem rotierenden Dipol plus Rundstrahlantenne. Sie ähnelt der Kardioide bei ADF- bzw. Peileranlagen.

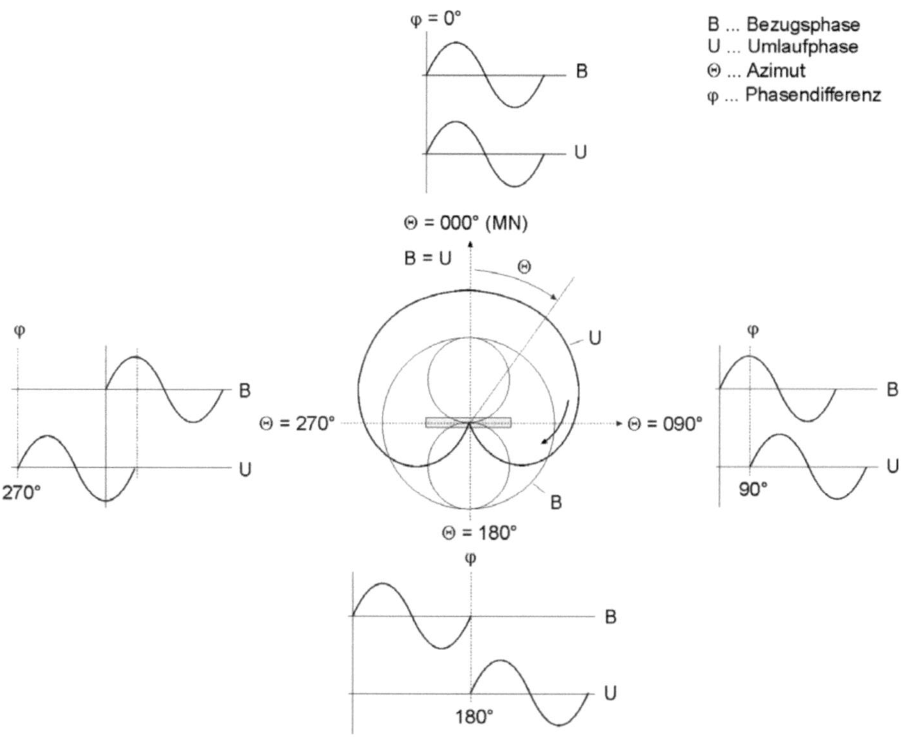

Abb. 3.9 Wirkungsprinzip eines Drehfunkfeuers, Entstehung der Leitstrahlen

Zur Erzeugung einer rotierenden Doppelkreischarakteristik gibt es die folgenden drei Möglichkeiten [23]:

- mechanische Rotation eines Dipols
- mechanische Rotation eines Goniometers bei feststehenden Dipolen
- elektronische Erzeugung des Drehfeldes ohne mechanische Drehung

Die elektronische Lösung beruht auf dem Goniometerprinzip. Sie wird heutzutage bevorzugt, da keine verschleißenden beweglichen Teile Verwendung finden.

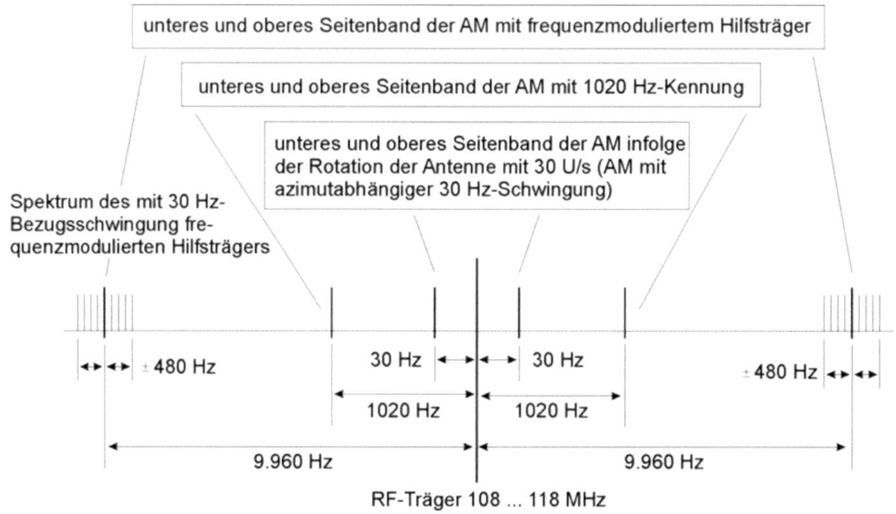

Abb. 3.10 Spektrum der VOR-Signale am Eingang des VOR-Empfängers [22,23]

Doppler-VOR (DVOR):

Moderne Anlagen erzeugen den Frequenzhub des Hilfsträgers nach dem Dopplereffekt. Der sich damit ergebende Geländefehler ist um den Faktor 5 - 8 geringer, verglichen mit konventionellen VOR, aufgrund der größeren Antennenbasis. Dies bewirkt eine größere Kursstabilität [22,23].

Beim DVOR kommt es zur Umkehrung des Modulationsprinzips der konventionellen VOR. Das umlaufende Signal wird mit 30 Hz frequenzmoduliert, der Frequenzhub beträgt ±9960 Hz bei Vorteilhaftigkeit der wenig störanfälligen Frequenzmodulation. Der Phasenwinkel der 30 Hz Modulation ist azimutabhängig, die 30 Hz Bezugsschwingung ist als Amplitudenmodulation (AM) dem Träger aufgeprägt. Die Doppler-Frequenzverschiebung ergibt sich aus [22]:

$$\Delta F = f \cdot \frac{2\pi \cdot a \cdot n}{c}$$

a ... Radius des Antennenkreises
n ... Umdrehungszahl (= 30 U/s)

Die DVOR-Anlage besteht aus einer kreisförmigen Anordnung von 39 bis 50 Einzelantennen (Seitenband) und einer RF-Trägerantenne im Kreismittelpunkt. Der Durchmesser der Antennenanlage beträgt etwa 13,5 m. Die Montierung der Antennen erfolgt auf dem sog. Gegengewicht, einer Konstruktion aus Metallstäben, welche sich wiederum vom Erdboden abgesetzt in einer Höhe von ca. 3 m befindet. Die Antennenspeisung geschieht über Koaxialkabel, Energieversorgung und die Fernüberwachungseinrichtung mit Felddetektor befinden sich abgesetzt von der Anlage. Das Drehfeld wird elektronisch durch sequenzielles An- und Abschalten der Einzelantennen erzeugt. Dopplerdrehfunkfeuer sind ebenfalls mit einem Reservesender ausgestattet.

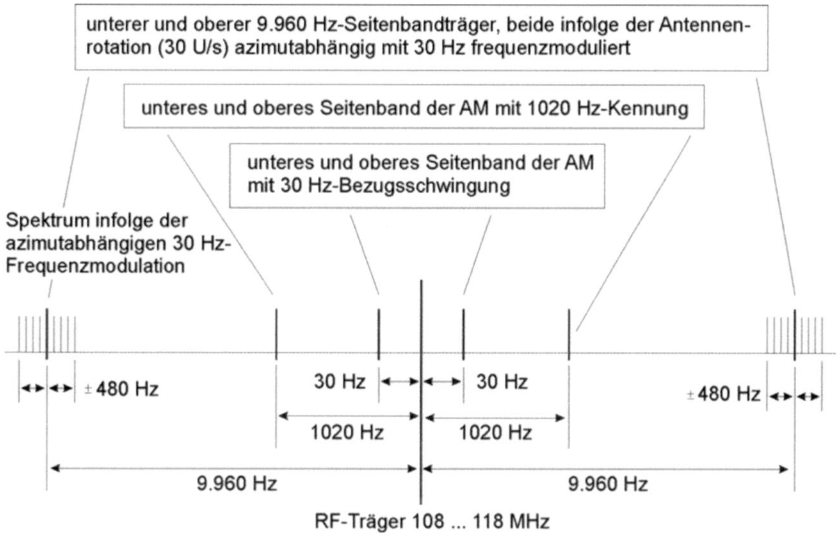

Abb. 3.11 Spektrum der DVOR-Signale am Eingang des VOR-Empfängers [22,23]

Definition VOR-Leitstrahl (Radial):

Die Menge der Punkte im Strahlungsfeld einer VOR, an denen ein- und dieselbe Differenz zwischen der Phase der 30 Hz Frequenzmodulation als Bezugsphase und der 30 Hz Amplitudenmodulation als richtungsabhängiger Phase gemessen wird, bilden einen Leitstrahl. Bezugsrichtung ist missweisend Nord, dies entspricht einer Phasendifferenz von 000° bzw. 360°. Jede Radialstandlinie gibt damit die missweisende Himmelsrichtung von der VOR an. Ein VOR-Radial entspricht damit einer QDR-Peilung.

Über der Antenne bildet sich ein ausgeprägter Schweigekegel, d.h. bei Stationsüberflug können keine VOR-Signale empfangen und ausgewertet werden (siehe Anhang B - Ausbreitung von UKW). Die abgestrahlten Funkwellen haben eine horizontale Polarisation.

Eine Darstellung der Anlagen geben Funknavigationskarten, diese können unterschieden werden nach:

- VFR-Streckenkarte (ICAO M 1 : 500.000)
- IFR-Planungs- und Streckenkarten
- IFR- An- und Abflugkarten

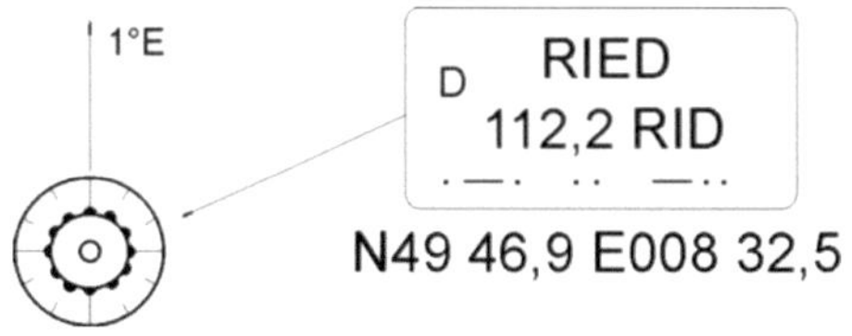

Abb. 3.12 Kartendarstellung eines VOR

3.3.2 Bordanlage

Die VOR-Bordanlage besteht aus den folgenden Komponenten:

- UKW-Bordantenne (V-Dipol)
- UKW-Navigationsempfänger
- VOR/ILS-Auswertegerät
- Bedieneinheit mit Kurs- und Frequenzwähler sowie VOR/ILS-Anzeigegerät
- Stromversorgung

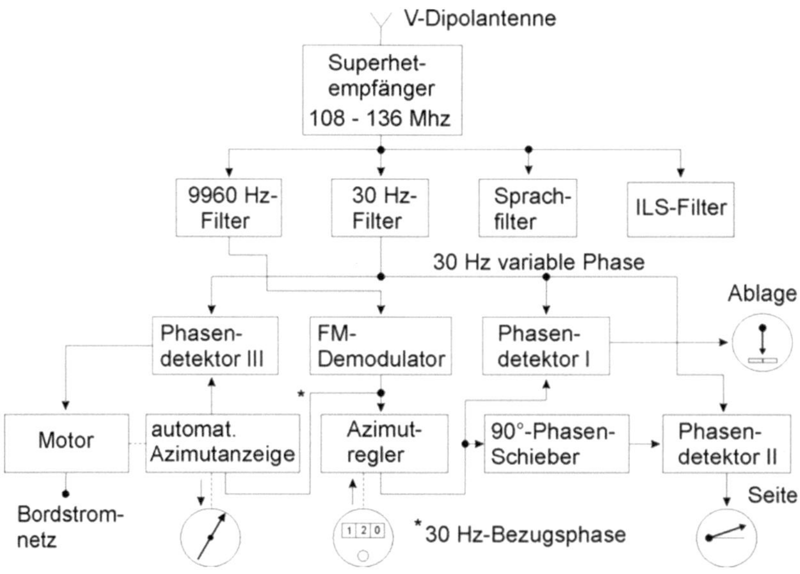

Abb. 3.13 Blockschaltbild einer VOR-Bordanlage [31]

Im Bordempfänger erfolgt die Abstimmung des bordeigenen Schwingkreises auf die eingewählte Frequenz. Verwendet werden Überlagerungsempfänger (Superhet-Empfänger) mit hoher Empfindlichkeit, Bandbreite und Selektivität. Das empfangene Signal wird verstärkt und überlagert. Die Kanalstaffelung beträgt 50 kHz. Manche Anlagen nutzen einen gemeinsamen UKW-Empfänger für Kommunikations- (COM) und Navigations- (NAV) Frequenzen. Durch Trennung des 30 Hz (FM) Hilfsträgers (9,96 kHz $\pm$480 Hz) von 30 Hz (AM) Azimutsignal kann die Unterscheidung zwischen Referenz- und variablem Signal erfolgen. Damit wird eine Phasendifferenzmessung nach dem Phasenvergleichsprinzip möglich. Bedien- und Anzeigegerät umfassen:

- Frequenzwahlschalter
- Kompassrose/Kurswahlknopf (Omni Bearing Selector - OBS)
- Kursablageanzeige (Course Deviation Indicator - CDI)
- TO/FROM-Flagge
- Warnflagge (Nichtverwendbarkeit der navigatorischen Information)

Die navigatorische Information ist eine vorgewählte missweisende Peilung von der Bodenstation zum Luftfahrzeug (QDR) als Radialstandlinie. Diese kann in Form der relativen Kursablage, bezogen auf ein vorgewähltes Radial erfolgen. Eine andere Auswertungsform besteht im Ablesen der Anzeigenadelstellung über einer automatisch vom Erdfelddetektor nachgeführten Kursrose. Die entsprechenden Arten von Anzeigegeräten sind:

- Course Deviation Indicator (CDI) mit manueller Kurswahl an verstellbarer Kursrose und Kursablageanzeige bezogen auf gewählten Kurs
- Radio Magnetic Indicator (RMI) mit meist zwei Anzeigenadeln über nachgeführter Kursrose
- Horizontal Situation Indicator (HSI) als Kombination von Kursablageanzeige und nachgeführter Kursrose
- integrierte Anzeige auf EFIS-Bildschirm (PFD)

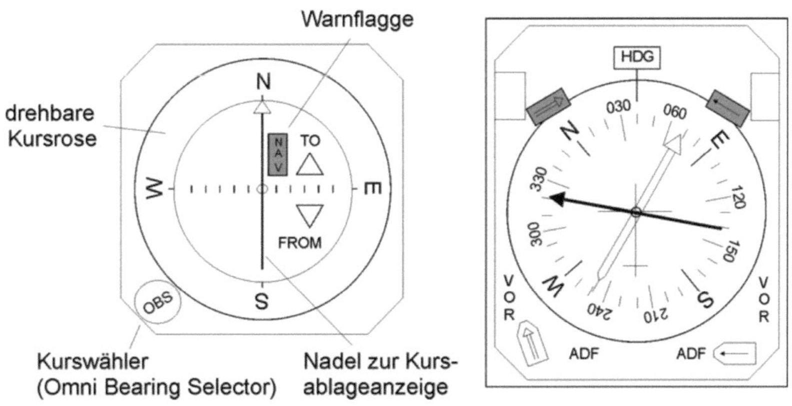

Abb. 3.14 VOR-Anzeigegeräte (links CDI, rechts RMI)

Die Auswertung der vom Anzeigegerät gelieferten navigatorischen Information ergibt eine radiale Standlinie bezogen auf den bekannten Standort der VOR-Bodenstation. Das vorgewählte Radial entspricht einer vorgewählten Phasendifferenz (im Empfänger erfolgt der Vergleich von IST/SOLL-Differenzspannung und Generierung der Ablageanzeige). Weichen missweisender Steuerkurs und eingewähltes Radial um nicht mehr als 90° voneinander ab, dann arbeitet das Anzeigegerät als Kommandogerät, d.h. der Kursablageanzeiger weist in die Richtung, in welcher Radial liegt bzw. wohin der Steuerkurs geändert werden muss, um auf die vorgewählte Standlinie zu kommen.

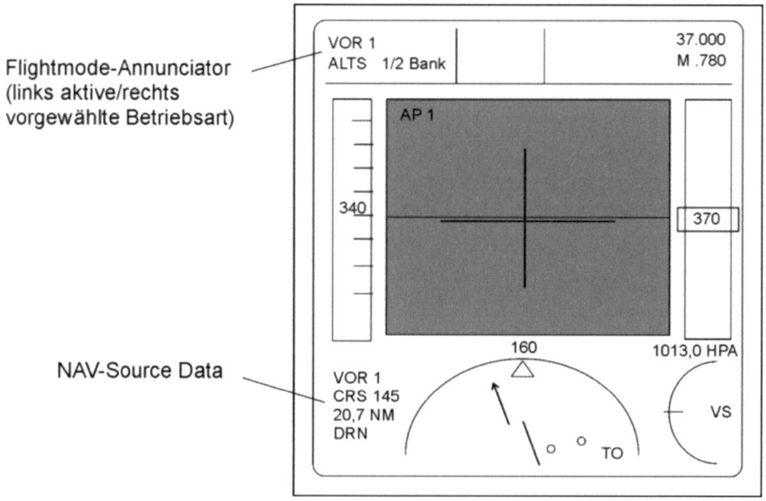

Abb. 3.15 Integrierte EFIS-Anzeige (PFD) in Betriebsart VOR-Navigation

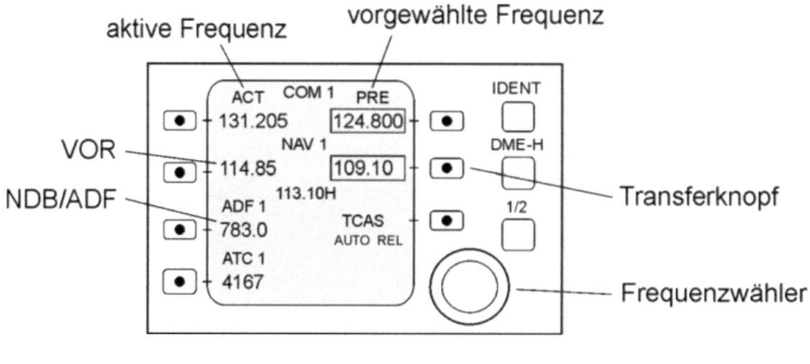

Abb. 3.16 Kombinierte Bedieneinheit (Radio Tuning Unit - RTU)

Daher erfolgt ein Abflug von der Station mit FROM-Anzeige, der Hinflug zur Station mit TO-Anzeige. Ist die Abweichung größer als 90°, dann liefert das Instrument eine reine Ist-Anzeige, aber kein Kommando für Kursänderung. Die Ablage von 1 dot (Teilstrich) entspricht 2,5° bei VOR-Navigation.

3.3.3 Verwendung und Flugverfahren

Die Verwendung nur einer einzigen Azimutinformation, geliefert durch eine Radialstandlinie, ermöglicht noch keine Ermittlung der Luftfahrzeugposition. Eine eindeutige Position ergibt sich erst aus dem Schnittpunkt zweier Radiale oder der Kombination der Azimutinformation mit einer Entfernungsangabe, welche durch ein geeignetes Verfahren (time distance check) oder Funkentfernungsmessung (DME) geliefert wird. Eine Nutzung von UKW-Drehfunkfeuern erfolgt als:

- Streckenfunkfeuer innerhalb der Luftstraßenstruktur (ATS-Routes)
- Initial Approach Fix (IAF) für Instrumentenanflüge
- Anflugfunkfeuer/Terminal-VOR (TVOR) für Nichtpräzisionsanflüge (NPA)
- Wartefunkfeuer (Holding Fix)
- Test-VOR (VOT) für Ermittlung der Gerätegenauigkeit im Luftfahrzeug

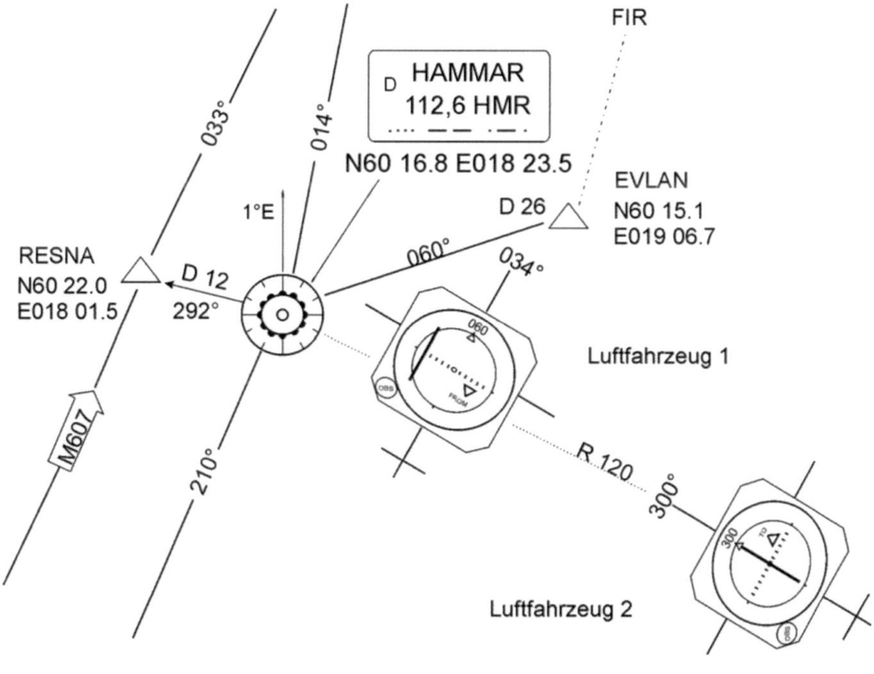

Abb. 3.17 Darstellung der navigatorischen Information/Positionsbestimmung und Wegpunktfestlegung mit VOR

In Abbildung 3.17 versucht Luftfahrzeug 1, aus einer beliebigen Position, sich in das bestehende Luftstraßensystem einzugliedern. Um das Radial 060, welches am Anzeigegerät gewählt wurde, anzuschneiden, wird ein Kurs von 034° gesteuert (Wind von rechts, 4° Vorhalt für mwK über Grund von 030°). Da sich das Luftfahrzeug im ±90°-Sektor des gewählten Radial befindet, ist mit FROM-Anzeige der Nadelausschlag links gleichzeitig ein Steuerkommando. Der 030°-Anschneidekurs entspricht diesem Kommando, 030° liegen auf der Kursrose links von 060°. Mit Erreichen des Soll-Radial läuft die Ablagenadel in die Mitte des Gerätes, der Steuerkurs ist dann entsprechend zu ändern.

Luftfahrzeug 2 in Abbildung 3.17 befindet sich auf Radial 120. Dies ist außerhalb des ±90°- Sektors des am Gerät eingestellten Radial 300. Mit zentrierter Ablagenadel und TO-Anzeige fliegt das Luftfahrzeug mit Steuerkurs 300° bei angenommener Windstille auf die Bodenstation zu. Auch in diesem Fall können die Geräteanzeigen als Kommandos interpretiert werden. Bei Stationsüberflug wechselt die TO- in eine FROM-Anzeige, weitere Einstellungen müssen nicht vorgenommen werden. Der Steuerkurs muss entsprechend den vorherrschenden Windbedingungen angepasst werden, um auf dem gewählten Radial zu verbleiben.

Viele der VOR-Anlagen werden in Verbindung mit DME- oder militärischen TACAN-Anlagen verwendet. Als Instrumentenanflughilfe erfolgt die Nutzung von VOR bei Nichtpräzisionsanflügen mit Nur-Kursführung.

3.3.4 Genauigkeit und Fehlereinflüsse bei VOR-Navigation

Der Fehler der Bodenanlage ist gemäß der ICAO-Spezifikation in Doc. 8168, Band 2 in 95 % der Zeit nicht größer als ±3,5°. Für die Bordanlage übersteigt er nicht ±2,7°, und für die Monitoranlage nicht mehr als ±1°. Dies ergibt einen statistischen Fehler von:

$$F = \sqrt{3{,}5^2 + 2{,}7^2 + 1} = \pm 4{,}5°$$

Er wird verursacht durch sog. Geländefehler, welche vom Aufstellungsort der VOR abhängig sind, und durch geringe Kursverfälschungen aufgrund von Polarisationsfehlern im Kurvenflug. Der flugtechnische Fehler, in der Planungsphase von Bedeutung, beträgt ±2,5°. Somit ergibt sich ein statistischer Gesamtfehler für Planungszwecke von:

$$F = \sqrt{4{,}5^2 + 2{,}5^2} = \pm 5{,}2°$$

Diese Fehlergrößen müssen bei der Verfahrensplanung der entsprechenden Flugverfahren Berücksichtigung finden.

3.4 Funkentfernungsmesssystem - DME

Als Funkentfernungsmesssystem wurde von der ICAO die Entfernungsmesseinrichtung (Distance Measuring Equipment - DME) standardisiert.

3.4.1 Funktionsprinzip von Bord-/Bodenanlage und Signalformat

Das Entfernungsmesssystem arbeitet mit aktiver Rückstrahlortung, es gehört somit zu den kooperativen Funkortungssystemen. Es erfolgt eine Zweiwegelaufzeitmessung, d.h. die Laufzeit eines Abfragesignals, eine feste Zeitverzögerung und die Laufzeit des Antwortsignals bilden die Messgröße. Damit erfolgt die Ermittlung der Schrägentfernung Luftfahrzeug - Bodenstation.

Die Betriebsfrequenzen sind 962 - 1213 MHz, damit liegen sie im UHF-Bereich des Frequenzspektrums. Der Einsatzbereich ist durch quasioptische Funkwellenausbreitung auf kurze bis mittlere Entfernungen begrenzt. Das System setzt sich aus bordseitigem Abfragesender/Antwortempfänger (Interrogator) und bodenseitigem Abfrageempfänger/Antwortsender (Transponder) zusammen. Die Form der Standlinie ist ein Kreis. Der Frequenzbereich ist in 126 X-Kanäle und 126 Y-Kanäle unterteilt. Die Ausstrahlung der Abfrage- und Antwortimpulse erfolgt ungerichtet.

Funkentfernungsmessung erfolgt auf der Basis von Zeitmessung, die ungerichteten Abfragen durch die Bordanlage, eine feste Zeitverzögerung für alle Anlagen von 50 µs sowie die Bestimmung des Eintreffens des Antwortsignals vom Boden ergeben die gemessene Schrägentfernung r (slant range) in [NM] nach der Beziehung:

$$r = 0{,}5 \cdot c(t-50) \qquad c = \lambda \cdot f = 2{,}99792458 \cdot 10^{8}[m/s]$$

t ... [µs]
50 ... [µs]

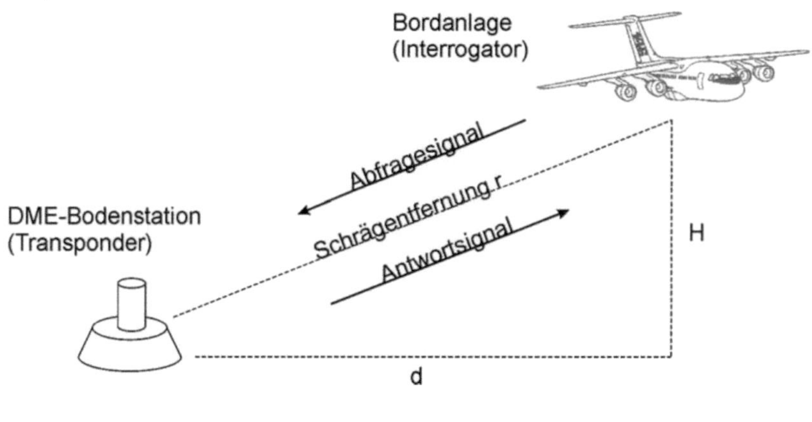

Abb. 3.18 Funktionsprinzip der Funkentfernungsmessung

Die Bordanlage umfasst die folgenden Komponenten:

- Abfragesender
- Antwortempfänger/Auswertegerät
- Sende-/Empfangsantennen
- Anzeigegerät und Bedieneinheit
- Kodier- und Dekodiereinrichtungen

DME-Sende- und Empfangsantennen sind an der Rumpfunterseite des Luftfahrzeuges installiert, folglich kann es im Kurvenflug gelegentlich zu Abschattungen der Signale kommen. Die Abfragesignale werden mit der Wiederholfrequenz $f = 1/T$ gesendet, das Format der ausgesendeten Impulse bei DME ist ein Doppelimpuls und eine Doppelimpulsfolge. Durch Anwendung von Doppelimpulsen wird eine Verwechslung mit zufällig eintreffenden Radar-Einzelimpulsen vermieden. Vom Bordsender werden gleichzeitig Messimpulse über eine Verzögerungsleitung an eine in der Bordanlage befindliche Auswerteschaltung gegeben. Die Bodenstation setzt sich zusammen aus den Komponenten:

- Abfrageempfänger
- Antwortsender
- Verzögerungsglied
- Modulations- und Verschlüsselungseinrichtungen
- Antenne mit Sende-/Empfangsschalter
- Kodier- und Dekodiereinrichtungen

Abb. 3.19 DME-Bodenstation (Platz-DME)

T_i ist für jedes Abfrage-/Antwortpaar individuell. Jedes Luftfahrzeug erhält also sein individuelles Antwortsignal in der „Sprache" der Abfrage. Dabei lässt der bordseitige Decoder nur solche Impulse passieren, deren Impulsabstand 12 µs bei Anwendung eines X-Kanals und 30 µs bei einem Y-Kanal beträgt.

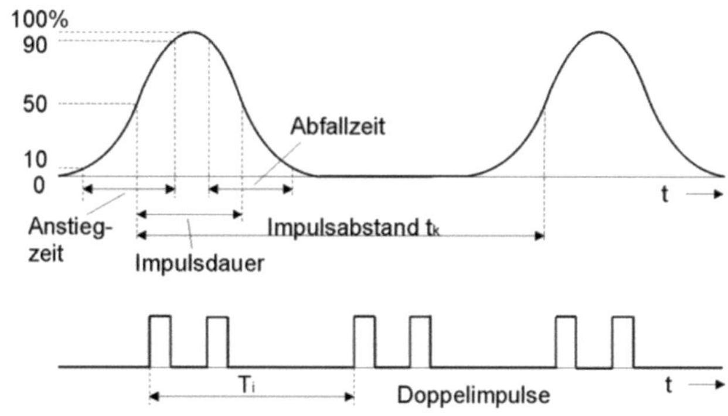

Abb. 3.20 Impulsformat der DME-Signale [22,23]

Durch Schaffung von X- und Y-Kanälen erfolgt eine Verdoppelung der verfügbaren DME-Kanäle (63 X-Kanäle, t_k = 12 µs ; 63 Y-Kanäle, t_k = 30 µs). Bordempfängerseitig wird ein entsprechendes 12- bzw. 30 µs Fenster gebildet. Für die bordseitig gesendeten Abfragesignale beträgt t_k 12 µs für die X-Kanäle, jedoch 36 µs für die Y-Kanäle (siehe Tabelle 3.1).

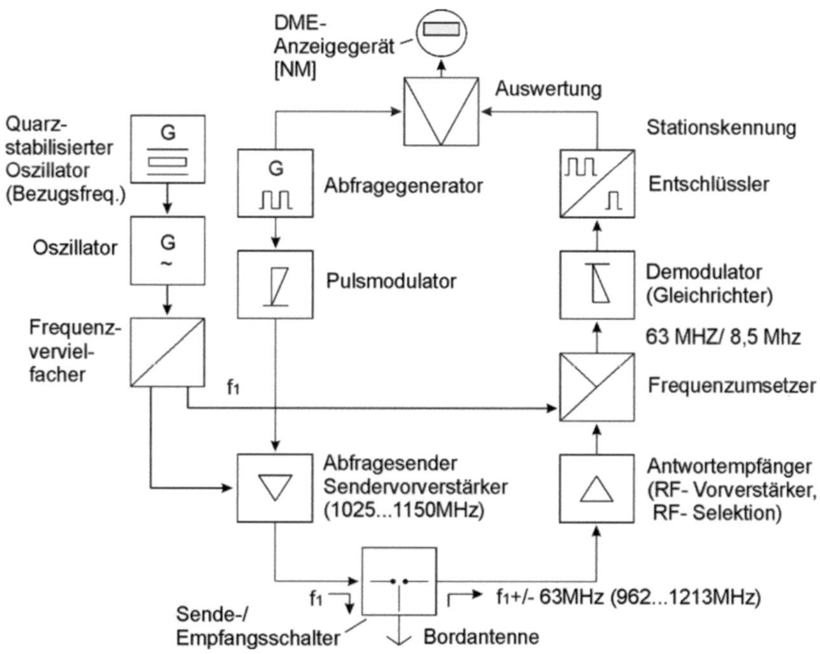

Abb. 3.21 Vereinfachtes Blockschaltbild der DME-Bordanlage (Interrogator) [22,23]

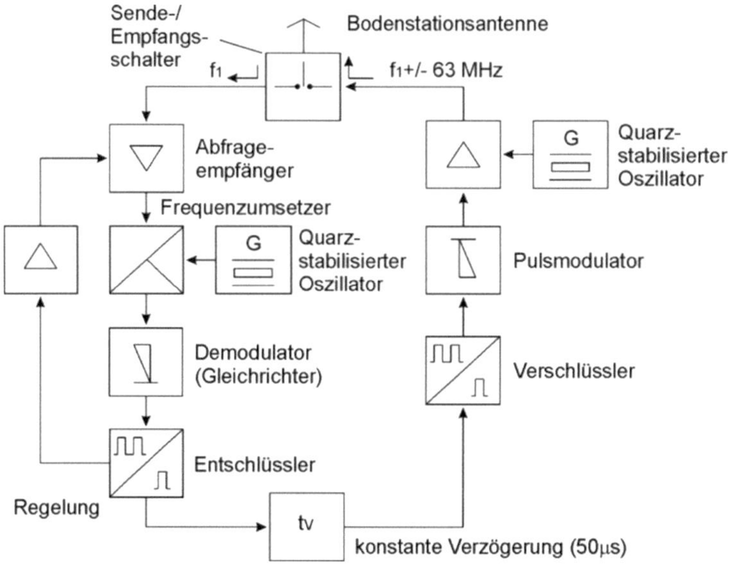

Abb. 3.22 Vereinfachtes Blockschaltbild der DME-Bodenstation (Transponder) [22,23]

3.4.2 Frequenzverteilung

Der bordseitige Abfragesender sendet von 962 + 63 = 1025 MHz bis 1213 – 63 = 1150 MHz. Das sind 126 Kanäle mit je 1 MHz Abstand. Der bordseitige Antwortempfänger empfängt von 962 MHz bis 1024 MHz (= 63 Kanäle) und von 1151 MHz bis 1213 MHz (= 63 Kanäle). Dies ergibt insgesamt 63 + 63 = 126 Kanäle.

Frequenzspreizung und Kanaleinteilung für DME und die militärische UHF - Taktische Funknavigationshilfe (TACAN) gehen aus Tabelle 3.1 hervor.

Rastbare DME-Frequenzen und die Frequenzzuordnung zum VOR werden durch Tabelle 3.2 wiedergegeben.

Die auf der Bedieneinheit in zivilen DME-Empfängern rastbaren Frequenzen entsprechen also nicht den Betriebsfrequenzen der genutzten Anlagen.

Tab. 3.1 Kanaleinteilung bei DME [22,38]

Frequenzbereiche	Abfrageimpulse des Bordgerätes	Antwortimpulse der Bodenstation
962 - 1024 MHz		63 X-Kanäle t_k = 12 µs
1025 - 1087 MHz	63 X-Kanäle t_k = 12 µs 63 Y-Kanäle t_k = 36 µs	63 Y-Kanäle t_k = 30 µs
1088 - 1150 MHz	63 X-Kanäle t_k = 12 µs 63 Y-Kanäle t_k = 36 µs	63 Y-Kanäle t_k = 30 µs
1151 - 1213 MHz		63 X-Kanäle t_k = 12 µs

Tab. 3.2 Frequenz-/Kanalzuordnung bei DME [38]

DME-Kanal	VOR-Frequenz
17 - 59	$\left(\frac{Kanalzahl - 17}{10} + 108\right) MHz$
70 - 126	$\left(\frac{Kanalzahl - 70}{10} + 112{,}3\right) MHz$
VOR-Frequenz	DME-Kanal
108 MHz - 112,2 MHz	$10 \cdot (VOR - 108) + 17$
112,3 MHz - 117,95 MHz	$10 \cdot (VOR - 112{,}3) + 70$

3.4.3 Betriebsarten und Parameter

Die Bordanlage arbeitet in zwei Betriebsarten. Zur Signalaquisition nach Einschalten der Anlage und Rasten einer gültigen Betriebsfrequenz oder nach Signalverlust erfolgt der sog. Suchbetrieb (search):

- Abfragefolge nach Einschalten der Bordanlage beträgt 120 - 150 Abfrageimpulspaare pro Sekunde
- 5% der Betriebszeit im Suchbetrieb

Normale Betriebsphase ist der sog. Nachlaufbetrieb (tracking):

- Nachdem die Entfernung ermittelt ist, geht die Abfragerate auf 25 - 30 Impulspaare pro Sekunde zurück
- 95% der Betriebszeit im Nachlaufbetrieb

Bei Ausfall der Antwortimpulse bis zu 10 Sekunden läuft das Zählwerk mit gleicher Geschwindigkeit weiter - Geschwindigkeitsbeibehaltung (velocity memory), danach Umschaltung auf Suchbetrieb. Die Ortungsreichweite ist abhängig von:

- Flughöhe
- Sendeleistung
- Empfängerempfindlichkeit
- Zahl der Nutzer (Luftfahrzeuge)

Die Zahl der Nutzer ist pro DME-Anlage auf gleichzeitig maximal 100 Abfrage-/Antwortpaare beschränkt. Bei Überschreiten dieser Zahl wird die Empfangsempfindlichkeit der Bodenanlage herabgesetzt. Damit ist die DME-Nutzungsreichweite primär energetisch bestimmt. Sie richtet sich nach der Sende- und Empfängerleistung der Bord-/Bodenanlage. Die Sollreichweite beträgt gemäß ICAO-Spezifikation 200 NM.

Der Antwortsender der Bodenstation soll mit konstantem mittlerem Tastverhältnis betrieben werden, d.h. das Verhältnis der Summe der Pulszeiten zur Summe der Pausen soll konstant sein. Dabei arbeitet die Bodenanlage stabil, wenn dieses Verhältnis 0,7 beträgt. Sind keine Abfragen vorhanden, so müssen trotzdem Antwortimpulse gesendet werden. Dies sind keine echten Antwortimpulse, sondern sog. „Füllimpulse" (squitter), die aus dem Rauschen gewonnen werden. Die Anzahl der Luftfahrzeuge, die von einer Bodenstation gleichzeitig mit Antwortimpulsen versorgt werden können, ergibt sich aus der Anzahl der Doppelimpulse je Sekunde, die im Maximum bei 3.000 liegen soll [31].

Der Nenner steht für die durchschnittliche prozentuale Betriebszeit im Such- bzw. Nachlaufmodus mit der entsprechenden Doppelimpulsanzahl. Die Ermittlung der maximalen, durch die Bodenstation bedienten Luftfahrzeuge n erfolgt mit:

$$n = \frac{3000}{0{,}05 \cdot 120 + 0{,}95 \cdot 25} = 100$$

3.4.4 Darstellung in Luftfahrt-/Funknavigationskarten

DME ist als rein zivile Navigationseinrichtung (DME und kombiniert mit UKW-Drehfunkfeuer für Azimutinformation in koaxialer Anordnung - VOR/DME) oder VORTAC (DME-Information von TACAN und Azimutinformation von VOR) als kombinierte zivil-militärische Anlage verfügbar.

Die Verwendung von DME erfolgt als Streckennavigationshilfe sowie als sog. Platz-DME bei Präzisions- und bei Nichtpräzisionsanflugverfahren. Entsprechend der Verwendung bzw. Konzeption ergeben sich unterschiedliche Kartendarstellungen.

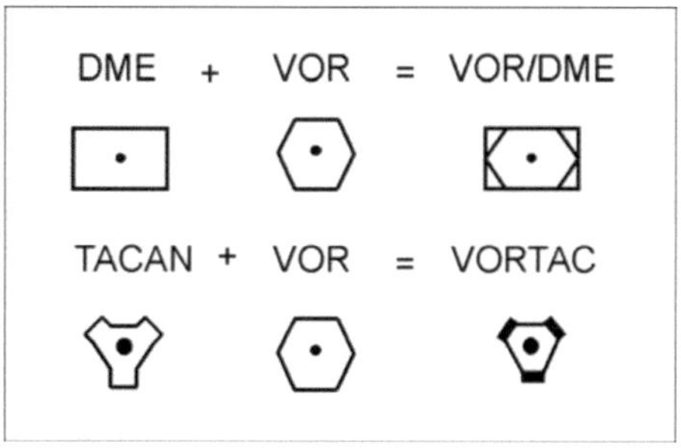

Abb. 3.23 Darstellung der Funknavigationsanlagen im Luftfahrthandbuch (AIP)

3.4.5 Bordseitige Anzeige- und Bedieneinheit

Abhängig von Flugzeugkategorie und Hersteller sind unterschiedliche Anzeige- und Bediensysteme gängig. In modernen EFIS-Cockpits erfolgt die Präsentation der DME-Information als integrierte PFD-Anzeige. Die Frequenzwahl geschieht über eine zentrale und kombinierte sog. Radio Tuning Unit (RTU), mit welcher auch die Auswahl bzw. Einstellung der Betriebsfrequenzen für NDB, VOR und ILS erfolgt. Eine weitere Möglichkeit der Frequenzselektion bietet die FMS-MCDU (Radio Page).

Kombinierte DME-Anzeige- und Bediengeräte präsentieren die Entfernungsanzeige im Bediengerät integriert in NM, entweder bezogen auf eine direkt eingewählte Station (hold-selection) oder bezogen auf eine im Navigationsempfänger 1 oder 2 eingestellte VOR/DME. Direkt angezeigt werden können die Relativgeschwindigkeit bezüglich der Bodenstation in KT oder die verbleibende Flugzeit dorthin in Minuten.

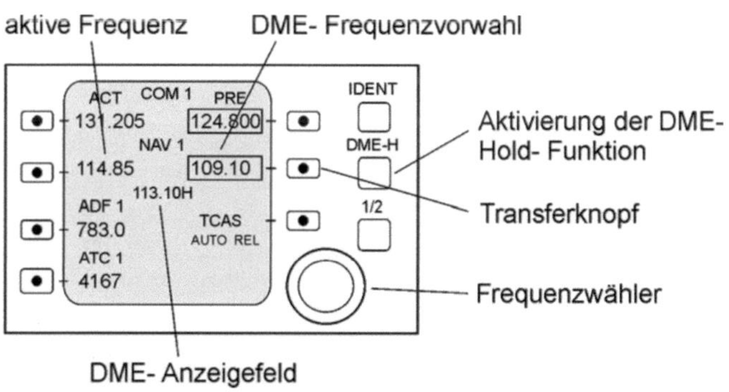

Abb. 3.24 Bedieneinheit (Radio Tuning Unit - RTU) für DME-Selektion

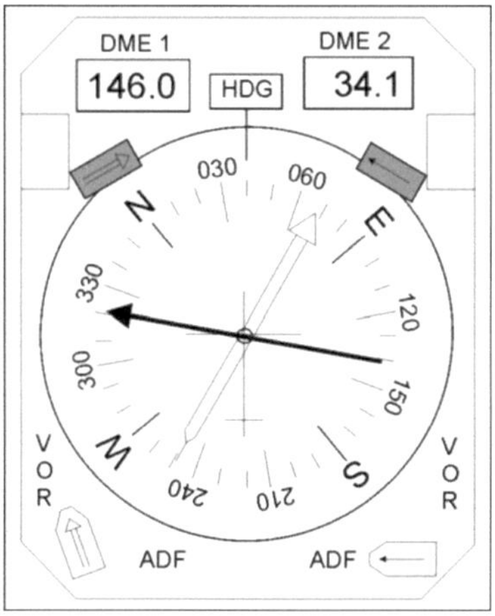

Abb. 3.25 Kombiniertes Anzeigegerät (Distance Bearing Indicator - DBI) mit Darstellung der DME-Information [2]

Da ein DME allein aufgrund der Kreisstandlinienform als Ortungsmittel ungeeignet ist, können in Luftfahrzeugen, ausgestattet mit zwei 3-Kanalempfängern für DME, gleichzeitig die Entfernungen zu drei Stationen ausgewertet werden. Auswahl der DME-Station und Abstimmung geschehen hierbei automatisch.

Das Ergebnis ist ein Standlinienschnitt dreier Kreisstandlinien, aus welchem das Flight Management System (FMS) eine (DME/DME/DME)-Position des Luftfahrzeuges berechnet. Eine Kontrolle der automatisch selektierten DME- Stationen ist für den Piloten über FMS mittels der sog. VOR/DME-Status Page möglich. Aufgeschlüsselt werden Kennung, Frequenz, Entfernung und Azimut der jeweils genutzten Stationen. Des Weiteren erfolgt eine Anwendung sog. ρ/θ-Verfahren mit Entfernung und Azimut bezogen auf VOR/DME- oder TACAN-Anlagen (Flächennavigation siehe unten).

3.4.6 Genauigkeit und Fehlerursachen

Gemäß ICAO-Annex 10 soll in 95% der Betriebszeit der Entfernungsmessfehler zwischen 0 und 200 NM nicht größer sein als ±450 m oder ±0,25% der gemessenen Schrägentfernung (es gilt der jeweils größere Wert), wobei vorausgesetzt wird, dass der Fehler der Bordanlage nicht größer ist als ±300 m oder ±0,20% der gemessenen Entfernung. Fehlerursachen können in der Bordanlage selbst liegen oder bei den Einrichtungen zur Bestimmung der Impulslaufzeit. Dabei ist die Flankensteilheit der zu messenden Impulse von großem Einfluss (Nutzung des zweiten Impulses zur Zeitmessung). Weitere Fehlerquellen sind Mehrwegausbreitung sowie Abweichungen von der Soll-Laufzeitverzögerung von 50 µs in der Bodenstation [22,38].

Einen systematischen Fehler stellt die Anwendung der geometrischen Beziehungen für eine als eben angenommene Erdoberfläche, bei Vernachlässigung der Erdkrümmung, dar. In Stationsnähe sowie großen Flughöhen und direkt oberhalb der DME-Station ist durch das Messprinzip der Ermittlung einer Schrägentfernung der geometrische Höhenfehler zu beachten, welcher die Ortungsgenauigkeit herabsetzt.

3.4.7 Ermittlung einer DME-Position

Im folgenden wird die Gewinnung der DME-Position aus einen Standlinienschnitt, wie sie bei einem FMS durchgeführt wird, beschrieben.

Tab. 3.3 Beispiel 1 einer Standlinienkonstellation

Stationskennung	DME-Entfernung [NM]	Azimut [°]
NOR	66,4	340,9
MET	64,0	
LGE	86,5	
DIK	41,0	276,7
SAD	35,4	
RMS	27,2	

Tab. 3.4 Beispiel 2 einer Standlinienkonstellation

Stationskennung	DME-Entfernung [NM]	Azimut [°]
HUL	133,9	292,7
CLR	118,9	
SAD	49,9	
FFM	27,7	070,4
GBL	78,0	
KBD	68,0	

Die in den obigen Tabellen gegebenen zwei Situationen sind Momentaufnahmen der Positionsbestimmung mittels DME-Standlinienschnitt. Bordempfänger Nummer 1 liefert jeweils die oberen drei Messungen, Empfänger Nummer 2 liefert die unteren drei Entfernungsmessungen. Der Empfängerbetrieb erfolgt in der Betriebsart Auto-Tune. Ist diese gewählt, geschieht die Auswahl der verwendeten Stationen unabhängig vom Piloten durch das FMS. Auswahlkriterien sind die Empfangsfeldstärke, ein bestimmter Mindestabstand zur DME-Station, um den Einfluss des geometrischen Höhenfehlers zu minimieren, und die azimutale Verteilung der Stationen für eine günstige Standliniengeometrie, um sog. schleifende Schnitte der Standlinien zu vermeiden.

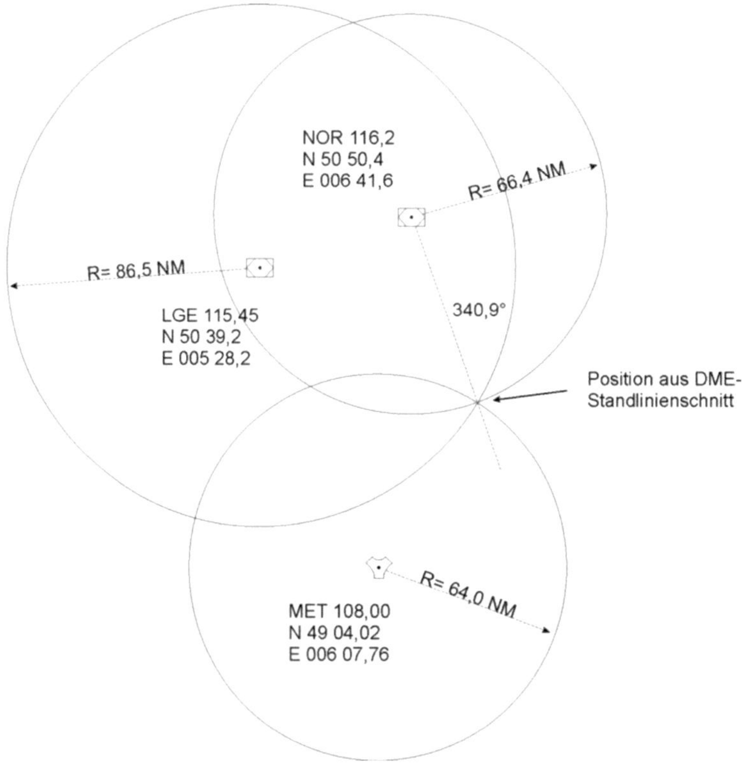

Abb. 3.26 Beispiel der azimutalen Verteilung der verwendeten DME-Standlinien gemäß Tabelle 3.3 für Bordempfänger Nummer 1

Die Standortkoordinaten der DME-Stationen müssen dem FMS bekannt sein, sie sind im Navigations-Datenspeicher hinterlegt. Eine Aktualisierung dieser sog. NAV-Database erfolgt alle 30 Tage im Rahmen der AIRAC-Datenzyklen. Für die Positionsbestimmung mittels DME sind mindestens zwei Schnittpunkte zweier Kreisstandlinien (ρ/ρ-Verfahren) erforderlich.

Die sich ergebende Messung ist zweideutig. Um eine eindeutige Position bestimmen zu können, muss ein weiterer Parameter in die Messung einbezogen werden. Dieser ist eine dritte verwendete Kreisstandlinie. Damit ergibt sich die gesuchte Empfängerposition als Schnittpunkt dreier Kreisstandlinien ($\rho/\rho/\rho$-Verfahren).

In der Regel ist die gemessene Position nicht mit der wahren Position des Empfängers identisch. Dies ist dadurch bedingt, dass die Auswertung der für die Entfernungsmessung genutzten Standlinien keinen Schnitt in einem Punkt ergibt, sondern eine trapezförmige Fläche der wahrscheinlichen Position. Deren Flächeninhalt ist abhängig vom Schnittwinkel der verwendeten Kreisstandlinien.

Sog. schleifende Schnitte und die Standardabweichung des Entfernungsmessfehlers ergeben keine Standlinie sondern einen sog. Standstreifen der wahrscheinlichen Position des DME-Empfängers.

Aufgrund der Sollreichweite abgestrahlter DME-Signale von maximal 200 NM ergibt sich sogleich die maximale Reichweite der DME-Ortung mit FMS. Wegen dieser relativ kurzen Distanz wird die Erdoberfläche als eben angesehen und es können zur Berechnung der Positionskoordinaten des Empfängers mit hinreichender Genauigkeit die Gesetze der ebenen Trigonometrie angewendet werden. Damit umfasst die Ortung mittels DME-Standlinienschnitt grundsätzlich zwei Aufgaben:

- Berechnung der Schnittpunkte und Beseitigung der Zweideutigkeit der Position durch Einbezug der Schnittpunkte einer dritten Kreisstandlinie
- Bestimmung des Flächenschwerpunktes der entstandenen Positionsfehlerfläche als wahrscheinlicher Standort und Berechnung von dessen Positionskoordinaten bezogen auf die Koordinaten der genutzten DME-Bodenstation

Die Lösung der ersten Aufgabe beginnt mit der Bildung von Gleichungen für die zwei Schnittpunkte S_1 und S_2 zweier Kreisstandlinien. Der Kreisradius ρ ist die gemessene DME-Entfernung. Das Problem besteht zunächst in der Bestimmung des Winkels θ. Ebenfalls bekannt ist die Länge und Ausrichtung der Verbindungslinie $\overline{M_1M_2}$ (Basislinie der Stationen).

Nun muss entschieden werden, welcher der beiden Schnittpunkte dem wahren Standort entspricht. Hierzu erfolgt wiederum die Bildung zweier Schnittpunkte S_3 und S_4 zweier Kreisstandlinien. Dazu wird eine der beiden obigen Kreisstandlinien, und eine zusätzliche Dritte verwendet. Der Standort ergibt sich aus jenem Schnittpunkt, welcher in beiden Schnittpunktpaarungen enthalten ist.

Die Koordinaten des Schnittpunktes S_1 (x_1, y_1) sind bezogen auf den Kreismittelpunkt M_1 zu berechnen. M_1 ist die Position der DME-Station 1, deren geographische Koordinaten bekannt sind.

Bei der Berechnung der y-Koordinate muss die Abweitung aufgrund der geographischen Breite φ der DME-Station berücksichtigt werden. In gleicher Weise erfolgt die Ermittlung der Schnittpunkte S_2, S_3 und S_4. Die wahrscheinliche Position liegt im Schwerpunkt der Positionsfehlerfläche. Dieser Schwerpunkt wird gebildet durch den Schnittpunkt der Winkelhalbierenden der Dreiecksinnenwinkel. Unter Berücksichtigung des Positionsfehlers muss nun der Standlinienschnitt in geographische Koordinaten, bezogen auf die Koordinaten der DME-Station umgewandelt werden. Diese werden dann einer Kalman-Filterung bzw. dem Navigationsprozessor eines FMS zugeführt (siehe Kapitel 6).

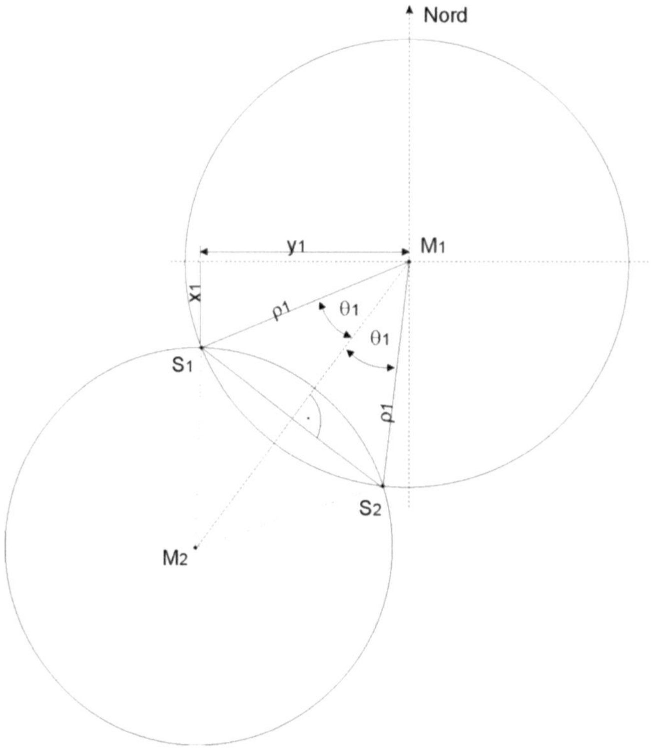

Abb. 3.27 Prinzip der Umwandlung eines Standlinienschnitts in geographische Koordinaten der Empfängerposition

3.5 Präzisionsanflug - ILS

Das Instrumentenlandesystem (Instrument Landing System - ILS) ist die von der ICAO standardisierte Anflughilfe für den Präzisionslandeanflug. Es bietet dem Luftfahrzeugführer auch bei schlechten Sichtverhältnissen eine genaue Kurs- und Gleitwegführung bis zum Aufsetzpunkt. Dieses Präzisionsanflugsystem ist bereits seit Ende der 1940er Jahre im Einsatz. Das Mikrowellen Landesystem (Micro Wave Landing System - MLS) konnte sich international nicht durchsetzen. Die Komponenten des ILS sind:

- bodenseitiges, an die Landebahn gebundenes Sender- und Antennensystem
- Landebahnbefeuerung
- bordseitige Empfänger- und Auswerteeinheit

Der Schwerpunkt der Betrachtungen der Bodenanlage liegt auf dem Sender- und Antennensystem. Voraussetzung für eine Landekurs- und Gleitwegführung ist das Vorhandensein einer Richtstrahlcharakteristik des jeweiligen Antennensystems.

Prinzipiell kann man eine Bündelung der Strahlungskennlinie in der Horizontalebene durch folgende einfache Antennenanordnung erreichen: Von einem Sender wird eine λ/2-Antenne (1) gespeist. Im Abstand einer viertel Wellenlänge (λ/4) befindet sich eine zweite λ/2-Antenne (2), diese wird über einen Transformator und zwei Abgleichkondensatoren so gespeist, dass in ihr der Strom um 90° phasenversetzt zu Antenne (1) nacheilt. Fließt zu einem bestimmten Zeitpunkt der Strom in (1) gerade von unten nach oben, so ist der Antennenstrom in (2) gleich Null. Die Phasenlagen beider Antennenströme addieren sich zu jedem Zeitpunkt, was in einem bestimmten Strahlungssektor zu einer Erhöhung der Feldstärke und in einem dazu versetzten Sektor zur Auslöschung durch gegenseitige Aufhebung der Strahlungsanteile führt [12].

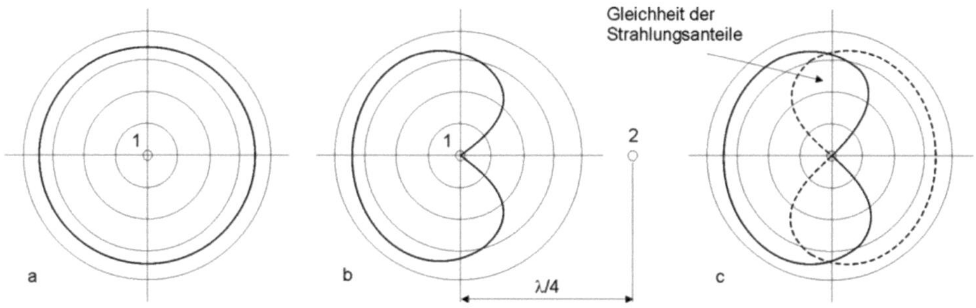

Abb. 3.28 Strahlungskennlinie einer λ/2-Antenne (1) [a], einer λ/2-Antenne (1) mit Reflektor (2) [b] und Überlagerung zweier Richtdiagramme [c] [12]

Das gleiche horizontale gerichtete Strahlungsdiagramm kann durch Aufstellung einer Antenne (2) im Abstand einer viertel Wellenlänge zu Antenne (1) erzeugt werden. Die Länge der Antennen beträgt λ/2. Dabei regt die Strahlung von (1) Antenne (2) so an, als ob sie angeschlossen wäre und mit Energie gespeist würde. Antenne (2) befindet sich mit (1) in Resonanz, sie wird von deren Antennenstrahlung angefacht.

Die Parameter einer Richtstrahlantenne gehen aus der Abbildung 3.29 hervor. Antennen mit kleinem Halbwertswinkel werden als Richtantennen bezeichnet. Der Antennengewinn G in [dB] ist der Faktor, um den die in der Hauptstrahlrichtung erzeugte Leistungsdichte bei gleicher zugeführter Leistung größer ist, als die von einer Vergleichsantenne nach allen Richtungen (Kugelstrahler) in der gleichen Entfernung erzeugte Leistungsdichte [22].

$$G = 10\lg\frac{4\pi \cdot q \cdot A}{\lambda^2}$$

A ... wirksame Antennenfläche [m^2]
q ... Flächenwirkungsgrad (0,55 - 0,65)
λ ... Wellenlänge [m]

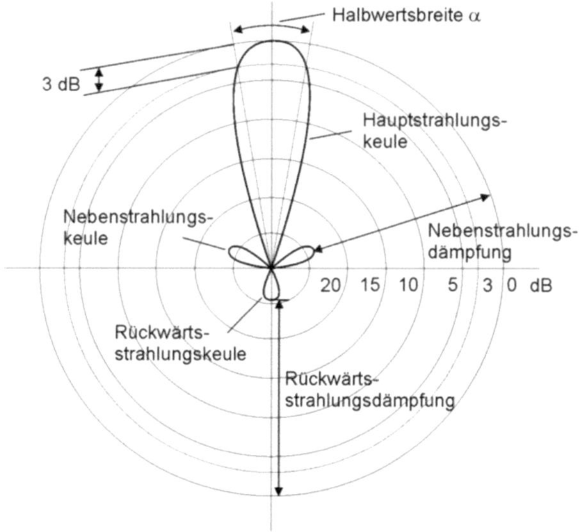

Abb. 3.29 Richtdiagramm einer Antenne [22,23]

Der Antennengewinn ist bei Flächenantennen proportional der Antennenfläche A. Bei Empfangsantennen drückt er aus, um welchen Faktor die Empfangsleistung gegenüber der Empfangsleistung bei einer Antenne ohne Richtwirkung größer ist.

Bei den Landekursantennen ergibt sich die Richtcharakteristik durch die Phasenwinkeldifferenzen der eingespeisten Ströme in die Einzelantennenpaare (Dipole) mit definiertem Abstand zueinander, Verwendung von mindestens drei Dipolpaaren und Überlagerung deren Speisestromes mit einem (V-) Dipol als Mittelantenne bei einer Phasenwinkeldifferenz von $\pm 90°$. Damit sind die Phasen der Speiseströme der äußeren Antennen um 180° versetzt. Die Phasensteuerung erfolgt durch den Leistungsverteiler [22,23].

3.5.1 Bodenanlage, Komponenten und Arbeitsweise

Eine ILS-Bodenanlage umfasst:

- Landekurssender (Localizer - LLZ bzw. LOC)
- Gleitwegsender (Glidepath Transmitter - GP bzw. Glide Slope - GS)
- Voreinflugzeichen (Outer Marker - OM)
- Haupteinflugzeichen (Middle Marker - MM)

Die Leitsignale des Landekurs- und Gleitwegsenders dienen der horizontalen und der vertikalen Führung des Luftfahrtzeuges, der ideale Anflugweg entsteht im Schnittpunkt der beiden Leitebenen. Die Einflugzeichensender dienen der Abstandsbestimmung zur Landebahnschwelle.

Die Anlage arbeitet im UKW-Bereich auf den Frequenzen von 108,1 - 111,9 MHz (LLZ). Die zugeordneten Gleitwegfrequenzen (GS) liegen zwischen 328,6 - 335,4 MHz und damit im UHF-Bereich. Als Einflugzeichensender kommen Markierungsfunkfeuer (Marker Beacons) zum Einsatz. Sie sind charakterisiert durch:

- senkrecht nach oben zeigende, gebündelte Strahlungscharakteristik
- standardisierten Abstand zur Landebahnschwelle, damit ergibt sich bei Überflug eine Entfernungskontrolle zum Aufsetzpunkt
- Trägerfrequenz f = 75 MHz + Modulation
- Markierungsfunkfeuer für Inner Marker (IM) kaum noch verwendet

Mit Hilfe des Turmgeräts (Tower System) können Localizer, Glide Slope und Marker ferngesteuert und fernüberwacht werden. Die Sendeleistungen sind beim LLZ 25 oder 50 W, beim GS 10 W. Die Polarisation der ausgestrahlten Wellen ist jeweils horizontal, die niederfrequente akustische Stationskennung wird mit 1020 Hz moduliert. Die bodenseitigen Komponenten von LLZ und GS sind unabhängig voneinander arbeitende Systeme, sie setzen sich jeweils zusammen aus:

- Sender/Reservesender
- Modulator
- Sendeantennensystem
- Strom-/Notstromversorgung
- Überwachungseinheit mit Felddetektoren (Fern- und Nahkontrolle für Landekurs, Nahkontrolle für Gleitweg), ferngesteuert und fernüberwacht vom Kontrollturm

Landekurs- und Gleitwegsendeanlagen arbeiten nach der Einfrequenz- oder Zweifrequenzmethode. Zweifrequenzanlagen erzeugen je zwei Träger, deren Frequenzen um ±4,75 kHz (LLZ) und ±9 kHz (GS) gegenüber dem Nennwert f_0 des RF-Trägers versetzt sind. Damit wird jeweils die Abstrahlung einer schmalen und einer breiten Charakteristik möglich. Die Kursantenne sendet die Frequenz f = (f_0 - 4,75) kHz, die sog. Clearance-Antenne sendet f = (f_0 + 4,75) kHz.

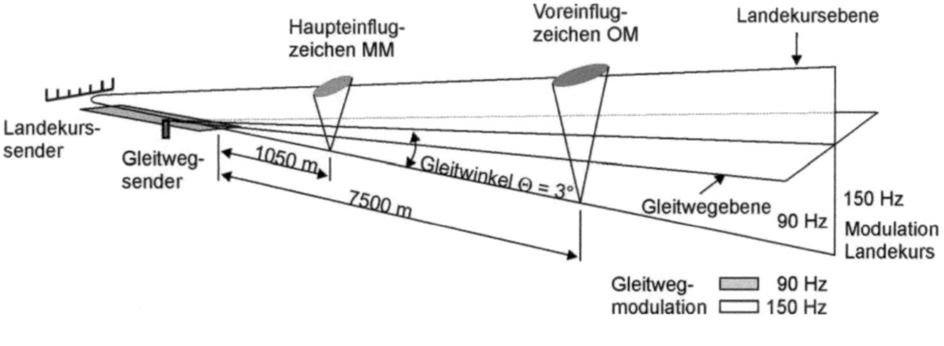

Abb. 3.30 Schema des ILS, bestehend aus LLZ + GS und zwei Einflugzeichen

Die Breite des Landekursbereiches ist 5° ± 1°, die Breite des Gleitwegbereiches beträgt 1° ± 0,1°. Landekurs- und Gleitwegsender beruhen in ihrer Wirkungsweise auf der Messung der Modulationsgrad-Differenz zwischen Signalen, die mit 90 Hz und mit 150 Hz moduliert sind.

Die Kursantenne besteht aus 12 bis max. 20 Antennenzeilen (Großbasis), in einer Höhe von ca. 2 m angebracht. Die Clearance-Antenne setzt sich aus drei bis maximal fünf Antennenzeilen (V-Dipole) in einer Höhe von 3 - 4 m zusammen. Durch die stabförmige Reflektorwand wird die rückseitige Abstrahlung unterdrückt. Zur Ermittlung des Landekurses und des Gleitweges wird im Bordempfänger die Differenz der Modulationsgrade (Difference in Depth of Modulation - DDM) gemessen.

$$DDM = m_{90} - m_{150}$$

m_{90} ... Modulationsgrad des mit 90 Hz modulierten RF-Trägers
m_{150} ... Modulationsgrad des mit 150 Hz modulierten RF-Trägers

Landekurs- und Gleitwegebene sind durch die Gleichheit der Modulationsgrade einer 90 Hz- und einer 150 Hz Modulation gegeben, DDM = 0. Der Zeigerausschlag des Bordinstrumentes ist proportional zum DDM-Wert. Einerseits ist eine scharfe Richtcharakteristik gewünscht, gleichzeitig ist für den Winkelbereich rechts und links der Landekursebene ein DDM-Wert von größer Null erforderlich, um ein Anschneiden (Capture-Effekt) des Landekurses zu ermöglichen sowie für eine Groborientierung für Luftfahrzeuge mit starkem Kursversatz. Daher erfolgt durch das Antennensystem die Ausstrahlung zweier Signale gleichzeitig:

- schmale Charakteristik durch die Kursantenne = Landekurs ± 5°
- breite Überdeckung durch die Clearance-Antenne = Landekurs ± 35° (theoretisch ± 180°)

Abb. 3.31 Antennensystem eines Zweifrequenz-Landekurssenders (SEL SN 4000)

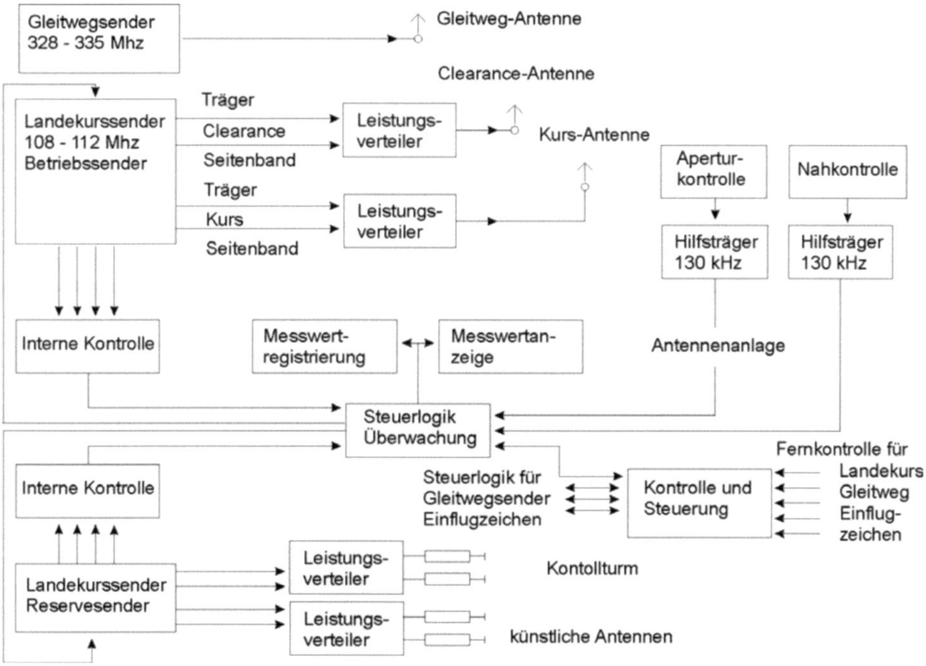

Abb. 3.32 Komponenten Landekurs- und angedeutet Gleitwegsendeanlage [22]

Die LLZ-Antenne für sowohl Ein- als auch Zweifrequenzanlagen befindet sich 200 - 360 m hinter dem Landebahnende. Der zugehörige Sender ist in einem Container gemeinsam mit Stromversorgung und Klimaanlage in Antennennähe untergebracht.

Abb. 3.33 GS-Antennensystem (SEL SN 4000) mit zwei Dipolzeilen (Nullreferenzverfahren), Ansicht entgegen der Landerichtung, mit Reflexionsfläche und Felddetektor

Die GS-Antenne befindet sich an einem Mast, der 120 - 180 m von der Landebahnmitte aus gesehen neben dieser aufgestellt ist. Die Referenzhöhe für den Gleitweg über der Landebahnschwelle ist auf 15 m festgelegt. Je nach Gleitwinkellage (der Gleitwinkel wird aufgrund der örtlichen Verhältnisse festgelegt) ergibt sich das Maß 286 - 344 m zwischen GS-Antennenmast und Landebahnschwelle. Der zugehörige GS-Sender ist in einem Container in Antennennähe untergebracht.

Abb. 3.34 Middle Marker - Container, Antenne und Reflektor

Einflugzeichensender befinden sich 75 - 450 m (Inner Marker - IM), 1050 m (Middle Marker - MM) sowie 7200 m (Outer Marker - OM) vor der Landebahnschwelle auf der verlängerten Mittellinie der Landebahn. Dabei kommen in den meisten Fällen nur MM und OM zur Anwendung. DME-Anlagen können als Ergänzung oder Ersatz für die Entfernungscodierung durch Marker verwendet werden.

Die Navigationssignal-Kriterien für den LLZ sind durch charakteristische Werte innerhalb bestimmter Sektoren, bezogen auf die Anfluggrundlinie gegeben:

- DDM = 0
- DDM = 15,5 % (0,155)
- DDM > 18 % (0,18)

DDM = 0 ist gegeben, wenn die Anflugrichtung genau der Landebahnmittellinie entspricht. DDM = 15,5% kennzeichnet den Kurssektor, dessen Öffnung so festgelegt wurde, dass die Begrenzung in Höhe der Landebahnschwelle jeweils 107 m links und rechts von der Landebahn liegt, bezogen auf die Mittellinie. Diese Punkte werden auch als „Breite-"Punkte (width) bezeichnet. Die DDM verläuft innerhalb dieser Punkte linear mit einem Anstieg von 0,145 % pro Meter [37].

DDM = 18% kennzeichnet einen Sektor von ±35°, in dem noch eine einwandfreie Landekursinformation sichergestellt ist. Dieser Sektor wird bei Einfrequenz-Anlagen durch das „geformte Diagramm" und bei Zweifrequenz-Anlagen durch das o.a. Clearance-Signal abgedeckt. Die Kursinformation durch die 90- und 150 Hz-Signale ist amplitudenmoduliert [37].

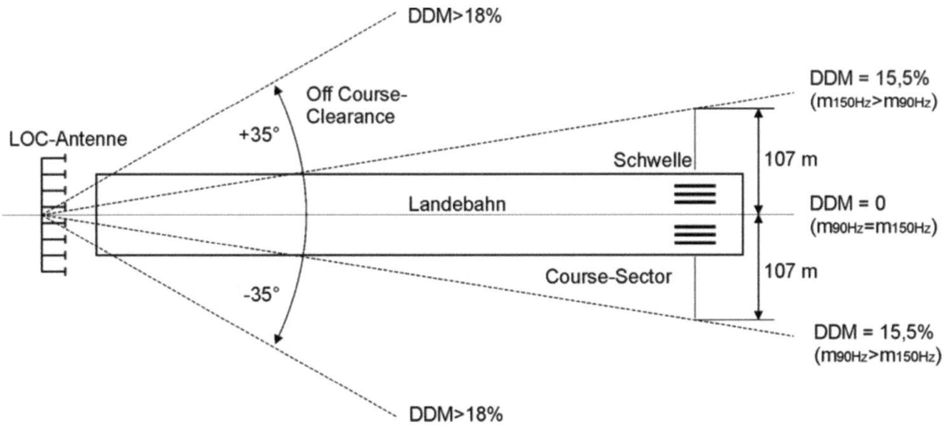

Abb. 3.35 Charakteristische Werte für den Landekurssender (LOC SN 4000) [37]

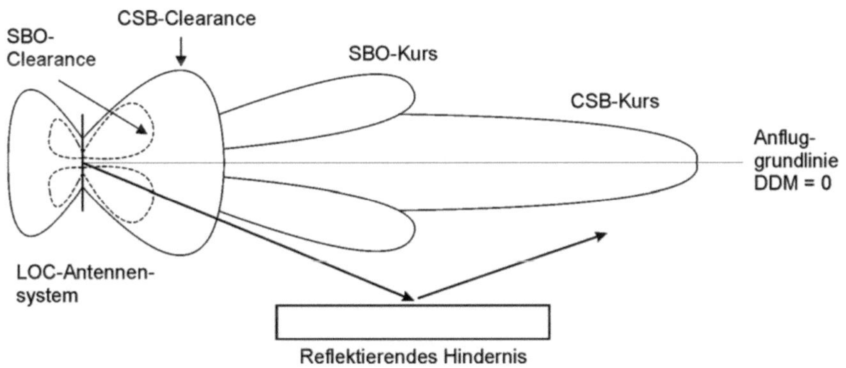

Abb. 3.36 Zweifrequenz-Landekurssystem, Richtcharakteristik mit einer Kurs- und einer zusätzlichen Clearance-Antenne

Das Gleitwegsignal kann über zwei Dipole A1 und A2 abgestrahlt werden, wobei über A1 das CSB- (Carrier- and Sideband) und über A2 das SBO- (sideband only) Signal gesendet wird. Dadurch entsteht eine Ebene, in der nur das CSB-Signal (DDM = 0) empfangen werden kann.

Oberhalb und unterhalb dieser Ebene ergibt sich durch Addition bzw. Subtraktion der SBO-Modulationskomponenten 90 Hz bzw. 150 Hz in bezug auf das CSB-Signal ein DDM $\neq 0$. Bei Winkelabweichungen von $\pm 0{,}24\ \Theta$ vom nominalen Gleitwinkel Θ ist DDM 17,5% spezifiziert. Dieser Wert entspricht der Breite (width). Innerhalb des Sektors $\pm 0{,}24\ \Theta$ verläuft DDM linear [37].

Die von der GS-Antenne abgestrahlte Ebene DDM 0 hat die Form einer Hyperbel, die den Boden nicht berührt. Die Referenzhöhe dieser Kurve ist an der Landebahnschwelle auf 15 m festgelegt. Daraus und aus der vorgeschriebenen Gleitwinkellage von Θ = 2,5° - 3,0° (3° = 5,2%) ergibt sich der Versatz des GS-Antennenmastes von der Landebahnschwelle um die Strecke D. Dieser beträgt je nach gewähltem Gleitwinkel 286 - 344 m. Der Gleitweg entsteht heutzutage üblicherweise nach den folgenden Verfahren:

- Nullreferenz-Verfahren mit zwei Antennenzeilen (ILS SN 4000)
- Seitenbandreferenz-Verfahren mit zwei Antennenzeilen
- Capture-Effekt Verfahren mit drei Antennenzeilen (M-Type)

Neuere Anlagen (ILS SN 400, SN 410, SN 420) verwenden einen sog. M-Type Gleitweg. Es erfolgt bordseitig analog zum Landekurs eine Messung der Modulationsanteile (Sollwert DDM = 0). Die Höhe der Gleitwegantenne entscheidet über Steilheit des Gleitweges unter Ausnutzung der Bodenreflexion. Die Antennenanordnung besteht aus zwei (Nullreferenz-Verfahren) oder drei Antennenzeilen (M-Type) mit je drei Dipolen und parabolischen Reflektoren, übereinander an einem Mast montiert. Nullreferenz-Gleitweganlagen verwenden eine Trägerantenne in 0,5-facher Höhe des Antennenmastes sowie eine Korrekturantenne in 0,4-facher Antennenmasthöhe.

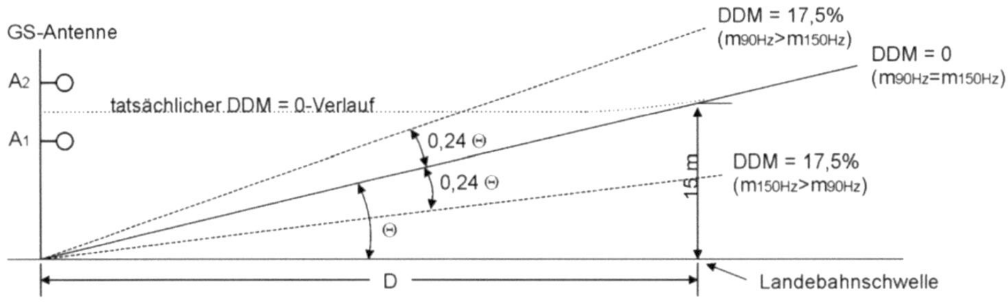

Abb. 3.37 Charakteristische Werte für den Gleitweg (SEL SN 4000) [37]

Die bei M-Type Gleitweganlagen verwendete dritte Antennenzeile in 1,0-facher Antennenmasthöhe fungiert als Seitenbandantenne mit einer zusätzlichen Clearance-Charakteristik. Der Vorteil besteht dabei in einer stärkeren Bündelung des Gleitwegsignals (reine Clearance-Charakteristik im Elevationswinkelbereich von 0° - 2°) und damit weniger Überlagerungen des Gleitwegsignals durch Bodenechos.

Zur Erzeugung des schmalen Gleitwegsektors werden alle drei Antennenzeilen, für den breiten vertikalen Sektor nur die untere und obere Antennenzeile, benutzt (Antennenzeile: Breite 2,5 m/Höhe 13,7 - 19,8 m). Je höher die Dipolantenne oberhalb des Erdbodens liegt, desto größer ist die Auffiederung der Strahlungscharakteristik bei horizontaler Polarisation der Wellen.

3.5.2 Bordanlage

Der Anflugsollweg zur Landebahn resultiert aus dem Schnitt der durch LLZ und GS erzeugten Ebenen. Die ILS-Bordanlage hat die Aufgabe, die Auswahl der gewünschten Bodenstation zu ermöglichen, die Signale dieser Station auszuwerten und zur Anzeige (Kreuzzeiger-Instrument) zu bringen. Ist das Luftfahrzeug mit einer Flugregleranlage (Autopilot) ausgerüstet, kann mit Hilfe der ILS-Signale ein automatischer Landeanflug durchgeführt werden. Folgende Komponenten bilden die ILS-Bordanlage:

- Empfangsantennen für Landekurs, Gleitweg und Marker
- Landekurs-, Gleitweg- und Marker-Empfänger
- Bedieneinheit und Anzeigeinstrumente

Im Anzeigegerät werden den gemessenen DDM-Werten proportionale Spannungen erzeugt. Diese lenken die Ablageanzeigenadeln für LLZ und GS entsprechend aus.

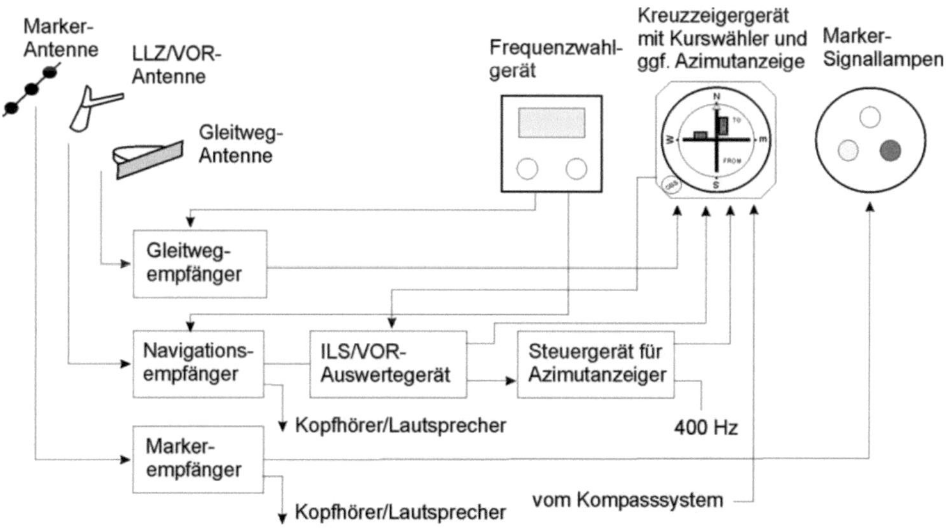

Abb. 3.38 Vereinfachtes Blockschaltbild der ILS-Bordanlage und Anzeigegeräte [22]

Die Landekurs-Empfangsantenne ist bei modernen Anlagen eine kombinierte UKW-Antenne für VOR/LLZ. Sie ist üblicherweise beidseitig an der Seitenflosse/ Seitenleitwerk des Luftfahrzeuges installiert und als V-Dipol ausgeführt. UHF-Gleitwegempfangsantennen werden im Bug hinter der Radarnase (Radom), unterhalb der Bordwetterradarantenne positioniert. Empfangsantennen für Markierungsfunkfeuer befinden sich an der Rumpfunterseite.

Einflugzeichen (Marker)-Empfänger:

Die bodenseitige Entfernungscodierung mittels Markierungsfunkfeuern, welche in definierten Abständen zur Landebahnschwelle aufgestellt sind, wird bordseitig wie folgt umgesetzt:

a) Voreinflugzeichen (Outer Marker - OM), Kennzeichnung Überflug durch blaue Anzeigelampe, akustisches Signal moduliert mit 400 Hz, Tastung - - (2 Striche/sek.)
b) Haupteinflugzeichen (Middle Marker - MM), Kennzeichnung Überflug durch orange Anzeigenlampe, akustisches Signal moduliert mit 1300 Hz, Tastung -. -. (2 Striche, 6 Punkte/sek.)
c) Platzeinflugzeichen (Inner Marker - IM), Kennzeichnung Überflug durch weiße Anzeigelampe, akustisches Signal moduliert mit 3.000 Hz, Tastung ... ... (6 Punkte/sek.)

Durch die vertikale, definierte Abstrahlung der Marker (fan-shaped, bone-shaped) ergeben sich für die Dauer des Signals mehrere Sekunden, abhängig von der Überfluggeschwindigkeit.

Anzeige- und Bedieneinheit:

Frequenz- sowie Kurswahl erfolgt wie bei VOR mittels der entsprechenden Frequenzwahleinheit (RTU), sowie dem Kurswahlschalter (Omni Bearing Selector - OBS) direkt am Anzeigegerät oder am zentralen Panel gemeinsam für Flugregler (Autopilot - AP) und Flugkommandogerät (Flight-Director - FD).

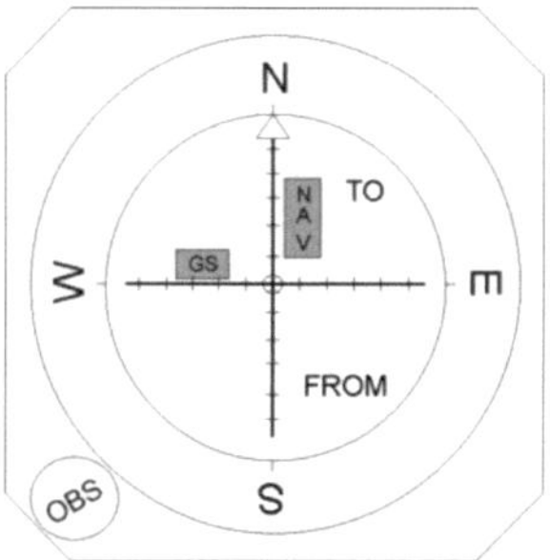

Abb. 3.39 ILS-Anzeigegerät (konventionelles Kreuzzeiger-Instrument)

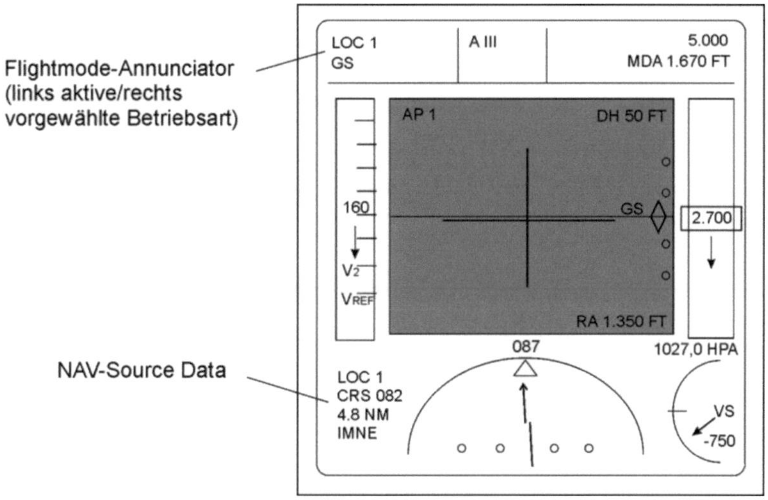

Abb. 3.40 Integrierte Anzeige auf PFD am Beispiel des Anfluges ILS 08L in MUC

Die Warnflaggen NAV und GS rücken ins Sichtfeld wenn keine gültige Landekurs- bzw. Gleitwegfrequenz eingestellt bzw. verfügbar ist, oder bei eingestellter Frequenz im Falle von Signalverlust. Unabhängig vom auf der Kursrose eingewählten Kurs mittels Kurswahlknopf sind die TO/FROM-Sektoranzeigen bei ILS-Anflug nicht aktiv. Jedoch sollte zum Zwecke der räumlichen Orientierung der Landekurs am Anzeigegerät eingestellt werden.

Auswertung der ILS-Anzeige:

Kurs- und Gleitwegführung erfolgen nach dem Kreuzzeigergerät durch Kommandoanzeigen unabhängig von der Entfernung zur Landebahnschwelle. Abbildung 3.41 gibt einige Beispiele zur Paarung Position/Kommandoanzeige wieder.

1 dot entspricht 0,5° Ablage bei LLZ sowie 0,1° Ablage bei GS; auf Front-Course Interpretation als Kommandogerät, auf sog. Back-Course Interpretation als Anzeigegerät. Kurs- und Gleitweganzeige sollen sich ergeben aus dem eingestellten Steuerkurs unter Berücksichtigung von Peilsprung und Windversatz sowie der eingestellten Sinkrate durch den Flugzeugführer. Das Anschneiden des Landekurses soll mit einem Winkel von nicht mehr als 45° erfolgen, um ein Überschießen zu vermeiden. Der Gleitweg soll von unten im Horizontalflug angeschnitten werden, um dem Folgen einer Nebenkeule und damit einem falschen Gleitweg zu vermeiden.

Aufgrund des Schmalerwerdens der Leitebenen für Landekurs und Gleitweg wird das System immer empfindlicher, je geringer die Entfernung des Luftfahrzeuges von der Landebahnschwelle ist. Die erforderlichen Kurs- und Sinkrate-Korrekturen werden immer kleiner.

a) Position links vom Landekurs, unterhalb des Gleitweges

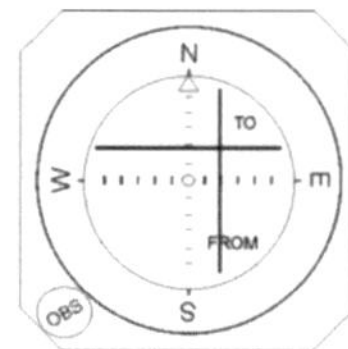

b) Position auf Landekurs, unterhalb des Gleitweges

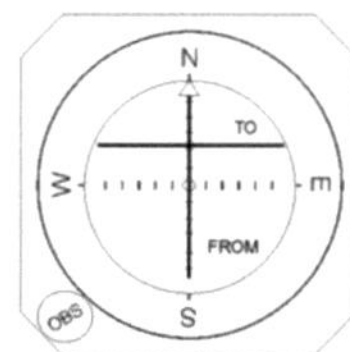

c) Position rechts vom Landekurs, auf Gleitweg

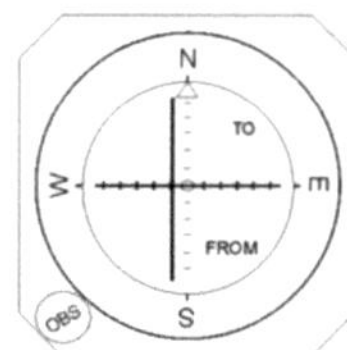

d) Position noch weiter rechts versetzt, über dem Gleitweg

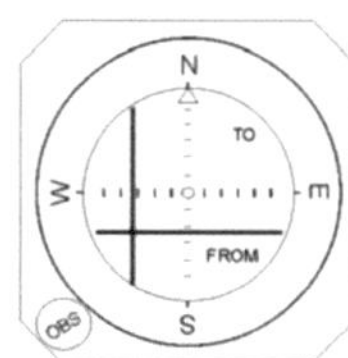

e) Position links vom Landekurs, auf Gleitweg

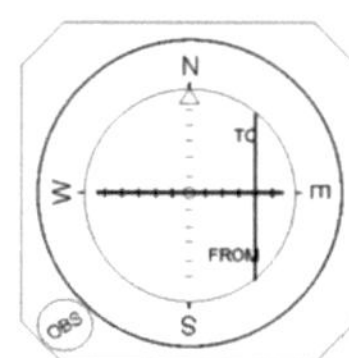

f) Position auf Landekurs, auf Gleitweg

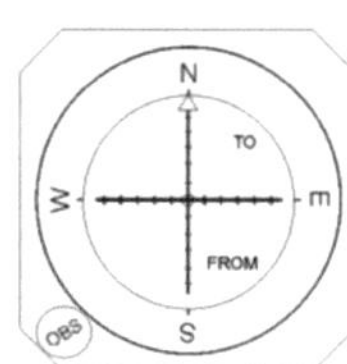

Abb. 3.41 Beispielanzeigen von Kurs- und Gleitwegablagenadel auf ILS

3.5.3 Betriebsminima und Darstellung in Anflugkarten

Der Sollüberdeckungsbereich beträgt gemäß ICAO-Spezifikation für den LLZ 10° beiderseits der verlängerten Anfluggrundlinie innerhalb einer Entfernung von 25 NM bezogen auf die LLZ-Antenne (schmale Charakteristik).

Der Winkelbereich von 35° beiderseits der Anfluggrundlinie soll bis zu einem Abstand von 17 NM überdeckt werden (breite Charakteristik). Die Abstrahlung des Gegenkurses soll im Winkelbereich von 5° beiderseits der Landebahnmittellinienverlängerung erfolgen. GS-Signale müssen im Abstand von 10 NM von der GS-Antenne im Winkelbereich von 8° beiderseits der Anfluggrundlinie zuverlässig empfangen werden können.

Entsprechend den vorherrschenden Werten für Landebahnsicht (Runway Visual Range - RVR) und Wolkenuntergrenze (ceiling) ergeben sich die jeweiligen Anflugminima und damit die Definition der sog. ILS-Betriebsstufen (Category - CAT). Nach ICAO-Manual of All Weather Operations, DOC 9365 - AN 910 sowie „Richtlinien für den Allwetterflugbetrieb" (NFL I 89/88 vom 5. Mai 1988) beträgt die zulässige Abweichung der Kurslinie von der Landebahnmittellinie über der Landebahnschwelle, je nach Betriebsstufe [26]: CAT I ± 10,5 m ; CAT II ± 7,5 m ; CAT III ± 3 m.

Tab. 3.5 Präzisionsanflugminima für CAT I, II, III

ILS-CAT	RVR [m]	DH [m]
I	550 (met. Sicht nicht unter 800 m)	60 (200')
II	350	30 (100')
III a	200	15 (50')
III b	50	0
III c	0	0

Für CAT I-Anflüge wird hierbei die Entscheidungshöhe barometrisch definiert (Decision Altitude - DA), für CAT II/III-Anflüge geschieht dies mit Funkhöhenmesser (Decision Height - DH). Bei Allwetterflugbetrieb der Betriebsstufen CAT II/III sind bestimmte Bereiche des Flughafens frei von Boden- und Luftfahrzeugen sowie Abfertigungsgerät zu halten. Die Energieversorgung für Reservesender bzw. Reserve für die Pistenbefeuerung ist in Bereitschaft zu schalten.

Eine Instrumentenanflugkarte (Instrument Approach Chart - IAC) ist beispielhaft in Kapitel 2 abgebildet, siehe Abbildung 2.18! Die Frequenzpaarung für LLZ/GS ist geräteseitig fest im Kanalraster fixiert.

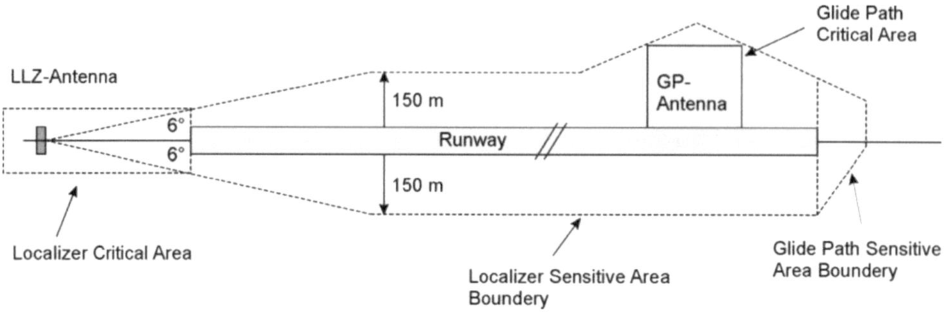

Abb. 3.42 Schutzzone bei Allwetterflugbetrieb (ILS-critical + sensitive area)

3.5.4 Zuverlässigkeit und Fehlerquellen

Maß für die Zuverlässigkeit ist die sog. Mean Time Between Outages (MTBO). Bezogen auf die ILS-Anlage SN 410 des Herstellers Thales ergeben sich folgende Werte:

Die geforderte MTBO des Landekurssenders beträgt 4.000 fehlerfreie Betriebsstunden für CAT III-Betrieb. Der MTBO-Wert für den Gleitwegsender beträgt mindestens 2.000 fehlerfreie Betriebsstunden. Die praktisch erreichten MTBO betragen für beide ILS-Komponenten bereits 5.000 Stunden. Das Ausfallrisiko ergibt sich als Quotient aus Betriebsstunden und Ausfallzeit. Bezogen auf eine Lebensdauer einer ILS-Sendeanlage von ca. 15 Jahren beträgt die Wahrscheinlichkeit, dass ein Landekurssender während der kritischen Phase (30 Sekunden vor dem Aufsetzen) ausfällt:

$$p = 2 \cdot 10^{-6}$$

Stellt der Felddetektor eine Fehlfunktion fest, wird innerhalb von 1 - 2 sek. auf den Reservesender umgeschaltet, dies kann einen Fehlanflug verursachen.

Auftretende Landekurs- und Gleitwegfehler haben ihre Ursache im Wesentlichen in fehlerhafter Funktion der Bodenanlage und in den Ausbreitungserscheinungen der Welle. Das größte Problem stellen Gebäude und reflektierende Objekte in der unmittelbaren Umgebung der Sendeanlagen dar. Durch Reflexion kann es im Bordempfänger zur Überlagerung von direktem und reflektiertem Signal kommen. Diese Interferenzen können Schwankungen der Kursanzeige zur Folge haben. Bei geringer Entfernung von der Landekursanlage ergeben sich kurzperiodische Zacken (scallopings), bei größerem Abstand sind langsame Schwankungen bzw. einseitige Ablagen, auch Kurskrümmungen (bends) die Folge. Der Gleitweg unterliegt den gleichen Fehlern und Störungen, jedoch werden hier noch höhere Anforderungen an Bodenbeschaffenheit und Umgebung gestellt.

3.5.5 Instandhaltung und Kalibrierung

Die ILS-Anlagen im Zuständigkeitsbereich der Deutschen Flugsicherung GmbH (DFS) werden durch die *FCS Flight Calibration Services GmbH* Braunschweig regelmäßig vermessen.

Das Mess-/Prüfintervall für jede separate ILS-Anlage beträgt sechs Monate. Eine Fristverlängerung um vier Wochen kann auf Antrag durch das Luftfahrt-Bundesamt (LBA) genehmigt werden. Zum Einsatz kommen eine bodenseitige mobile Einheit sowie eine bordseitige, flugzeuggebundene Einheit (Luftfahrzeuge vom Typ Beechcraft - King Air 350). Die Vermessung des Landekurses sowie des Gleitweges erfolgt jeweils separat.

Vermessungsprinzip der ILS-Kalibrierung:

Die Vermessung von Landekurs und Gleitweg erfolgt bodenseitig mit einem Laser-Tracker + Telemetrie. Deren Aufstellungsort befindet sich an einem geodätisch vermessenen Punkt üblicherweise nahe der Gleitwegantenne. Dieser Punkt ist der Ursprung eines topozentrischen (standortgebundenen), dreidimensionalen, ebenen kartesischen Koordinatensystems, innerhalb dessen die räumliche Position des Luftfahrzeuges in Beziehung zu Landekurs und Gleitweg bestimmt werden kann.

Der Wert der x-Koordinate verläuft entlang der Anfluggrundlinie, er ist an der Laser-Tracker Position gleich Null, y- und z-Koordinaten verlaufen entsprechend senkrecht. Gemessen werden Azimut- und Elevationswinkel. In unmittelbarer Nähe dieser Position, ebenfalls an einem geodätisch vermessenen Punkt wird eine mobile DGPS-Station zur Korrekturdatenübertragung für die jeweils gemessene Position aufgestellt. Die Datenübertragung erfolgt auf zwei speziellen UHF-Kanälen (398 und 433 MHz). Die bordseitige Anlage umfasst neben dem Arbeitsplatz des Messingenieurs:

- Laser-Reflektor an der Rumpfunterseite des Luftfahrzeuges
- erforderliche VHF-, UHF- und Marker-Empfangsantennen/-Empfänger
- GPS-Empfangsanlage sowie DGPS-Korrekturdatenempfänger
- Trägheitsnavigationsanlage (INS-Plattform)
- Flight Management System (FMS)

Die durch das FMS ermittelte Position erreicht damit eine Genauigkeit von 2 - 3 m bei einer konstanten Anfluggeschwindigkeit (160 KIAS). So kann die IST-Position des Luftfahrzeuges mittels FMS-Hybridlösung bzw. auf den letzten 5 NM auf dem ILS (Teststrecke = 4 NM) mittels Laser-Tracker mit hoher Genauigkeit bestimmt werden. Das Luftfahrzeug fliegt entsprechend den vorausberechneten FMS-Tracks oder gemäß den ILS-Führungssignalen auf dem 5 NM-Endanflug. Die sich dabei für den jeweiligen Messpunkt ergebende IST-Position wird nun mit der IST-Position aus der FMS-Hybridlösung bzw. dem Laser-Tracker verglichen.

Die sich hierbei ergebende Ablage, angebracht an die räumlich feste SOLL-Position im Koordinatensystem entsprechend den vorgegebenen ILS-Parametern an den Messpunkten, ermöglicht eine genaue Aussage über die Abweichung von den Nominalwerten der Messgrößen.

Elemente der Vermessungen:

Der Messingenieur ermittelt Feldstärken, Phasenlagen und Modulationsanteile. Eine Messkampagne umfasst üblicherweise 13 - 14 Anflüge pro Landekurs aus unterschiedlichen Höhen und Ausgangspositionen, die einzelnen Messgrößen sind folgende:

1. Kurslage (course line) bis hinunter zum CAT III-Minimum (50') entlang der Landebahnmittellinie

2. Phasenlage und Modulation der schmalen und der breiten Charakteristik (phasing, modulation, balance narrow + wide signal) für die 90- und 150 Hz-Seite (rechts/links) sowie Messung der Kursstruktur für ½ oder ¼ der Sektorbreite jeweils rechts/links. Dabei betragen die Sollabweichungen vom Bezugswert ±75 µA und in der Signalbreite ±3,39° bzw. ±2,40°.

3. Kursbreite (breite Charakteristik ±35°, schmale Charakteristik ±5°)

4. Überdeckung (LLZ-coverage) für 6- , 17- und 25 NM arc

5. Alarme, durch Herabsetzung der Größen Sendeleistung, Kursstabilität und Modulation auf Auslösegrenze, Messung über die Nah- und Fernfelddetektoren

6. Kennungsabstrahlung

Die Messungen erfolgen jeweils für den Haupt- und für den Reservesender. Boden- und Luftfahrzeug halten während der Kampagne eine permanente Funkverbindung. Für den Gleitweg ist das Prüfprogramm analog. Damit ergibt sich die Dauer einer ILS-Kalibrierung von zwei bis drei Tagen. Am Ende der ILS-Vermessung werden die Messergebnisse und die Einhaltung der geforderten Parameter in einem sog. Prüfpass dokumentiert.

4 Trägheitsnavigation

Das Prinzip der Trägheitsnavigation beruht auf dem Beharrungsvermögen der Körper (lat. Trägheit - inertia), daher der englische Terminus „inertial navigation" (IN). Trägheitsnavigation gehört ihrem Wesen nach zur Koppelnavigation, d.h. der Ausgangsort muss zu Beginn der Mission (Ort bei Inbetriebnahme und Ausrichtung der Anlage) genau bekannt sein. Jede spätere Ortung bezieht sich auf dessen Koordinaten (geographische Breite φ, Länge λ und Höhe h).

Zum Zeitpunkt der Inbetriebnahme und während der Ausrichtung der Anlage müssen Werte über Richtung und Geschwindigkeit gegenüber der Erdoberfläche zugeführt werden. Gemessen werden alle wirkenden infinitesimalen Beschleunigungen entlang der und um die drei Achsen eines fahrzeugfesten Koordinatensystems ab Verlassen der Ausgangsposition. Deren ein- bzw. zweifache Integration kann zu jedem Zeitpunkt die Orientierung und Position im erdfesten oder raumfesten Bezugssystem liefern. Berechnet werden:

- Beschleunigung
- Geschwindigkeit
- Position
- Ausrichtung der Fahrzeugachsen
- Steuerkurs

Trägheitsnavigationsanlagen (Inertial Navigation System/Inertial Reference System - INS/IRS) in Luftfahrzeugen generieren mittels einem integrierten Flugwegrechner die folgenden Daten:

- Standortkoordinaten des Luftfahrzeuges
- Geschwindigkeit und Kurs (über Grund)
- Restdistanz zum Zielort
- Richtung zum Zielort
- Fluglage (auch Höhe)

Mit einem automatischen Flugregler (Autopilot) koppelbar, kann jeder beliebige geographische Punkt auf der Erdoberfläche ohne Bodensicht, unabhängig von Bodenanlagen angesteuert werden. Somit gehört die Trägheitsnavigation zu den (bord-) autonomen Navigationsverfahren.

Trägheitsnavigation als von der Wirkungsweise her relativ einfaches Verfahren der Koppelnavigation, wird jedoch durch Sensorfehler, erforderliche Koordinatentransformationen, der notwendigen Zuführung von Stabilisierungs- und Korrektursignalen und sog. Systemrauschen zu einem komplexen Navigationssystem mit hohen Anforderungen an Messtechnik und Empfindlichkeit der Sensoren.

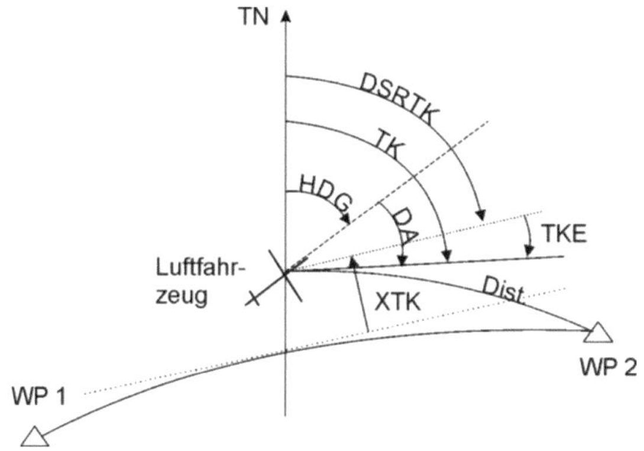

Abb. 4.1 Verfügbare Navigationsdaten bei INS [21]

DA ... Drift Angle (Driftwinkel)
DSRTK ... Desired Track Angle (Sollkurs über Grund)
HDG ... Heading (Steuerkurs)
TK ... Track Angle (Kurs über Grund)
TKE ... Track Angle Error (Kursfehlerwinkel)
XTK ... Cross Track Distance (Querablage zum Sollkurs)

Die Komponenten einer konventionellen Trägheitsnavigationsanlage (INS) sind:

- Inertial Navigation Unit (INU) - Plattform und Plattformelektronik
- INS-Computer Unit - Digitalrechner
- Mode Selector Unit (MSU) - Betriebsartenwahlgerät
- Control Display Unit (CDU) - Bedieneinheit
- Battery Unit (BU) - Nickel/Cadmium Batterie

Schnittstellen bestehen zu den Anzeigegeräten für Navigation (Horizontal Situation Indicator - HSI) bzw. für die Fluglage (Attitude Director Indicator - ADI), zum Luftdatenrechner (Air Data Computer - ADC) sowie zu weiteren Bordsystemen.

4.1 Wirkungsprinzip der Trägheitsnavigation

Das Wirkungsprinzip ist die Ermittlung aller auftretenden Beschleunigungen. Die Geschwindigkeit ist die erste und der Weg die zweite Ableitung der Beschleunigung nach der Zeit.

$$v = \int a dt \qquad s = \int v dt \qquad s = \iint a dt^2$$

Integrationskonstante ist jeweils die Ausgangsgeschwindigkeit v_0, bzw. der zurückgelegte Weg s_0 bei Beginn der Bewegungsänderung.

Damit ergeben sich:

$$v_1 = \int_{t_0}^{t_1} a dt + v \ ;$$

$$s_1 = \int_{t_0}^{t_1} v dt + s_0 = \int_{t_0}^{t_1} a dt^2 + v_0(t_1 - t_0) + s_0$$

In einem zwei- oder dreidimensionalen kartesischen Koordinatensystem kann jetzt jede wirkende Beschleunigung in eine Wegkomponente jeweils parallel zur entsprechenden Koordinatenachse zerlegt werden. Damit wird eine Geschwindigkeits- und Positionsangabe jederzeit verfügbar. Die Beschleunigungsmessung geschieht entlang der und um die Koordinatenachsen des luftfahrzeugfesten Systems (x, y, z, ω_x, ω_y, ω_z). Im Anschluss werden die gemessenen Beschleunigungen in ein Navigationskoordinatensystem überführt.

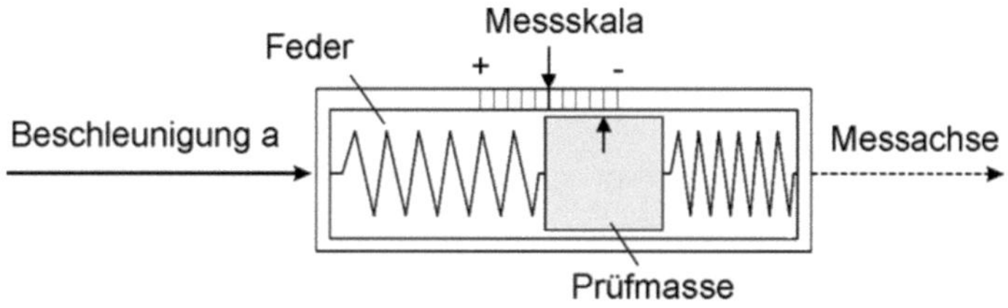

Abb. 4.2 Prinzip der Beschleunigungsmessung mittels mechanischem Feder-/Masse-Beschleunigungsmesser

Bei einem kraftkompensierten Feder-/Masse-Beschleunigungsmesser bleibt die Position der seismischen Massen unverändert. Die bei Beschleunigung wirkende Auslenkkraft wird kompensiert, um die Prüfmasse (engl. proof mass) in ihrer Position zu halten. Dies geschieht durch Erzeugung eines elektromagnetischen Feldes in den Kompensationsspulen (Elektromagnet). Die dafür erforderliche am Ausgang gemessene Stromstärke ist proportional zur Rückstellkraft und kann als analoges Signal in einen Beschleunigungswert umgewandelt werden. Kleinste Abweichungen von den Koordinatenachsen erzeugen Fehlerkomponenten. Daher ist eine Ausrichtung der Beschleunigungsmesser auf einer exakt horizontalen Trägerplattform außerordentlich wichtig und ausschlaggebend für die Brauchbarkeit der Messungen.

Die Ausrichtung der Sensoren bezieht sich auf zwei Richtungen. Der z-Beschleunigungsmesser erfährt eine Lotausrichtung. Dabei zeigt die positive z-Achse zum Erdmittelpunkt. Die x- und y-Beschleunigungsmesser erfahren eine Azimutausrichtung bezogen auf rechtweisend Nord. Im Falle einer stabilisierten Plattform sind deren Achsen mit den Luftfahrzeugachsen identisch.

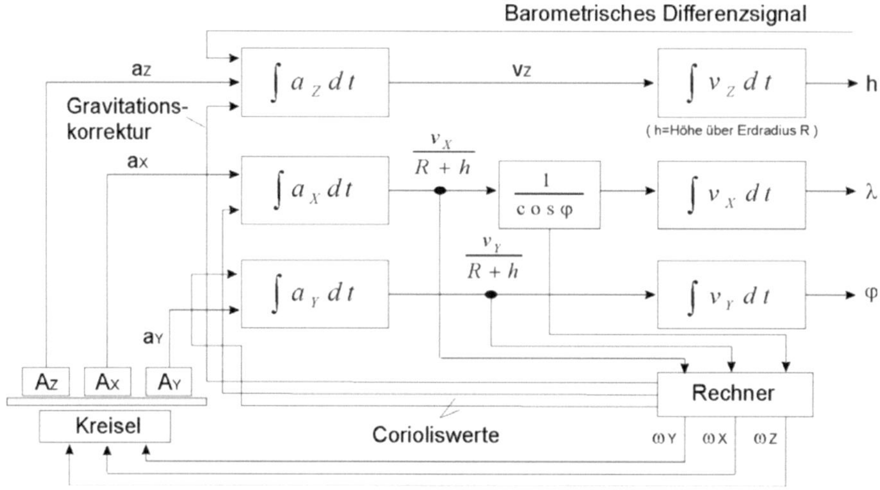

Abb. 4.3 Vereinfachtes Blockschaltbild einer INS-Anlage [31]

Wesentliche Fehler von Beschleunigungsmessern sind [34]:

- Linearitätsfehler, d.h. es ist keine exakte Proportionalität gegeben zwischen der zu messenden Beschleunigung und dem angezeigten Messwert
- Kreuzkopplung, d.h. Erfassung von Beschleunigungswerten einer anderen Koordinatenachse
- Ansprechschwelle, d.h. die kleinste gerade noch messbare Beschleunigung
- Kurzzeitstabilität, d.h. die Größe des angezeigten Messwertes unterliegt einer zeitlichen Änderung bei konstanter Beschleunigung
- Hysterese der Sensoren und damit Abhängigkeit von ihrer Vorgeschichte

Ein weiterer Nachteil konventioneller Beschleunigungsmesser ist ihr relativ beschränkter Messbereich und damit verbunden eine geringe Dynamik (siehe auch Abschnitt 4.5).

4.2 Koppelnavigation

Koppelnavigation ist ein Navigationsverfahren, welches seinen Ursprung in der Seefahrt hat. In der Luftfahrt wurde es übernommen, den Anforderungen angepasst und in Verbindung mit terrestrischer Navigation, d.h. Sichtnavigation nach prominenten Landmarken, astronomischer Navigation oder Funknavigation zur Kontrolle der Luftfahrzeugposition und ggf. einer Kurskorrektur, angewendet. Die verwendeten Hilfsmittel sind Kompass, Stoppuhr und Flugkarte.

Das Wesen der Koppelnavigation (dead reckoning - DR) besteht in der Messung bzw. Schätzung der Länge und Richtung eines oder mehrerer zurückgelegter Streckenabschnitte aufgrund von Kurs und Geschwindigkeit über einen gemessenen Zeitraum unter Berücksichtigung aller vorhersehbaren Einflüsse, bezogen auf den Ausgangsort. Der Entfernungs- und Kursfehler wächst dabei linear mit der Zeit. Genauigkeitsbeeinflussende Größen sind:

- Genauigkeit der Positionskoordinaten des jeweiligen Abflugortes
- Genauigkeit der verfügbaren und verwendeten Winddaten
- Genauigkeit der Geschwindigkeitsmessung
- Kompassablesung und Genauigkeit der Kurshaltung

Zeitmessung und Streckenberechnung werden als exakt angenommen. Da die Lage des Koppelortes O_K und des beobachteten Ortes O_B in der Regel nicht übereinstimmen wird, muss in regelmäßigen Zeitintervallen eine Kontrolle der Position mittels eines anderen Navigationsverfahrens erfolgen. Die dabei ermittelte Versetzung ist ein Fehlervektor nach Richtung (dreistellig in [°], bezogen auf rechtweisend Nord) und Entfernung in [NM]. Anschließend kann eine erforderliche Kurskorrektur ermittelt werden. Die Summe der geflogenen Streckensegmente ergibt einen Gesamtkurs bzw. Kurs über Grund (TT) und eine Gesamtstrecke des Fix bezogen auf den Abflugort.

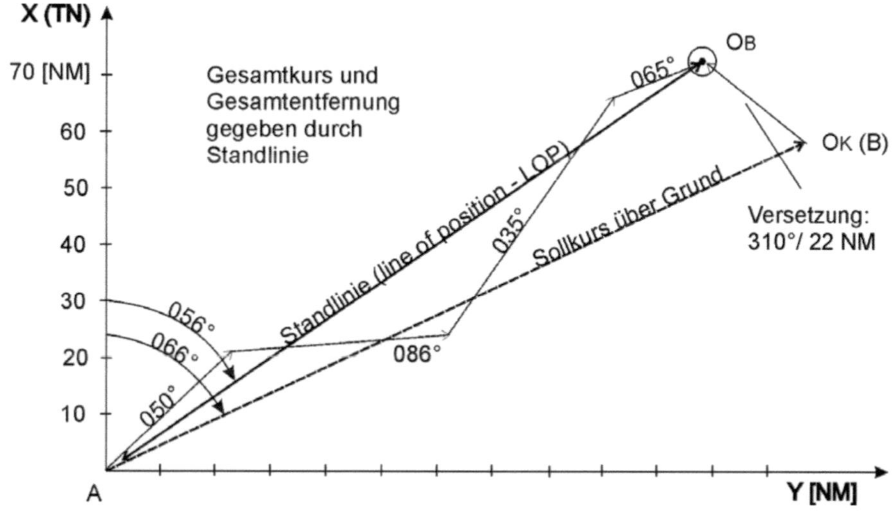

Abb. 4.4 Prinzip der Koppelnavigation

Die geschätzten Werte für TT aufgrund des Steuerkurs (MH) und Geschwindigkeit über Grund (GS) werden am Ende eines jeden Streckensegments durch Ermittlung der Versetzung sowie aufgrund Vergleichs der aktuell für die jeweilige Distanz benötigten Flugzeit mit der vorausberechneten Zeit korrigiert.

Mit den entsprechend korrigierten MH- und GS-Werten können TT und die voraussichtliche Flugzeit für den nächsten Streckenabschnitt optimiert werden. Die Navigationsgenauigkeit kann so von Segment zu Segment verbessert werden.

4.3 Koordinatensysteme und Anlagensystematik

Alle am Fahrzeug gemessenen, und auf das fahrzeugfeste Koordinatensystem bezogenen Beschleunigungen können nur als wirkende Geschwindigkeiten über die Zeitintervalle dt integriert und in eine Lage- und Positionsinformation umgewandelt werden, wenn es ein Bezugskoordinatensystem (Navigationskoordinatensystem) gibt, in welches diese Werte überführt werden. Prinzipiell können vier Typen eines solchen Bezugssystems unterschieden werden, für den Fall einer:

- Bewegung im zweidimensionalen System (oberhalb einer x, y-Ebene)
- Bewegung im dreidimensionalen System (oberhalb einer x, y-Ebene)
- Bewegung auf/über der Oberfläche einer nichtrotierenden Erdkugel
- Bewegung auf/über der Oberfläche einer rotierenden Erdkugel

Entsprechend können als Bezugssysteme verwendet werden:

- ebenes System
- raumfestes System (Inertialsystem)
- erdfestes System (earth centered, earth fixed - ECEF)
- azimutale Orientierung nach geographisch Nord oder freies Azimut

Die X-Achse des Navigationskoordinatensystems wird nach geographisch Nord (north - N), tangential zur Erdoberfläche ausgerichtet, die Y-Achse steht senkrecht dazu in Richtung Ost (east - E). Alle Drehungen erfolgen um die zur NE-Ebene senkrecht stehenden Z-Achse (down - D). Die positive Z-Achse zeigt zum Erdmittelpunkt. Dies ergibt das sog. NED-Bezugskoordinatensystem [39].

Das luftfahrzeugfeste Rechtssystem wird gebildet durch die Längsachse x (Rollachse), die Querachse y (Nickachse) und die Hochachse z (Gierachse).

Im einfachsten Fall der Annahme einer Bewegung in der NE-Ebene ist einziges Orientierungsparameter das Azimut ψ, d.h. der von der fahrzeugfesten x-Achse und der Richtung nach geographisch Nord eingeschlossene Winkel.

Bei Bewegungskomponenten parallel zu x und y und Drehung des Fahrzeuges um seine z-Achse können die gemessenen Beschleunigungen a unter der Voraussetzung fehlerfreier Ausrichtung der Beschleunigungsmesser nach folgender Beziehung in das NED-System überführt werden [39]:

$$\begin{pmatrix} a_N \\ a_E \end{pmatrix} = \begin{pmatrix} \cos\psi & -\sin\psi \\ \sin\psi & \cos\psi \end{pmatrix} \begin{pmatrix} a_x \\ a_y \end{pmatrix}$$

Die Achsen D und z fallen zusammen. Drehungen ω_Z um diese Achse können ausgedrückt werden als Änderung des Azimuts nach der Zeit $\omega_Z = d\psi / dt$.

In einem dreidimensionalen System sind sechs Freiheitsgrade zu berücksichtigen. Dies sind drei Freiheitsgrade der Translation parallel zu den luftfahrzeugfesten Achsen x, y, z und drei Freiheitsgrade der Rotation um diese Achsen ω_x, ω_y, ω_z, d.h. Rollen (roll), Nicken (pitch) und Gieren (yaw).

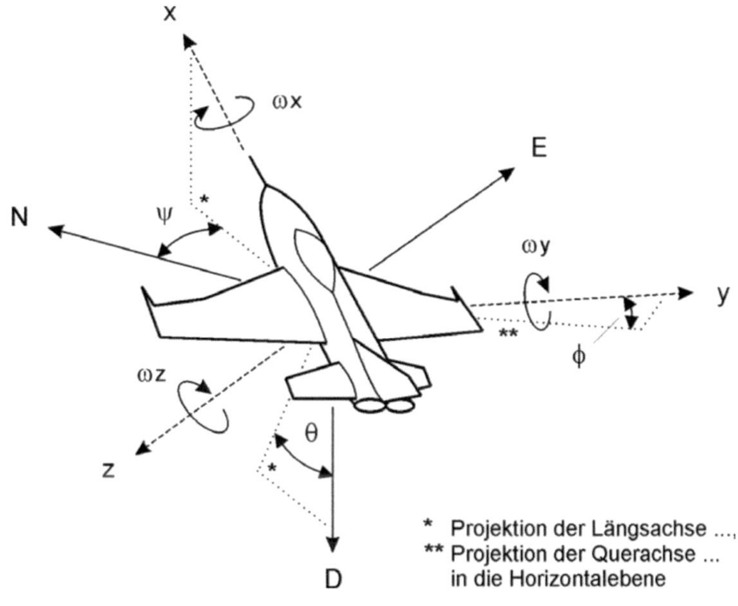

Abb. 4.5 Orientierung des fahrzeugfesten zum Navigationskoordinatensystem

Die Überführung aus dem luftfahrzeugfesten System in das NED-System mit Gierwinkel (Azimut) ψ, Nickwinkel θ und dem Rollwinkel ϕ geschieht als Abfolge dreier Rotationen um drei Achsen in der Reihenfolge:

- positive Drehung um die z-Achse (D) mit dem Azimut ψ
- positive Drehung um die augenblickliche y-Achse mit dem Nickwinkel θ
- positive Drehung um die x-Achse mit dem Rollwinkel ϕ

Eine Drehung des Parameters erfolgt je nacheinander bezüglich der Komponenten parallel zu x, y und z. Drehungen im Uhrzeigersinn in Richtung der positiven Drehachse gesehen sind positiv. Positive Drehungen ergeben positive Winkel.

In Vektormatrix-Schreibweise ergibt sich die Achsentransformation aus dem luftfahrzeugfesten System (A) in das NED-System (N) nach [39]:

$$A_A^N = \begin{pmatrix} \cos\psi & -\sin\psi & 0 \\ \sin\psi & \cos\psi & 0 \\ 0 & 0 & 1 \end{pmatrix} \begin{pmatrix} \cos\theta & 0 & \sin\theta \\ 0 & 1 & 0 \\ -\sin\theta & 0 & \cos\theta \end{pmatrix} \begin{pmatrix} 1 & 0 & 0 \\ 0 & \cos\phi & -\sin\phi \\ 0 & \sin\phi & \cos\phi \end{pmatrix}$$

Eine Überführung aus dem NED-System (N) in das luftfahrzeugfeste System (A) geschieht als Transponierte der obigen Matrix [39]:

$$A_N^A = \begin{pmatrix} 1 & 0 & 0 \\ 0 & \cos\phi & \sin\phi \\ 0 & -\sin\phi & \cos\phi \end{pmatrix} \begin{pmatrix} \cos\theta & 0 & -\sin\theta \\ 0 & 1 & 0 \\ \sin\theta & 0 & \cos\theta \end{pmatrix} \begin{pmatrix} \cos\psi & \sin\psi & 0 \\ -\sin\psi & \cos\psi & 0 \\ 0 & 0 & 1 \end{pmatrix}$$

Die Orientierung des NED-Systems, bezogen auf ein Inertialsystem bzw. ein erdfestes System (ECEF), ändert sich permanent aufgrund Erddrehung und der Eigenbewegung des Luftfahrzeuges relativ zur Erdoberfläche. Eine Bewegung oberhalb der nichtrotierenden Erdkugel bzw. einer rotierenden Erdkugel erfordert also Korrekturparameter, welche als Winkelgeschwindigkeiten einer Plattform bzw. einem gefesselten System zugeführt werden müssen (siehe Abschnitt 4.4). Nach ihrer Systematik können folgende Anlagentypen unterschieden werden:

- Trägheitsnavigationssystem mit kreiselstabilisierter Plattform, findet in der Regel für Luftfahrzeuge Verwendung als Vierrahmen-Plattform
- halbanalytisches Trägheitsnavigationssystem, dabei sind eine oder zwei Achsen stabilisiert und durch einen bzw. zwei Rahmen von den Fahrzeugbewegungen entkoppelt
- analytisches (gefesseltes [strapped-down]) Trägheitsnavigationssystem

Die Zuführung der Korrekturparameter wird am Beispiel der stabilisierten Plattform erläutert. Ein gefesseltes Trägheitsnavigationssystem kann man sich als mathematisch realisierte Plattform vorstellen.

4.4 Trägheitsnavigationssysteme mit stabilisierter Plattform (INS)

Aufgabe der Plattform ist es hier, die Beschleunigungsmesser in einer konstanten, räumlich genau definierten Lage zu halten, dass nur Beschleunigungskomponenten parallel zu bzw. um die Koordinatenachsen des Navigationskoordinatensystems gemessen werden und eine Abweichung der Beschleunigungsmesser von den Messachsen minimiert wird. Zum Zweck der Plattformstabilisierung durch die Erzeugung von Korrektur-Rückstellmomenten sowie zur Registrierung der Drehung um die drei Koordinatenachsen wird das Beharrungsvermögen mechanischer Kreisel genutzt.

Die folgende Abbildung 4.6 gibt den prinzipiellen Aufbau einer Plattform wieder:

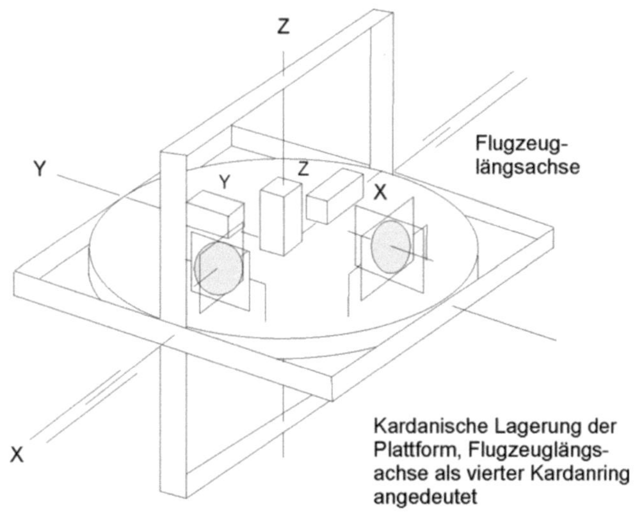

Abb. 4.6 Trägheitsnavigationsplattform, durch zwei Lagekreisel stabilisiert

Dabei erfolgt die Präzession eines um die Präzessionsachse frei aufgehängten, um die Kreiselachse rotierenden Kreisels bei einer rechtwinklig zur Präzessionsebene angreifenden Störkraft um 90° zur Störkraft sowie zur Kreiselachse versetzt in der Präzessionsebene. Abhängig von der Anzahl der Freiheitsgrade und abhängig von der Anordnung der Kreisel innerhalb der Kardanringe werden unterschieden:

- Lagekreisel
- Lotkreisel
- Wendekreisel
- Kurskreisel

Lage- und Lotkreisel können jeweils um zwei Achsen präzedieren. Der Lagekreisel hat eine horizontale und der Lotkreisel eine vertikale Laufachse. Bei einem Wendekreisel liegt die Laufachse ebenfalls horizontal, er kann jedoch nur um eine Achse präzedieren. So können die Präzessionskräfte zweier Lage- bzw. Lotkreisel oder dreier Wendekreisel genutzt werden, um permanent Momente für Rückstellung und Korrektur der Plattform mittels einer Stabilisierungsschleife zu erzeugen. Dies geschieht durch einen Stellmomenterzeuger (Torque-Motor) für den jeweiligen Rahmen, welchem die entsprechenden elektrischen Spannungen zugeführt werden. Aufgrund der Proportionalität dieser Rückstellkräfte zu den wirkenden Beschleunigungen um die Achsen ω_X, ω_Y, ω_Z liefern die Kreisel gleichzeitig die zu ermittelnden Winkelbeschleunigungen. Abhängig von den spezifischen Anforderungen finden bei Luftfahrzeugen Drei- oder Vierrahmenplattformen Verwendung [21,34].

Unter Inbetriebnahme (initialization) einer INS/IRS-Anlage versteht man den Prozess der Bestimmung der Anfangswerte für Systemposition, Geschwindigkeit und Ausrichtung innerhalb des Navigationskoordinatensystems. Die Koordinaten der Luftfahrzeugposition können von einem anderen Ortungssystem (z.B. GPS) geliefert werden, oder diese werden manuell bei Beginn der Inbetriebnahme als genaue geographische Koordinaten der Vorfeldposition (INS-Bezugspunkt) eingegeben. Im erdfesten Navigationskoordinatensystem ist der Wert der Anfangsgeschwindigkeit in der Regel Null.

Unter Ausrichtung (alignment) wird der Prozess des Ausrichtens der Plattformachsen mit den Messsensoren parallel zu den Achsen des Navigationskoordinatensystems verstanden (INS). Alignment im Falle einer gefesselten Anlage (IRS) bedeutet die Bestimmung der Anfangswerte für die Koordinatenüberführung (Transformationsmatrix) der fahrzeugfesten Sensorkoordinaten in das Navigationskoordinatensystem.

Eine Falscheingabe der Werte für die geographische Breite φ kann vom System erkannt werden, woraufhin eine Warnmeldung erzeugt wird. Die Falscheingabe der geographischen Länge λ wird systemseitig nicht erkannt. Auf diese Anfangswerte bezieht sich fortan der Luftfahrzeugstandort. Während Initialization und Alignment, welche zusammen maximal ca. 16 Minuten andauern können, darf das Luftfahrzeug nicht bewegt werden, stärkere Erschütterungen sind zu vermeiden.

4.4.1 Notwendige Plattformkorrektursignale

Aufgrund der außerordentlich hohen Genauigkeitsanforderungen an Trägheitsnavigationsanlagen müssen Korrekturen für die folgenden Beschleunigungen vorgenommen werden (Fahrzeugbewegung parallel zur Erdoberfläche):

- Beschleunigung verursacht durch die Erdumdrehung (Tangential/Coriolis)
- Einfluss der Eigenbewegung (meridional/breitenparallel)
- Beschleunigungskorrektur für g
- Beschleunigung bei Fahrzeugeigenbewegung
- Berücksichtigung von Erdabplattung/Anomalien im Erdschwerefeld

Diese Korrekturen gelten sowohl für konventionelle INS-Anlagen als auch für gefesselte IRS-Anlagen. Die qualitative Erklärung der Einflüsse geschieht für ein konventionelles INS über die Zuführung notwendiger Korrekturen als Plattformkorrektursignale durch Stellmomentengeber an den jeweiligen Rahmen.

a) Korrektur für den Einfluss der Erdumdrehung

Bei Orientierung der Messachsen nach dem erdfesten Koordinatensystem sind:

x-Achse = Richtung der geographischen Länge
y-Achse = Richtung der geographischen Breite
z-Achse = Richtung des wahren Ortslots

Für eine Bewegung oberhalb der Erdoberfläche muss für die meridionale Bewegungskomponente (Nord/Süd-Richtung) der Einfluss des Coriolis-Effektes berücksichtigt werden. Die Coriolis-Beschleunigung kann berechnet werden mit:

$$a_{Coriolis} = 2\omega \cdot v$$

T... für einen Sterntag = 86.160 Sekunden
ω ... Winkelgeschwindigkeit der Erde [$2\,\pi/T = 0{,}00007292$ rad/s]
v... Drehgeschwindigkeit am Äquator

Die effektive Erdbeschleunigung g ergibt sich aus der Gravitationsbeschleunigung $g_0 = 9{,}81$ m/s² und dem breitenabhängigen Betrag der Zentrifugalbeschleunigung a_Z [21].

$$a_Z = \frac{v^2}{R} = \frac{(\omega \cdot r \cdot \cos\varphi)^2}{r \cdot \cos\varphi} = \omega^2 \cdot r \cdot \cos\varphi = 3{,}34 \cdot 10^{-2} \cdot \cos\varphi \qquad [\text{m/s}^2]$$

Damit wird die effektive Erdbeschleunigung g berechnet mit:

$$g = g_0 - a_Z = g_0 - \omega^2 \cdot r \cdot \cos\varphi \qquad [\text{m/s}^2]$$

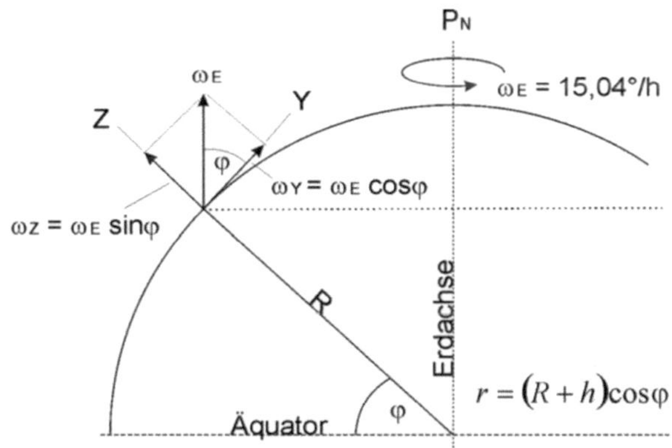

Abb. 4.7 Berücksichtigung der Winkelgeschwindigkeit [31]

Um die Plattform örtlich parallel zur Erdoberfläche zu halten, macht es ein erdfestes Bezugssystem bei rotierender Erdkugel erforderlich, diese entsprechend mit v/R und der Winkelgeschwindigkeit ω_E zum Ausgleich der Erddrehung ständig nachzuführen. Die Winkelgeschwindigkeit ω_E der Erde beträgt 15,04°/h.

Das Luftfahrzeug an seinem Aufenthaltsort ist neben der kreisförmigen Translationsbewegung entlang dem Breitenparallel auch der Erdrotation mit derselben Winkelgeschwindigkeit ω_E ausgesetzt. Die Komponenten der Erddrehung um die y- und die z-Achse ergeben sich aus der obigen Abbildung. Diese Korrekturwerte werden als proportionale Spannungen an die Stellmomenterzeuger der jeweiligen Kreisel weitergegeben. Infolge dessen präzedieren die Kreisel so, dass die Plattform parallel zur Erdoberfläche ausgerichtet bleibt.

b) Korrektur für den Einfluss der Eigenbewegung

1. Breitenparalleler Flug:

In Ost/West-Richtung addiert oder subtrahiert sich die Geschwindigkeit des Luftfahrzeuges über Grund zur wirkenden Geschwindigkeit der Erddrehung, abhängig von der geographischen Breite. Die Geschwindigkeitskomponenten wirken in Richtung y- und z-Achse des Inertialsystems (siehe Abbildung 4.7). Der Radius r der Flugbahn ist hier (R + h) cos φ. Damit ergibt sich der Einfluss des Fluges in West/Ost-Richtung auf die Winkelgeschwindigkeit [21,33]:

$$\omega_{WE} = \frac{v_{WE}}{(R+h)\cos\varphi} \cdot 57{,}3 \qquad [°/h]$$

2. Meridionaler Flug:

Für die präzise Ausrichtung der Plattform muss die meridianparallele Winkelgeschwindigkeitskomponente v_N des Luftfahrzeuges bekannt sein. Diese kann über den Beschleunigungsmesser in y-Richtung nach der einmaligen Integration des gemessenen Beschleunigungswertes ermittelt werden. Folgende Nachführungen müssen hier für die Inertialplattform vorgenommen werden [21,33]:

Nachführung um die x-Achse:

$$\omega_X = \frac{v_N}{(R+h)} \cdot 57{,}3 \qquad [°/h]$$

Nachführung um die y-Achse:

$$\omega_Y = \frac{v_{WE}}{(R+h)} \cdot 57{,}3 + 15{,}04 \cdot \cos\varphi \qquad [°/h]$$

Nachführung um die z-Achse:

$$\omega_Z = \frac{v_{WE}}{(R+h)} \cdot 57{,}3 \cdot \tan\varphi + 15{,}04 \cdot \sin\varphi \qquad [°/h]$$

R ... Erdradius [km]
h ... Höhe über diesem Radius [km]
v_N ... Fluggeschwindigkeit in Meridianrichtung [km/h]
v_{WE} ... Fluggeschwindigkeitskomponente breitenparallel [km/h]
57,3 ...Umrechnungsfaktor Bogenmaß in Gradmaß

c) Weitere Beschleunigungskorrekturen

Bei gekrümmten Flugbahnen wirkt auf den bewegten Körper eine zum Mittelpunkt des Krümmungskreises gerichtete Beschleunigung, die Zentripetalbeschleunigung. Sie wirkt für eine Flugbahn bei H = konst. sowie horizontal für einen Flug auf der Loxodrome. Der Vektor der Zentripetalbeschleunigung steht senkrecht auf dem Vektor der Winkelgeschwindigkeit und liegt in der Bahnebene. Des Weiteren ist eine Konvergenzkorrektur beim erdfesten Koordinatensystem (rechtweisend Nord/ Gitternord - ΔTN/GN) notwendig, sowie eine Korrektur für das Erdellipsoid und Anomalien im Schwerefeld der Erde (WGS 84).

4.4.2 Schuler-Abstimmung

Bei der Erdnavigation erfordert jede Inertialplattform zur Horizontalhaltung und um die Erdbeschleunigung von der Bahnbeschleunigung trennen zu können eine genaue Ausrichtung nach der Ortsvertikalen (Richtung des wahren Lotes), d.h. eine Nachführung der Plattform erfolgt mit den Werten von ω_E und v/R. Die genaue Richtung des Erdlotes kann theoretisch mit einem sog. Erdpendel bestimmt werden. Dabei ist die Länge des Pendels gleich dem Erdradius R. Sein Schwerpunkt liegt im Erdmittelpunkt, die Pendelausrichtung ist verschiebbar. Es sind Korrekturen für die Erdabplattung erforderlich. Die Schwingungsdauer eines mathematischen Erdpendels beträgt [21,39]:

$$T = 2\pi\sqrt{\frac{R}{g}} = 2\pi\sqrt{\frac{6.371.230m}{9{,}81m/s^2}} = 5.063{,}598s \approx 84{,}4\,\text{min}$$

Nach dem Physiker Maximilian Schuler erfährt die Plattform eine Abstimmung mit einer Periode von 84,4 Minuten (ungedämpfte harmonische Schwingung). Diese schwingt dabei virtuell genau um das Erdlot, ausgehend von der Nulllage über max. Rechtsauslenkung, der Nulllage, max. Linksauslenkung zurück in die Nulllage. Vorteile der Schulerabstimmung sind [21,33]:

- Plattform bleibt entweder senkrecht zur Ortsvertikalen, falls sie anfangs diese Stellung hatte, oder sie schwingt in einem genau bekannten Zeitraum um diese Ruhelage, falls sie anfangs nicht in Ruhelage war.
- Die Ortsvertikale wird durch Horizontalbeschleunigungen (Bahnbeschleunigung) des Inertialsystems nicht beeinflusst.
- Durch das Schwingen um die Nulllage können evtl. Fehler nicht mehr mit dem Quadrat der Zeit anwachsen.

Die Schulerschwingung ist gegenüber allen Beschleunigungen unempfindlich. Sie stellt die einzige Möglichkeit dar, über einen längeren Zeitraum eine Plattform in einem beschleunigten System so auszurichten, dass diese nur geringe Schwingungen um die Horizontale ausführt. Obwohl die tatsächliche Plattformneigung zu keiner Zeit bekannt ist, wird durch die Schuler-Abstimmung im Mittel das Erdlot als Bezugsrichtung für die Trägheitsplattform und damit für das Navigationskoordinatensystem realisiert [21].

4.4.3 Karussel-(Carouseling) Technik

Hierbei ist die Plattform zweiteilig ausgeführt. Jener Teil der Plattform, welcher die horizontalen Beschleunigungsmesser trägt, wird um die Hochachse konstant mit 1 U/min. gedreht. Der den z-Beschleunigungsmesser tragende Teil dreht sich nicht. Damit wird erreicht, dass Fehler infolge von Kreiseldrift und Nullpunktfehler der Beschleunigungsmesser sich im Durchschnitt aufheben. Ein Eichen der Beschleunigungsmesser während des Alignments ist möglich. Dies bedeutet einen höheren Rechenaufwand, da zusätzlich die zeitabhängigen Richtungen der Beschleunigungsmesser in der Auswertung und für die Nachführung berücksichtigt werden müssen.

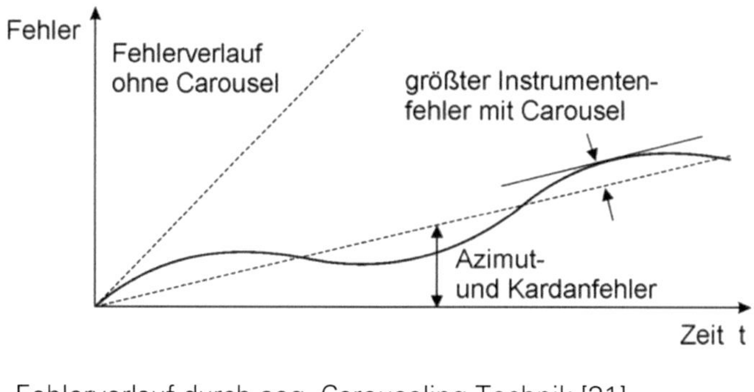

Abb. 4.8 Fehlerverlauf durch sog. Carouseling-Technik [31]

Trotz ihrer Zuverlässigkeit und Genauigkeit ergeben sich folgende Nachteile plattformstabilisierter INS-Anlagen [18]:

- hoher mechanischer Bauaufwand
- hoher Aufwand bei Instandsetzung und Kalibrierung
- relativ geringe Lebensdauer (Mean Time Between Failure - MTBF ~ 600 h)
- Wärmeentwicklung durch Stellmotoren und mechanische Resonanzen
- mögliche Rahmensperre bei Kunstflugmanövern

Dies führte zu Überlegungen, Kreisel und Beschleunigungsmesser fest mit dem Luftfahrzeugrahmen zu verbinden.

4.5 Strapdown-Systeme (IRS)

Anfang der 1970er Jahre hatte die Technologie plattformgestützter INS-Anlagen nach über 20 Jahren Entwicklung ihre volle Reife als hochpräzises und zuverlässiges System zur Lageregelung sowie Navigation in der Luft- und Raumfahrt erreicht. Es begann die Entwicklung gefesselter Trägheitsnavigationsanlagen. Diese sog. Strapdown-Systeme werden zusammengefasst unter dem Begriff Inertial Reference System (IRS). Prinzipiell müssen dieselben Korrekturparameter Berücksichtigung finden, wie bei INS-Anlagen mit kreiselstabilisierter Plattform.

Die Beschleunigungsmesser und Drehratensensoren sind hier fest mit dem Luftfahrzeug verbunden, die Messachsen fallen mit den drei Luftfahrzeugachsen zusammen. Damit kann eine Rahmenplattform entfallen. Die inertialen Sensoren sind dabei allen Luftfahrzeugdrehbewegungen ausgesetzt und nicht durch Rahmen entkoppelt. Deshalb sind die Anforderungen an die Sensoren bei einer sog. analytischen Plattform wesentlich höher als bei einer Rahmenplattform. Das fahrzeugfeste Koordinatensystem muss hier permanent in das Navigationskoordinatensystem überführt werden. Dieses übernimmt ein Rechner über die Transformationsmatrix.

Eine solche Transformation muss sehr häufig, d.h. mehrmals pro Millisekunde ausgeführt werden. Typische Iterationsfrequenzen von Strapdown-Systemen liegen bei ~ 2 kHz, was durch luftfahrttaugliche Computer seit den 1980er Jahren geleistet werden kann. Zum Vergleich: Rahmenplattformen benötigen Iterationsfrequenzen von nur 20 - 30 Hz [18].

Die mechanische Rahmenplattform wird bei Strapdown-Systemen also ersetzt durch eine permanente Koordinatenüberführung zwischen fahrzeugfestem System und Navigationskoordinatensystem. An die Sensoren eines Strapdown-Systems bestehen höhere Anforderungen an Dynamik und sog. Kreiseldrift, verglichen mit einer konventionellen INS-Anlage, um die selben Werte einer Positionsdrift erreichen zu können. Unter der Dynamik eines Sensors versteht man das Verhältnis von maximalem messbarem Wert des Parameters zum kleinsten gerade noch möglichen Messwert (Ansprechschwelle).

Ein Trägheitsnavigationssystem mit einer Genauigkeit von etwa 1 NM/h würde Kreisel mit einer nichtkompensierten Drift von ω_D = 0,01°/h erfordern. Maximale Fahrzeugbewegungen aber liegen z.B. bei einem Flugzeug bei ca. einer Umdrehung pro Sekunde. Dies entspricht einer max. Winkelgeschwindigkeit von $\omega_{max} = 10^6$ °/h, die noch gemessen werden muss. Das Verhältnis von maximaler zur noch kleinsten messbaren Winkelgeschwindigkeit (= Kreiseldrift) ist also entsprechend eine Dynamik von 10^8 [34].

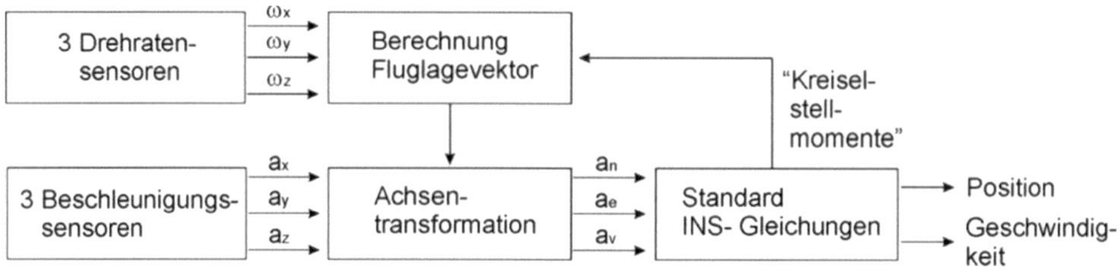

Abb. 4.9 Prinzipdarstellung der Funktion einer Strapdown-INU [18]

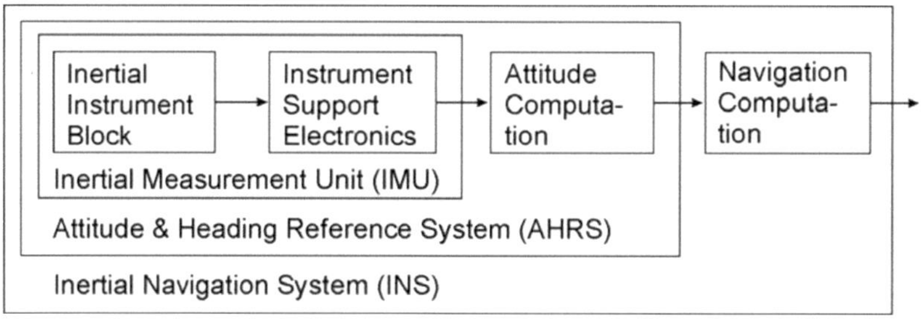

Abb. 4.10 Funktionsblöcke eines Strapdown-Systems

Die Komponenten einer Strapdown-Trägheitsnavigationsanlage übernehmen die folgenden Aufgaben [31]:

- Instrumentengruppe: zur Erfassung translatorischer und rotatorischer Bewegungen
- Instrumentenelektronik: zur Kontrolle der Sensoren sowie Ausgabe einer Messinformation
- Lagecomputer: zur Berechnung der Lage des Luftfahrzeuges und zur Bestimmung der spezifischen Kräftemessungen
- Navigationscomputer: zerlegt die spezifischen Kräftedaten und löst die Navigationsgleichungen, Schätzung von Position und Geschwindigkeit
- Gravitationsmodell: Ermöglichung der Kompensation von Effekten der Erdanziehungskraft bei den translatorischen Messungen
- Stromversorgung: erzielt kontrollierte Spannungen, notwendig für eine zufriedenstellende Systemfunktion
- Eingabe- und Ausgabeschnittstelle: zur Kommunikation mit anderen Luftfahrzeugkomponenten

Als Drehratensensoren finden Anwendung: Ringlasergyroskope und Faseroptikkreisel. Als Sensoren für die Beschleunigungsmessung kommen zum Einsatz: Festkörper-Accelerometer und Faseroptik-Accelerometer.

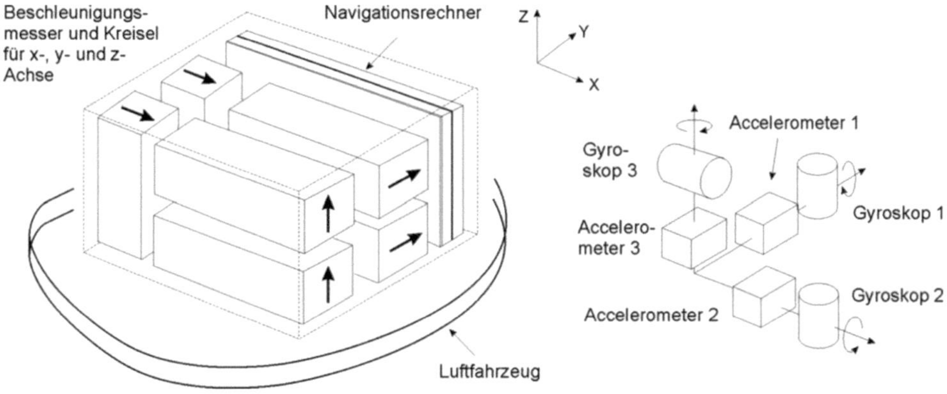

Abb. 4.11 Prinzipielle Komponenten- und Sensorenanordnung einer Strapdown-Anlage (instrument cluster) [31]

Beispielhaft wird im folgenden die Funktionsweise eines Ringlasergyroskops beschrieben. Ein Ringlasergyroskop (Laser-Interferometer) besteht prinzipiell aus einem dreieckigen festen Glasblock mit drei schmalen eingearbeiteten Röhren. An jeder der Ecken befindet sich ein Spiegel, so dass eine dreieckige optische Resonanzstrecke entsteht. Die Röhren sind mit einem Helium/Neon-Gasgemisch niedrigen Drucks gefüllt. Eine Hochspannung (ca. 1kV) wird zwischen einer Kathode und zwei Anoden angelegt, das angeregte Gasgemisch produziert einen regenerativen Laser. Die Strahlen des erzeugten Laserlichts mit einer typischen Wellenlänge von 633 nm durchlaufen zwei gegenläufige Messstrecken [18].

Die Funktion eines Laser-Interferometers beruht auf dem Sagnac-Effekt (1913). Hierbei durchläuft ein Laser-Strahl im Uhrzeiger- (clockwise - cw) und im Gegenuhrzeigersinn (counter clockwise - ccw) einen in sich geschlossenen Ring (siehe Abbildung 4.12). Dreht sich dieser Ring mit der Geschwindigkeit ω um eine zu seiner Fläche senkrechten Achse, so verkürzt sich für das eine Lichtbündel die für einen Umlauf benötigte Wegstrecke während sie sich für das andere verlängert, d.h. bei Drehung der Messapparatur bleiben die Wellen raumfest. Diese Weglängendifferenz hat zur Folge, dass die beiden Teilbündel um den Betrag Δf verschiedene Frequenzen besitzen [34]:

$$\Delta f = \frac{4A}{L\lambda}\sqrt{\omega^2 - \omega_C^2}$$

A ... umschlossene Fläche
L ... Umfangslänge des Rings
λ ... Wellenlänge
ω_C ... Lock-in Drehgeschwindigkeit

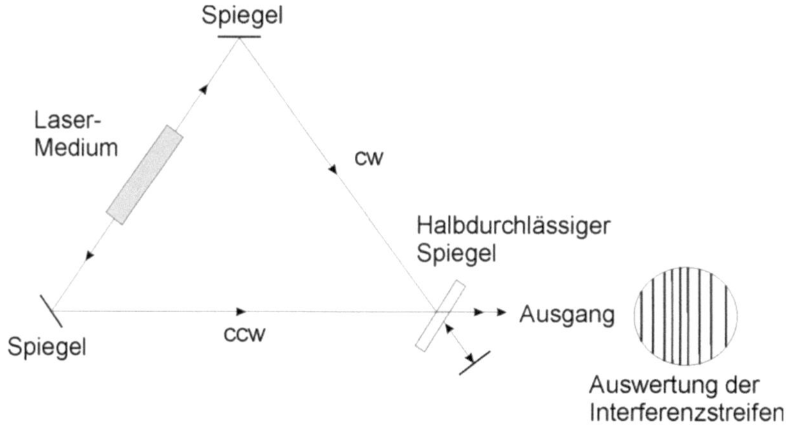

Abb. 4.12 Ringlasergyroskop (prinzipieller Aufbau eines Laser-Interferometers) [34]

Je nachdem, ob die Differenzfrequenz direkt gemessen oder ob die Zahl der durch Überlagerung beider Lichtwellen gebildeten Interferenzstreifen gezählt wird, ist die Anzeige am Ausgang zur Drehgeschwindigkeit oder zum überstrichenen Drehwinkel proportional. Übliche Abmessungen sind für die Dreiecksanordnung eine Seitenlänge L = 15 cm. Damit erhält man ca. 1 Hz Frequenzdifferenz für 10°/h oder jeweils einen Interferenzstreifen für einige Bogensekunden [34].

Komplikationen können bei sehr geringen Drehraten auftreten, da durch Streuung die beiden Teilbündel miteinander verkoppelt werden, was ein Frequenz-Mitziehen (Lock in-Effekt) bewirkt. Die Unterdrückung dieses Effektes ist durch Überlagerung einer mechanischen Drehschwingung (mechanical dither) möglich. Hierfür wird ein sog. Zittermotor (dither motor) im Zentrum der Messanordnung installiert. Dieser erzeugt eine leichte Oszillation des gesamten Blocks, was zu einer max. Verdrehung von etwa 1′ (Bogenminute) führt mit einer Frequenz von 400 Hz. Dies verlagert den Messbereich um $+\omega_B$ in den linearen Teil der Arbeitskurve des Laser-Ringinterferometers [18,34].

Laser-Ringinterferometer eignen sich wegen ihrer hohen Dynamik und aufgrund ihrer digitalen Datenausgabe besonders für Strapdown-Systeme. Sie sind unempfindlich gegen lineare Beschleunigungen und weisen keine Kreuzkopplungen auf. Sie sind ohne Vorheizung sofort betriebsbereit und erfüllen ein hohes Maß an Zuverlässigkeit und Robustheit. Der erreichte Wert der Kreiseldrift beträgt 0,001°/h. Die abgeleitete IRS-Position driftet mit ca. 1 NM/h, die durchschnittliche Betriebszeit (Mean Time Between Failure - MTBF) beträgt 5.000 h. Das Sensorpaket dreier orthogonal zueinander angeordneter Ringlasergyroskope hat Abmessungen von etwa 178 x 178 x 279 mm, es wiegt ca. 10 kg und hat eine Leistungsaufnahme von ~ 50 W [18,34].

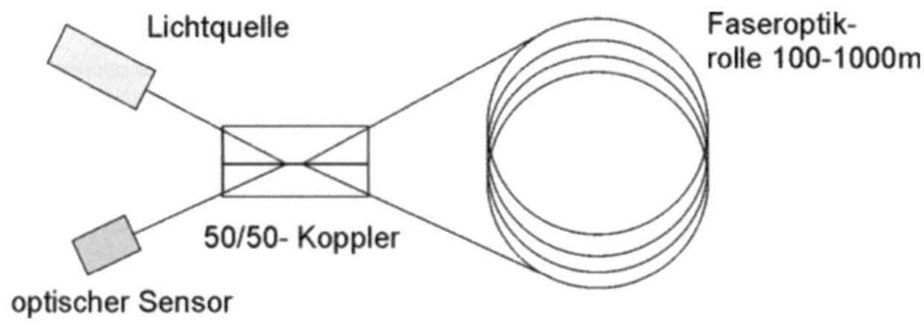

Abb. 4.13 Drehratensensor - Faseroptikkreisel [31]

Faseroptikkreisel (spinning wheel gyro) erreichen einen Wert der Kreiseldrift von 0,01°/h, die durchschnittliche Betriebszeit beträgt 20.000 h. Festkörperbeschleunigungsmesser zeichnen sich durch einen Messbereich von ± 100g sowie eine Ansprechschwelle von 1 - 10 µg aus. Die Skalenfaktorstabilität beträgt 0,5 - 2% und die Nichtlinearität des Skalenfaktors ist < 0,1 - 0,4%, die Signaltrennschärfe ist < 0,0025 g [31].

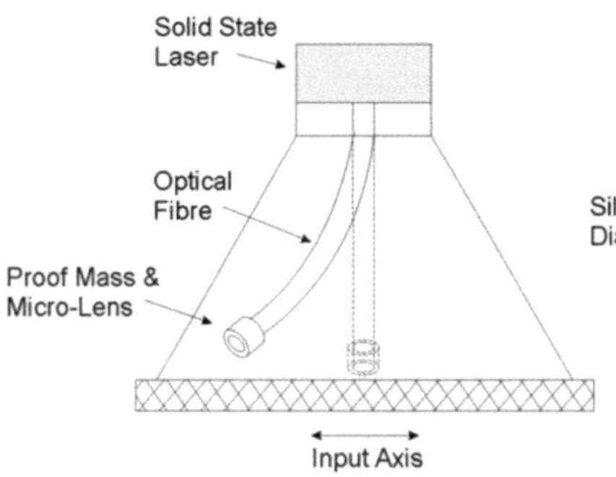

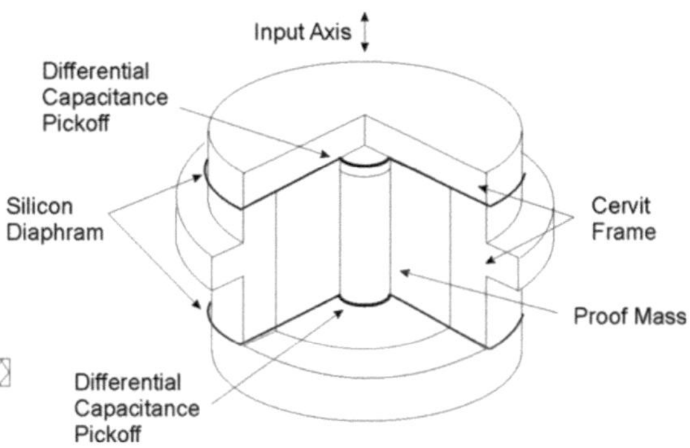

Abb. 4.14 Faseroptik- (links) und Festkörperbeschleunigungsmesser (rechts) [31]

Die beschriebenen Sensoren werden oft mit dem Begriff „Kreisel" bezeichnet. Dies ist eigentlich irreführend, da in Strapdown-Systemen keinerlei mechanische Kreisel als Sensor Verwendung finden, wird aber als analoge Begriffsbildung akzeptiert.

4.6 Fehlerbetrachtung und Systemgenauigkeit

Die Navigationsdaten einer Trägheitsnavigationsanlage sind fehlerbehaftet, die wichtigsten Fehlerquellen sind:

- nichtkompensierte Sensorfehler
- Kreiseldrift
- Beschleunigungsmessfehler (siehe Abschnitt 4.1)
- Fehlausrichtung der Sensoren, d.h. Neigungsfehler und Fehler im Azimut

Die Kreiseldrift ist in der Regel die kritischste Fehlerquelle. Sie bewirkt im Mittel einen linear ansteigenden Positionsfehler. Als Näherungsformel gilt, dass eine unkompensierte Kreiseldrift von 0,01°/h eine Ortungsungenauigkeit von 1 NM/h bewirkt. Eine wesentliche Möglichkeit der Fehlerreduzierung liegt in der Eingabe redundanter Informationen in einem integrierten Navigationssystem [34].

Die geleisteten Genauigkeiten fügen sich in die Systematik der sog. Required Navigation Performance (RNP) (siehe Kapitel 6) ein. In der Praxis erreichte Werte der Sensor- und Positionsdrift haben in den 1980/90er Jahren eine enorme Steigerung erfahren. Der geforderte maximale Fehler von 2 NM/h in 95% der Betriebszeit wird in der Regel unterschritten. Durch leistungsfähigere Rechentechnik und Algorithmen erfolgt eine Berücksichtigung erfasster Fehler, Reduzierung der fehlerintensiven elektromechanischen Anlagenkomponenten durch den Einsatz von Strapdown-Systemen.

Ein sog. position-update kann durch andere Ortungssysteme z.B. durch GPS in bestimmten Zeitintervallen geschehen. Bei zu großer Drift der IRS-Position (> 2,5 NM/h) erfolgt bei den meisten Anlagen ein Ausschluss dieser Positionsdaten durch das FMS. Flugzeiten von 12 bis max. 16 h erlauben erträgliche Größen des zeitlichen Anwachsens der Fehler.

4.7 Betriebsarten, Bedien- und Anzeigeeinheit

Die Trägheitsnavigationsanlage wird über das Betriebsartenwahlgerät (Mode Selector Unit - MSU) in Betrieb genommen. Wählbare Betriebsarten sind:

- Navigation (NAV)
- Attitude Reference (ATT)

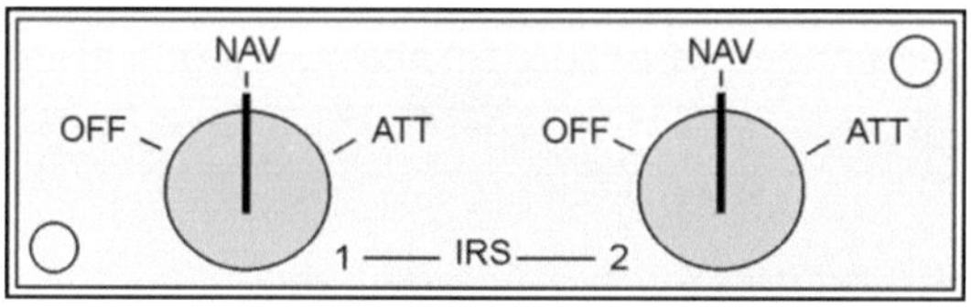

Abb. 4.15 IRS-Mode Selector Unit (Litton - LTN 101) - schematisch

NAV ist der normale Betriebszustand. Dieser wird nach einem kompletten Alignment erreicht, es sind alle Betriebsfunktionen der Anlage verfügbar. Nach Ausfall der Navigationsrechnerfunktionen bzw. Verlust der IRS-Position kann die Betriebsart NAV nicht wieder hergestellt werden, da hierfür ein komplettes Alignment erforderlich ist, welches nur am Erdboden erfolgen kann.

In der Betriebsart ATT ist nur noch eine Lageinformation (Roll- und Nickwinkel des Luftfahrzeuges) verfügbar. Diese kann selbst nach kurzzeitigem Ausfall der Anlage in der Luft nach einem verkürztem Alignment von ca. zwei Minuten genutzt werden. Der Alignment-Vorgang selbst ist temperaturabhängig. Bei einer systeminternen Temperatur T < -12,5 °C benötigt ein komplettes Alignment 16 Minuten. Die Zeit verkürzt sich dabei etwa linear auf sieben Minuten bei T > 0°.

Die Eingabe der Positionskoordinaten zu Beginn von Initialization und Alignment erfolgt manuell über das FMS durch den Piloten (siehe Kapitel 6), die Anzeigen werden über die EFIS-Bildschirme präsentiert. Eine Darstellung der Fluglage, d.h. der räumlichen Orientierung des Luftfahrzeuges, erfolgt auf dem Primary Flight Display (PFD), die navigatorische Information wird auf dem Navigation Display (ND) wiedergegeben.

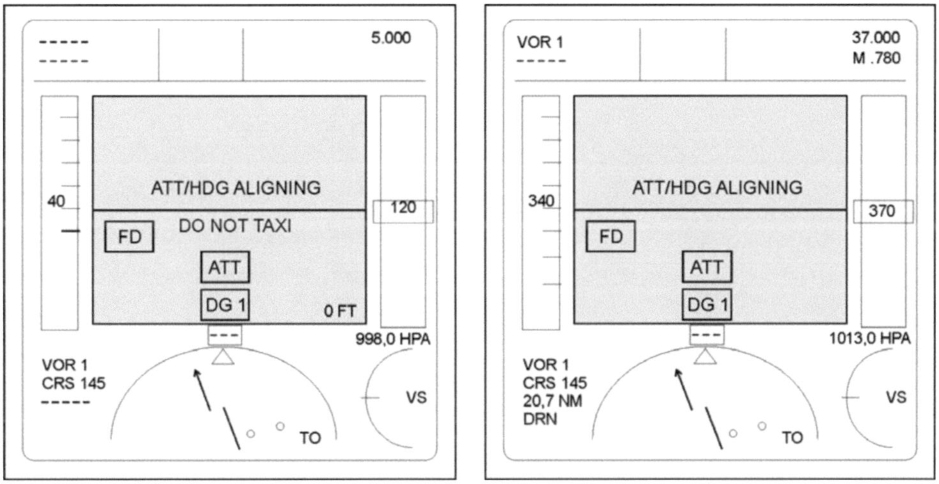

Abb. 4.16 Meldungen für Ground- (links) und Flight-Alignment (rechts) auf PFD

Es bestehen Schnittstellen zu den folgenden Luftfahrzeugsystemen (Beispiel Bombardier CRJ 100/200) [6]:

- Electronic Flight Instrument System (EFIS) + Weather-Radar
- Auto Flight Control System (AFCS) + Flight Data Recorder (FDR)
- Flight Control Computer (FCC) + Integrated Avionics Processing System (IAPS)

- Enhanced Ground Proximity Warning System (EGPWS)
- Traffic Alert and Collision Avoidance System (TCAS)
- Stall Protection System + Fuel System

Auf modernen Verkehrsflugzeugen sind Zwei- oder Dreifachinstallationen einer Trägheitsnavigationsanlage üblich. Je nach Anwendungszweck, möglichem Kostenaufwand und den jeweiligen Genauigkeitsanforderungen kann man unterschiedliche Integrationsstufen der Systeme unterscheiden:

- Anwendung als Referenzsystem für Fluglage, ohne Azimut und Navigationsfunktion (Attitude Heading Reference System - AHRS)
- lose Integration der IRS-Anlage für Fluglagebestimmung und -Regelung mit Navigationsfunktion als selbständige Funktionseinheit in einem Multisensor-Konzept (Integrierte Navigation)
- volle Integration der IRS-Anlage mit GPS über ein gemeinsames Fehlermodell und Kalman-Filterung oder als integrierte Einheit mit Luftdatenrechner (Air Data and Inertial Reference System - ADIRS)

Integrierte Trägheits- und Satellitennavigation stellen eine optimale Symbiose als redundantes Navigationssystem dar. Eine hohe Datenausgaberate, hohe Kurzzeitstabilität der Position, geringes Systemrauschen (IRS) werden kombiniert mit einer hohen Langzeitstabilität der Position, d.h. gleichbleibende hohe Positionsgenauigkeit über die Zeit (GPS).

5 Satellitennavigation

Die rasante Entwicklung der Raumfahrtsysteme seit den 1960er Jahren, insbesondere der Trägerraketen- und Satellitentechnik sowie der Bahnmechanik, aber auch der Nachrichtentechnik mit neuen Verfahren der digitalen Signalverarbeitung, macht erst die Nutzung von Raumflugkörpern für ein global verfügbares Navigationssystem möglich. Dabei handelt es sich um ein komplexes System, bei dem viele Vorkehrungen getroffen werden müssen, um eine akzeptable Qualität der Ortungsdaten zu gewährleisten. Globale Satellitenortungs- und Navigationssysteme werden im Allgemeinen in der englischen Terminologie unter Global Navigation Satellite System (GNSS) zusammengefasst. Diese sind eine hochinnovative Technologie, bei hoher Dynamik und Vielfalt der Anwendungen und Weiterentwicklungen.

5.1 Übersicht der Satellitennavigationssysteme

Prinzipiell kann man folgende Typen von Satelliten nach Verwendung und Art des Orbits unterscheiden:

- Kommunikationssatelliten in geostationärem Orbit zur Übertragung von Daten oder Fernsehprogrammen (z.B. INMARSAT)
- Satelliten mit geostationärem oder polarem Orbit zu Forschungs- oder Fernerkundungszwecken
- Navigationssatelliten mit geneigtem Orbit und einer bestimmten Umlaufzeit

Navigationssatelliten werden bei den folgenden Systemen eingesetzt:

- NAVSTAR - GPS (Navigation System with Time and Ranging - Global Positioning System, seit 1980 Bezeichnung GPS) der US-Streitkräfte
- GLONASS (Globalnaja Navigationaja Sputnikova Sistema) der Russischen Föderation
- Europäische Initiative für ein ziviles Global Navigation Satellite System (GNSS) - GALILEO
- BEIDOU/COMPASS für den Bereich der VR China und angrenzender Staaten

Das Vorgängersystem von GPS mit einem rein maritimen Einsatzzweck war TRANSIT seit den 1960er Jahren. Die UdSSR entwickelte etwa zur gleichen Zeit das System CIKADA, es kann als Vorgänger von GLONASS betrachtet werden. Des Weiteren kommen regional sog. Satellite Based Augmentation Systems (SBAS) als Ergänzungssysteme zu GPS zum Einsatz, um die Ortungsqualität für die zivilen Anwendungen zu verbessern. Diese sind:

- European Geostationary Navigation Overlay System (EGNOS)
- Wide Area Augmentation System (WAAS) der USA
- Multifunction Satellite Augmentation System (MSAS) in Japan
- GAGAN (Indien)

Das russische Satellitennavigationssystem GLONASS (Start des ersten Satelliten im Oktober 1982) ist seit einigen Jahren nicht voll verfügbar aufgrund von Problemen der Nutzungsdauer der Satelliten und des Satellitennachschubs. Das europäische GALILEO wird seine volle Betriebsfähigkeit voraussichtlich 2009/2010 erreichen. Aus diesen Gründen liegt der Schwerpunkt der Betrachtungen dieses Kapitels auf dem System GPS. Obgleich viele der Technologien schon seit Ende der 1970er Jahre bekannt sind, und dem heutigen GPS einige Modernisierungen ins Haus stehen, kann mit den Betrachtungen in diesem Kapitel das Verständnis für das dominierende Navigationssystem der nächsten Jahrzehnte und sein europäisches Gegenstück sowie für deren gewaltiges Nutzungspotential geschaffen werden.

5.2 GPS - Entwicklung und Systemkonfiguration

In den USA wurde seit 1965 das Navy Navigation Satellite System NNSS/TRANSIT ausschließlich zur Ortung von Seeschiffen genutzt. NNSS bestand aus sechs TRANSIT-Satelliten, die in 1100 km Höhe auf nahezu kreisförmigen polaren Umlaufbahnen die Erde alle 107 Minuten umrundeten. Die Trägerfrequenzen im UHF- und VHF-Band waren 400 und 150 MHz. Die Ortung erfolgte durch Ausnutzung des Dopplereffektes, d.h. Messung der Doppler-Frequenzverschiebung bei bekannter Position des Satelliten in seinem Orbit und der gesuchten eigenen Position [34].

Bei einem Messintervall von zwei Minuten zwischen zwei auszuwertenden Satellitensignalen konnte der Schiffsort durch den Schnittpunkt zweier Hyperboloide auf der Erdoberfläche mit den zwei Brennpunkten der jeweiligen Satellitenposition während der ersten bzw. zweiten Messung bestimmt werden. Korrekturen waren für die Eigenfahrt des Schiffes, die Erdrotation innerhalb des Messintervalls sowie für die Höhe des Empfängers über dem Bezugsellipsoid erforderlich [25,34].

Bahnverfolgung und Bahnbestimmung des Satelliten geschahen umgekehrt durch Messung der Doppler-Frequenzverschiebung der empfangenen Satellitensignale an der bekannten Position der jeweiligen Monitorstation.

Die Satellitennavigations-Bordanlagen erzielten als Einfrequenzempfänger der Frequenz 400 MHz eine Ortungsgenauigkeit von ca. 200 m in der Nacht und 400 m am Tage. Zweifrequenzanlagen für 400 und 150 MHz konnten eine Genauigkeit von ca. 150 m bis max. 80 m unabhängig von der Tageszeit erreichen [34].

Das Verteidigungsministerium der USA (Department of Defense - DOD) erteilte 1973 den Auftrag ein satellitengestütztes System zu entwickeln, das die Bestimmung von Position und Geschwindigkeit beliebiger ruhender oder sich bewegender Objekte ermöglichte, um damit eine weltweite Navigation mit hoher Genauigkeit und unabhängig vom Wetter eine genaue Zeitinformation zu gewährleisten.

Drei Segmente bilden die Hauptkomponenten:

- Kontrollsegment (ground/control segment)
- Raumsegment (space segment)
- Nutzersegment (user)

Die Entwicklung bis zum Erreichen der vollen Betriebsfähigkeit von GPS unterteilte sich in drei Phasen [4,34]:

Phase 1 wurde als Demonstrations- und Erprobungsphase 1974 begonnen, Start von sechs Satelliten bis 1980, erfolgreicher Start des ersten Testsatelliten am 27. Juni 1977, des ersten GPS-Satelliten am 22. Februar 1978, Durchführung der Tests gemeinsam mit Pseudo-Satelliten (Pseudoliten) am Boden.

Phase 2 war eine Testphase mit noch verminderter Leistungsfähigkeit. Ab 1980 erfolgte mit weiteren Satelliten im Orbit eine 2D-Ortung mit verminderter Genauigkeit. Nur teilweise war eine 3D-Ortung mit hoher Genauigkeit verfügbar. Nach erheblichen Verzögerungen wurde im März 1994 durch das US-Verteidigungsministerium die vorläufige Betriebsbereitschaft (Initial Operational Capability - IOC) erklärt.

Phase 3 ist die Operationsphase mit voller Leistungsfähigkeit, Einsatz von 24 Satelliten plus Betriebsreserve. Am 17. Juli 1995 wurde die volle Betriebsbereitschaft (Final Operational Capability - FOC) erklärt.

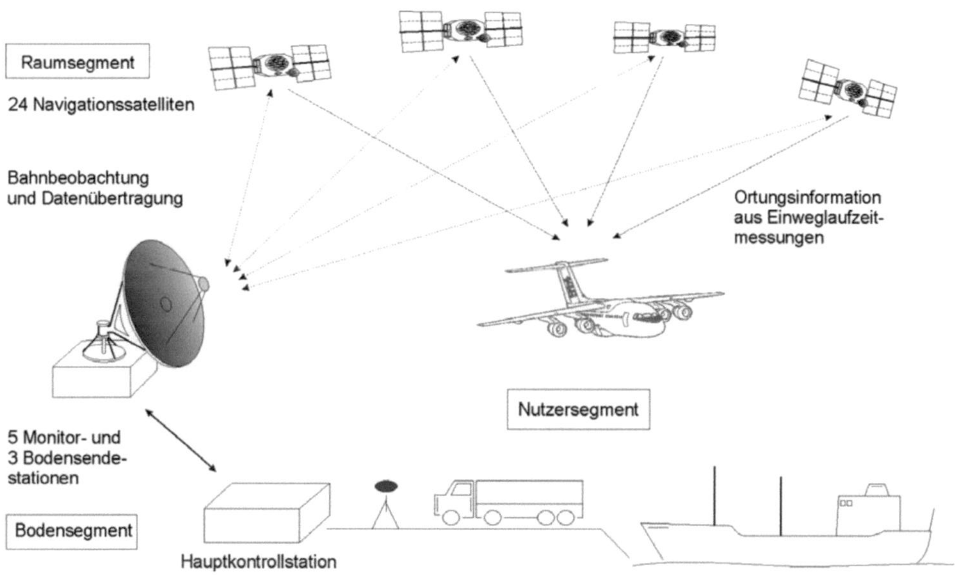

Abb. 5.1 Darstellung der GPS-Segmente

5.2.1 GPS-Kontrollsegment

Das militärische GPS-Kontroll- oder Bodensegment wird durch die bisherigen Kontrollstationen gebildet. Diese sind gleichmäßig um die Erde in etwa äquatorialen geographische Breiten verteilt:

- Colorado Springs (Master Control Station und Monitorstation)
- Cape Canaveral (Erdfunkstelle und Monitorstation)
- Ascesion im Südatlantik (Erdfunkstelle und Monitorstation)
- Diego Garcia im Indischen Ozean (Erdfunkstelle und Monitorstation)
- Kwajalein im Pazifik (Erdfunkstelle und Monitorstation)
- Hawaii (Monitorstation)

Im Rahmen der vorgesehenen Modernisierungen und Ergänzungen bei GPS ist eine Erweiterung der Anzahl der Bodenstationen des Kontrollsegments von fünf auf 20 vorgesehen. Das Kontrollsegment hat neben der direkten Kontrolle und Steuerung der Satelliten die Aufgabe, die für die Echtzeitnavigation benötigten Navigationsdaten zu erzeugen. Dabei sind folgende Teilaufgaben zu erledigen [4]:

- Beobachtung der Satellitenorbits und Extrapolation der Bahndaten
- Beobachtung der Satellitenuhren und Extrapolation deren Verhaltens
- Übersendung der Vorhersagen über Bahndaten und Uhrenverhalten an die Satelliten zur Weitergabe an das Nutzersegment

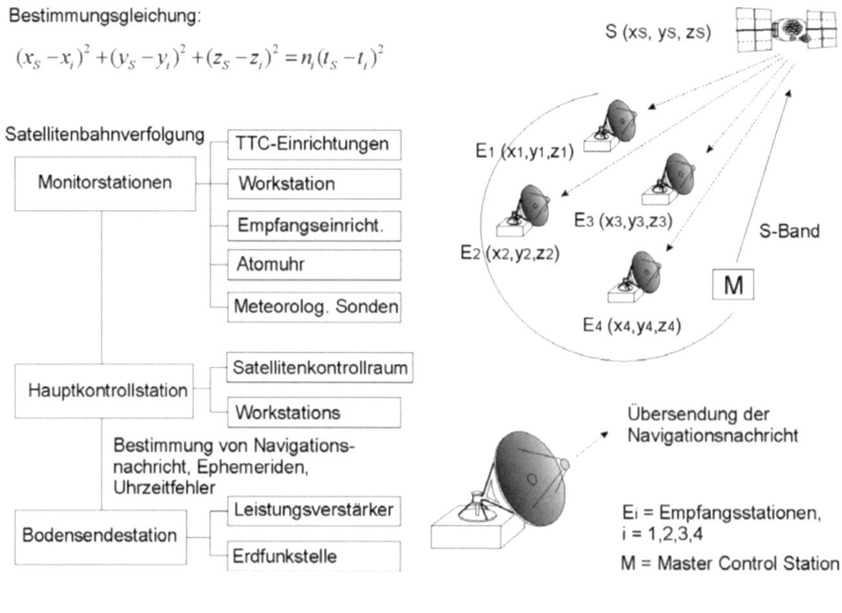

Abb. 5.2 Komponenten des GPS-Kontrollsegments, Satellitenbahnbestimmung und Uhrensynchronisation

Seit 1994 besteht, in erster Linie zur Unterstützung wissenschaftlicher Anwendungen, der zivile International GNSS-Service (IGS). Dieser erstellt präzise Bahndaten, die mit zeitlicher Verzögerung für sog. Postprocessing-Anwendungen verfügbar sind. Als gemeinsame Lösung etwa 350 global verteilter Stationen liegen die endgültigen IGS-Orbits mittlerweile nach einigen Stunden vor und weisen eine Genauigkeit von einigen cm auf. Innerhalb von IGS gibt es ein Stationsnetz mit dem Zweck der Beobachtung der Satellitensignale mittels Zweifrequenzmessungen. In Zusammenarbeit mit dem Internationalen Büro für Gewichte und Maße (BIPM) sind viele der IGS-Stationen nationale Zeitlaboratorien der mehr als 80 an IGS beteiligten Staaten (z.B. PTB). Sie nutzen als Betreiber von Atomuhren (Cs-, Rb-Frequenznormale und H-Maser) diese als externe Frequenzreferenz und sind integrale Komponente bei der Realisierung der Atomzeit (TAI).

5.2.2. GPS-Raumsegment

Das GPS-Raumsegment setzt sich zusammen aus 24 aktiven Satelliten + Reserve auf sechs nahezu kreisförmigen Umlaufahnen. Damit ergeben sich vier Satelliten pro Umlaufbahn. Die Inklination der Orbits (Neigungswinkel gegen den Erdäquator) beträgt 55°. In Äquatorebene sind diese um 60° versetzt.

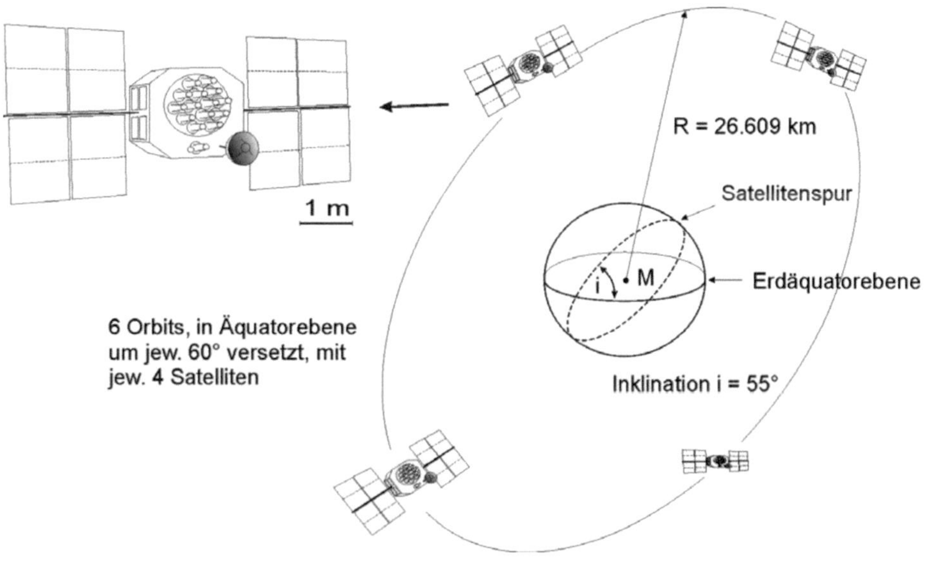

Abb. 5.3 Satellitenbahnkonfiguration und GPS-Navigationssatellit

Die Höhe der Umlaufbahnen über der Erdoberfläche ist ~ 20.300 km, die Länge der großen Halbachse a der Satellitenbahn beträgt 26.609,0 km. Ein Satellitenumlauf um die Erde dauert 11,97 h, die mittlere Bahngeschwindigkeit v_m = 3,87 km/s.

Damit umrundet jeder Satellit die Erde zweimal pro Tag. Die Navigationssatelliten besitzen eine Masse von ca. 1.500 kg. Im Einsatz sind Block II/II A- bzw. als neuere Generation Block II R- und Block II R-M Satelliten, wobei M für einen verbesserten militärischen PRN-Code steht. Die konzipierte mittlere Betriebszeit der Satelliten beträgt 6 Jahre (Block II/II A) bzw. 7,5 Jahre (Block II R). Komplexe Systeme wie die Navigationssatelliten werden üblicherweise in Untersysteme gegliedert. Die Untersysteme gehören hierbei zwei Klassen an:

Die Nutzlast (navigation-payload) stellt mit ihren nachrichtentechnischen Einrichtungen den eigentlichen Funktionsträger für die Nutzung des Satelliten dar. Alle anderen Einrichtungen gehören zum sog. Satellitenbus. Sie sind dazu notwendig, die Nutzlast im Weltraum in Funktion zu setzen und zu erhalten [5].

Die navigatorische Nutzlast besteht aus den Untersystemen Repeater und Antennen, sie umfasst Mikroprozessoren zur Steuerung der Satellitenfunktionen, Code-Generatoren sowie je zwei Rubidium- und Cäsium-Frequenznormale (Block II/II A) bzw. Rubidium-Frequenznormale (ab Block II R). Aufgrund der großen Ausleuchtzone auf der Erdoberfläche werden mehrere Stabantennen eingesetzt.

Der Satellitenbus umfasst die Untersysteme Struktur, Energieversorgung (Energieerzeugung, -aufbereitung und -verteilung) die Fernsteuer- und Fernmesseinrichtungen (tracking, telemetrie, command - TTC), den Thermalhaushalt, das Bahn- und Lageregelungssystem, ein Antriebssystem und die Verkabelung. Bei der neuesten Satellitengeneration erfolgt eine teilweise Zusammenfassung der Komponenten. Der modulare Aufbau eines Navigationssatelliten lässt sich anschaulich wie folgt gliedern:

- Antennenmodul/Kommunikationsmodul
- Atomuhren (2 Cs- und 2 Rb-Frequenznormale)/Code-Generator
- Solargenerator
- Servicemodul
- Antriebsmodul

Die Lageregelung eines Satelliten erfolgt mittels Drallradstabilisierung. Bahnregelung und -korrektur geschehen per Telekommando mittels Antriebsmodul. Als Satellitenorbit sind grundsätzlich die folgenden Bahnen geeignet, deren Nutzung erfolgt abhängig vom auszuleuchtenden Bereich auf der Erdoberfläche:

- geostationäre Umlaufbahn
- polare Umlaufbahn
- geneigte Umlaufbahn zur Ausleuchtung bestimmter geographischer Breiten
- sog. inklinierte Bahn

Ähnlich den Planeten um die Sonne gehorchen die erdumlaufenden Satelliten den Keplerschen Gesetzen als Massen, die sich um einen gemeinsamen Schwerpunkt bewegen. Die Keplerschen Gesetze, angewandt auf die Bewegung eines Satelliten, lauten (Satellitenorbit als ungestörte Keplerellipse):

Das 1. Keplersche Gesetz: Die Satelliten bewegen sich auf elliptischen Bahnen, in deren einem Brennpunkt das Geozentrum der Erde steht.

Das 2. Keplersche Gesetz: Der Radiusvektor als Verbindungslinie Erde - Satellit überstreicht in gleichen Zeitintervallen gleiche Flächen.

Das 3. Keplersche Gesetz: Die Quadrate der Umlaufzeiten der Satelliten verhalten sich wie die dritte Potenz ihrer mittleren Entfernungen von der Erde.

Die räumliche Lage des Satellitenorbits wird in einem astronomisch-kartesischen Koordinatensystem definiert [4,27]:

- Koordinatenursprung ... Geozentrum
- Z-Achse ... Drehachse der Erde
- XZ-Ebene ... definiert durch die Z-Achse und Richtung zum Frühlingspunkt
- Y-Achse ... Drehung der X-Achse um 90° gegen den Uhrzeigersinn

Form und Orientierung der Bahnellipse werden durch sechs Bahnelemente bestimmt. Die Keplerellipse ist in ihrer Form durch die Länge der großen Halbachse a und durch die numerische Exzentrität e definiert. Außerdem wird der Zeitpunkt des Durchganges des Satelliten durch einen speziellen Punkt, meist des Perigäums, angegeben. Das Perigäum ist der erdnächste Punkt, das Apogäum ist der erdfernste Punkt des Satellitenorbits. Beide Punkte werden durch die Apsidenlinie verbunden.

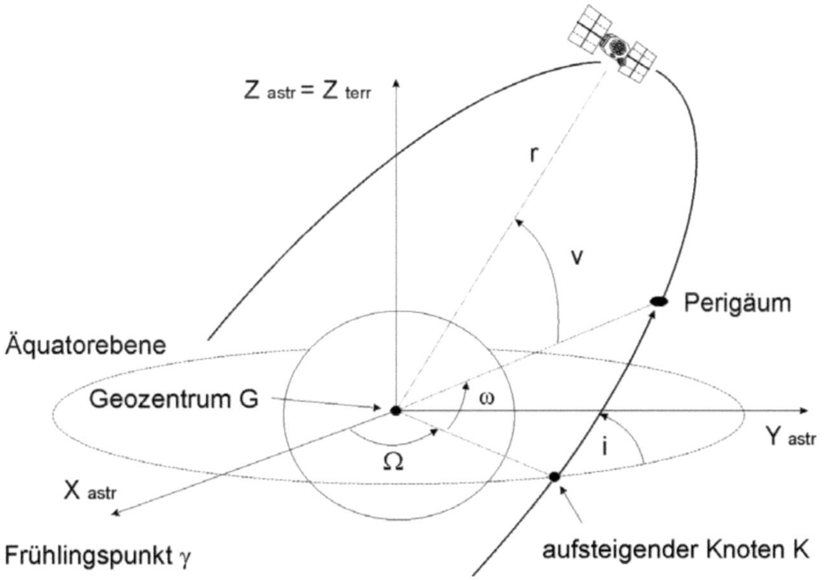

Abb. 5.4 Elliptische Umlaufbahn und räumliche Festlegung des Satellitenorbits

Die Orientierung der Ellipse in diesem Koordinatensystem kann mit Hilfe der folgenden Winkel beschrieben werden [4,24,28]:

- Rektaszension des aufsteigenden Knotens Ω, d.h. der Winkel zwischen der x-Achse des astronomischen Koordinatensystems und der Verbindungslinie Geozentrum - aufsteigender Knoten
- Argument des Perigäums ω, d.h. der Winkel zwischen der Verbindungslinie Geozentrum - aufsteigender Knoten und der Richtung zum Perigäum, in der Umlaufbahnebene
- Inklination i, d.h. die Neigung der Bahnebene des Satelliten gegenüber der Fundamentalebene, d.h. der Äquatorebene der Erde

Das Geozentrum G bildet einen der beiden Brennpunkte der Satelliten-Bahnellipse. Der aufsteigende Knoten K ist der Punkt auf der Bahnellipse, in welchem der Satellit die Äquatorebene in seiner aufsteigenden Bahn von Süden nach Norden durchstößt. Die wahre Anomalie v ist der Winkel zwischen dem Perigäum und dem momentanen Satellitenort, von der Erde aus gesehen. Der Radiusvektor r ist die Verbindungslinie Geozentrum - Satellit.

Eine Störung der Keplerellipse als Satellitenbahn erfolgt aufgrund [4,28]:

- Abweichung der Erde von der Kugelform
- ungleichmäßiger Dichte des Erdkörpers
- Einfluss der Schwerkraft von Sonne und Mond
- Strahlungsdruck der Sonne
- Gravitationsanomalien
- Reibung in der Erdatmosphäre

Die mittlere Winkelgeschwindigkeit n eines Satelliten mit der Umlaufperiode P ist [24]:

$$n = \frac{2\pi}{P} = \sqrt{\frac{G \cdot M_E}{a^3}}$$

G ... Gravitationskonstante = $6{,}670 \cdot 10^{-11} m^3 / kg \cdot s^2$

M_E ... Masse der Erde = $5{,}975 \cdot 10^{24} kg$

a ... Nennwert der halben Hauptachse der Bahnellipse

b ... halbe Nebenachse der Bahnellipse

E ... exzentrische Anomalität

Die kleine Masse des Satelliten kann hier vernachlässigt werden, seine mittlere Geschwindigkeit v_m beträgt: $v_m = n \cdot a$. Die mittlere Umlaufzeit t_U ergibt sich nach [24]:

$$t_u = \frac{2\pi}{n} = \sqrt{\frac{4\pi^2}{G \cdot M_E} a^3}$$

Polarkoordinaten r und v eines Satelliten können mit den zwei folgenden Gleichungen berechnet werden [24]:

$$r \cos v = a \cdot (\cos E - e) \qquad r \sin v = a \cdot \sqrt{1-e^2} \sin E$$

Die numerische Exzentrität e der Bahnellipse wird berechnet mit [24]:

$$e = \sqrt{\frac{a^2 - b^2}{a}}$$

Für e = 0 geht die Ellipse in einen Kreis über.

Die Bahnstörungen müssen in Korrektur-Algorithmen Berücksichtigung finden. Dies sind insgesamt 16 Kepler- und Störparameter. Sie werden einmal pro Stunde aktualisiert.

5.2.3 GPS-Nutzersegment

Das Nutzersegment umfasst alle Anwender mit einer Vielzahl von Empfängerarten und Einsatzzwecken. Sie lassen sich unterteilen in kinematische und statische Anwendungen. Die kinematischen Anwendungen in Echtzeit finden Gebrauch bei der Navigation von:

- Luftfahrzeugen
- Seefahrzeugen
- Landfahrzeugen
- Lenkung militärischer Flugkörper

Einsatzfeld für statische Anwendungen mit teilweise Postprocessing sind die Geodäsie und das Vermessungswesen mit erreichten Genauigkeiten im Subzentimeterbereich. Des weiteren gibt es eine große Zahl von transportablen Handempfängern, welche z.B. der Orientierung im Gelände dienen. Satellitennavigation in der kommerziellen Zivilluftfahrt erfolgt innerhalb integrierter Systeme, in der Regel nach einem Multisensorkonzept.

5.3 Ortungsprinzip

Die Positionsbestimmung des Nutzers geschieht durch Laufzeitmessung von Signalen, welche von Satelliten mit bekannter Position ausgesendet werden. Das Ergebnis sind sog. Pseudoentfernungen. Sie liefern die Koordinaten für X, Y, Z sowie den Fehler der Empfängeruhr Δt.

Vier Einweglaufzeitmessungen der von vier Satelliten gesendeten Zeitsignale ergeben:

$$R_i = c \cdot \Delta T_i \qquad i = 1, 2, 3, 4$$

Für den Nutzer ergeben sich vier Unbekannte, die drei Nutzerkoordinaten X, Y, Z sowie der Uhrenfehler Δt.

$$r = c \cdot \Delta t$$

Δt (durch Verschiebung des Empfängercodes gegen den Satellitencode) kann für den Zeitraum der Messung für alle Messungen als konstant angesehen werden. Die Bestimmung der Position des Nutzers ist mit folgendem Gleichungssystem möglich [24]:

$$(X_i - X)^2 + (Y_i - Y)^2 + (Z_i - Z)^2 = (R_i - r)^2 \qquad i = 1, 2, 3, 4$$

Grundsätzlich können vier verschiedene Beobachtungsgrößen unterschieden und zur Abstandsmessung genutzt werden:

- Pseudoentfernung aus Code-Messung
- Pseudoentfernungsdifferenz aus integriertem Doppler-Count
- Entfernung aus Trägerphasen- oder Trägerphasendifferenzmessung
- Signallaufzeitdifferenz aus interferometrischer Messung

Dieses Kapitel beschränkt sich auf die Ermittlung der Pseudoentfernung aus Code-Messung. Die gesuchten geometrischen Entfernungen zur Ermittlung der Ortskoordinaten des Nutzers im geozentrischen Koordinatensystem ergeben sich nach [24]:

$$r_i = |X_i - X_P|$$

X_i ... Positionsvektor des Satelliten S_i ; X_i (x_i , y_i , z_i)
X_P ... Positionsvektor des Empfängers von Nutzer P ; X_P (x_P , y_P , z_P)

Die geozentrische Entfernung zum jeweiligen Satelliten wird mit der Beziehung berechnet [24]:

$$r_i = \left[(x_i - x_P)^2 + (y_i - y_P)^2 + (z_i - z_P)^2\right]^{\frac{1}{2}}$$

Aufgrund der folgenden Einflussgrößen werden keine geometrischen sondern Pseudoentfernungen gemessen:

- troposphärische und ionospärische Refraktion der Satellitensignale
- Laufzeitfehler der Signale/Anwendung von Korrekturalgorithmen
- Uhrzeitabweichung Δt_U im Empfänger
- Uhrenfehler der Satellitenuhren

Einflüsse durch troposphärische und ionosphärische Refraktion können durch Zweifrequenzmessungen kompensiert werden.

Des Weiteren kann die Anwendung von Korrekturalgorithmen in Anhängigkeit von Temperatur- und Wasserdampfverteilung sowie Ionisierungsgrad der oberen atmosphärischen Schichten die entsprechenden Laufzeitkorrekturen leisten. Die Gleichung für die Pseudoentfernung lautet [24]:

$$\rho_i = \left[(x_i - x_p)^2 + (y_i - y_p)^2 + (z_i - z_p)^2\right]^{\frac{1}{2}} + c \cdot \Delta t_U$$

Δ t_U ... Uhrzeitabweichung
c ... Lichtgeschwindigkeit

Die Aufgabe besteht jetzt in der Ermittlung der Empfängerkoordinaten x_p , y_p , z_p zunächst innerhalb des erdfesten kartesischen Koordinatensystems. Dies geschieht durch den Navigationsprozessor im GPS-Empfänger.

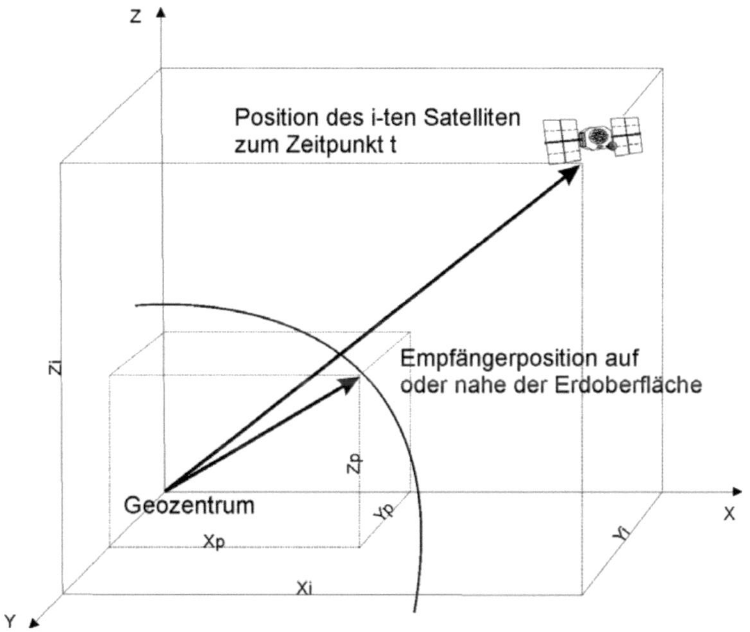

Abb. 5.5 Ortsvektoren der gesuchten Empfängerposition und der Satellitenposition im konventionellen erdfesten kartesischen Koordinatensystem

Bei der Lösung der Gleichungen für die Pseudoentfernung findet nicht die geschlossene Lösungsform Anwendung, sondern in der Regel das rekursive Verfahren der Kalman-Filterung, welches qualitativ in Kapitel 6 beschrieben wird. Umgekehrt kann für die Bahnverfolgung der jeweilige Satellitenorbit von den bekannten Positionen der Kontrollstationen auf der Erde aus bestimmt werden (siehe Abbildung 5.2).

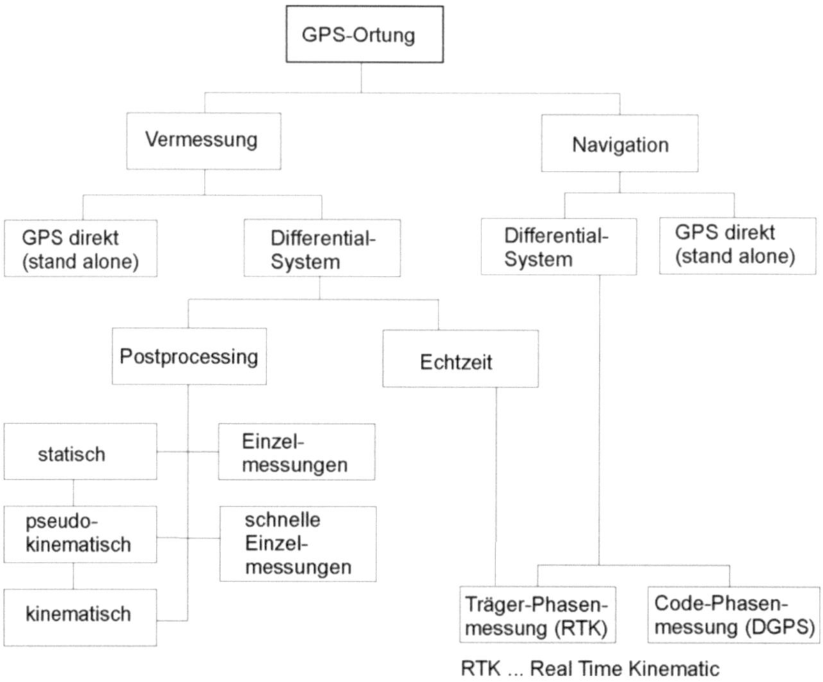

Abb. 5.6 Methoden der Entfernungsmessung und Ortung mittels GPS [24]

5.3.1 Messgrößen der Entfernungsmessung mittels Codes und Datenmodulation

Die Trägerfrequenzen liegen im L-Band. Frequenz f_1 = 1575,42 MHz (L_1), Träger für C/A-Code und P-Code, Länge eines Wellenzuges = 0,19 m. Frequenz f_2 = 1227,60 MHz (L_2), Träger nur des P-Code, Länge eines Wellenzuges = 0,24 m. Diese werden vom Satellitenoszillator durch Frequenzvervielfachung der Grundfrequenz f_0 = 10,23 MHz erzeugt.

Die große Entfernung zwischen sendenden Satelliten und empfangenem Nutzer auf der Erde ergibt bei einer Sendeleistung von etwa 50 W eine nur sehr geringe Empfängereingangsleistung. Da die Störbarkeit umgekehrt proportional zur Empfängereingangsleistung ist, wurde für die Übertragung der Ortungsinformation als weitgehend störsichere Signalform eine codierte Impulsfolge gewählt. Die Anforderungen an die elektromagnetischen Signale sind daher [25]:

- große Bandbreite
- geringe Störempfindlichkeit gegen atmosphärische Einflüsse
- sehr kleine Leistungen ($P_0 = 50$ W , $P_E = 10^{-16}$ W)

Damit ergeben sich die Spezifikationen an Signalformat und Empfänger.

a) Art der Datenmodulation

Die Datenmodulation erfolgt nach dem Verfahren der Binären Phasenumtastung (binary phase shift keying - BPSK). Dabei handelt es sich um ein digitales Modulationsverfahren für die Code- und Datenmodulation auf den hochfrequenten Träger. Die Modulationsvorschrift lautet:

Zur Übertragung einer binären Eins bleibt der sinusförmige Träger unverändert. Soll eine binäre Null übertragen werden, wird die Phasenlage des Trägersignals um 180° verschoben. Die Bitdauer T, welche angibt, wie viel Zeit zur Übertragung einer Binärzahl zur Verfügung steht, muss festgelegt werden. Im Rhythmus des Oszillators werden die im Datenspeicher vorgehaltenen Binärdaten vom Datensignalgenerator gelesen. Dieser erzeugt entsprechend den Binärdaten eine Folge von Spannungsimpulsen. Die Dauer (Pulsbreite) eines Impulses ist gleich der Bitdauer. Das entstehende Rechtecksignal wird als Datensignal bezeichnet. Der Trägersignalgenerator erzeugt das Trägersignal.

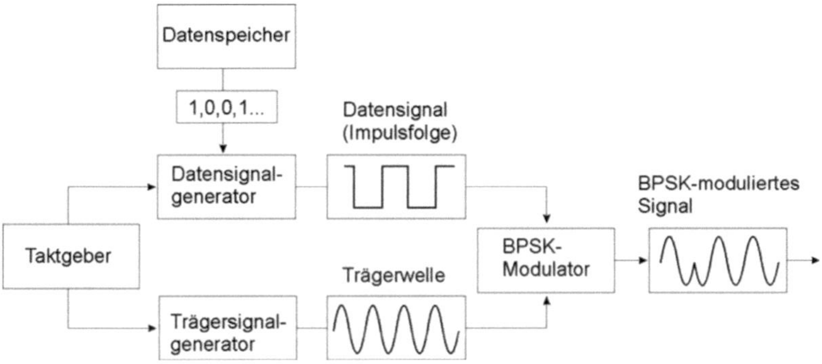

Abb. 5.7 Prinzipdarstellung der BPSK-Modulation [4]

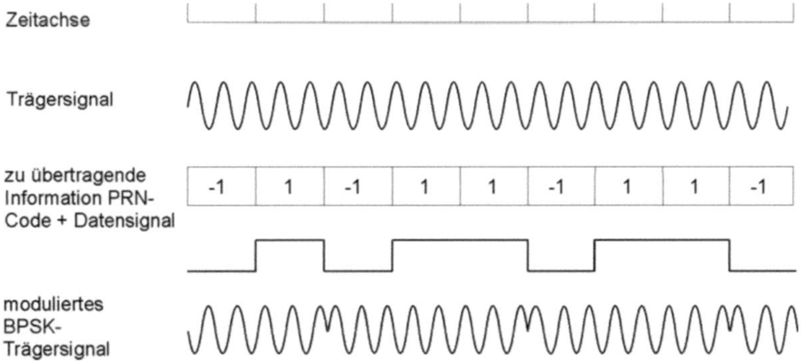

Abb. 5.8 BPSK-Phasenmodulation [41]

b) Struktur der PRN-Codes

Die Trägerfrequenzen L_1 und L_2 werden mit einer Folge von positiven und negativen Impulsen, einem sog. Code moduliert. Negative und positive Impulse folgen im mathematischen Sinne prinzipiell zufällig aufeinander. Damit ergibt sich ein quasi zufälliges Signal, der Pseudo Random Noise Code (PRN-Code). Der Träger L_1 ist mit dem sog. C/A-Code und dem P-Code moduliert, Träger L_2 nur mit dem P-Code.

Die Abkürzung C/A steht für Clear Aquisition als Grobcode. Dieser steht dem zivilen Nutzer zur Verfügung, d.h. der entsprechende Dienst ist der Standard Positioning Service (SPS). Die dabei garantiert erzielbare Positionierungsgenauigkeit beträgt horizontal (2D) 18 m und vertikal 38 m für 99% aller Orte. Der P-Code, Protected oder Precise Code als Präzisionscode, steht nur dem autorisierten in der Regel militärischen Nutzer als sog. Precise Positioning Service (PPS) zur Verfügung.

Struktur des C/A-Code:

Die Dauer des C/A-Codes ist eine Millisekunde (= 1000 µs), er umfasst 1023 positive und negative Impulse (Chips). Seine Chip-Rate beträgt $1023 \cdot 10^3 chip/s$. Der C/A-Code wird pro Sekunde 1000 mal ausgestrahlt, seine geometrische Länge beträgt 300 km.

Struktur des P-Code:

Die Länge des Codes beträgt 267 Tage ; bei Verwendung eines nur sieben Tage langen Teilstückes. Die Dauer eines Bit beträgt 0,1 µs, die Codegenerierung erfolgt prinzipiell ähnlich dem C/A-Code. Der Anteil der Cosinuswelle wird durch Einschalten von Anti Spoofing (AS) mit einem W-Code verschlüsselt, es entsteht der geheime P(Y)-Code.

c) Modulation des RF-Trägers

Beim Träger L_1 wird Quadraturmodulation angewendet, d.h. Zerlegung des Trägers in eine Sinus- und eine Cosinuswelle (dem ursprünglichen Träger wird durch Phasenverschiebung um 90° intern ein weiterer Träger aufgeprägt). Dies ergibt eine Modulation wie folgt [25]:

Sinuswelle:

- C/A-Code Modulation
- Datenmodulation

Cosinuswelle:

- P(Y)-Code Modulation
- Datenmodulation

Damit erfolgt eine Aufspaltung des Trägers L_1 in einen I- und einen Q-Kanal. Beim Träger L_2 wird lediglich die Cosinuswelle codiert und ausgestrahlt. Als Referenz für die Ableitung der Frequenzen und Takte dienen vier Atomuhren pro Satellit, je zwei Cäsium- und Rubidiumfrequenznormale. Deren Resonanzfrequenz f_R = 9.192.631.770 Hz, die Uhrenstabilität beträgt $10^{-12} - 10^{-13}$ s.

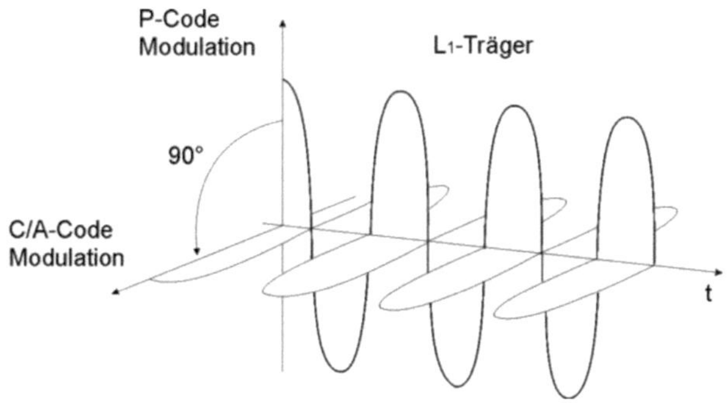

Abb. 5.9 Quadraturmodulation des Trägers L_1

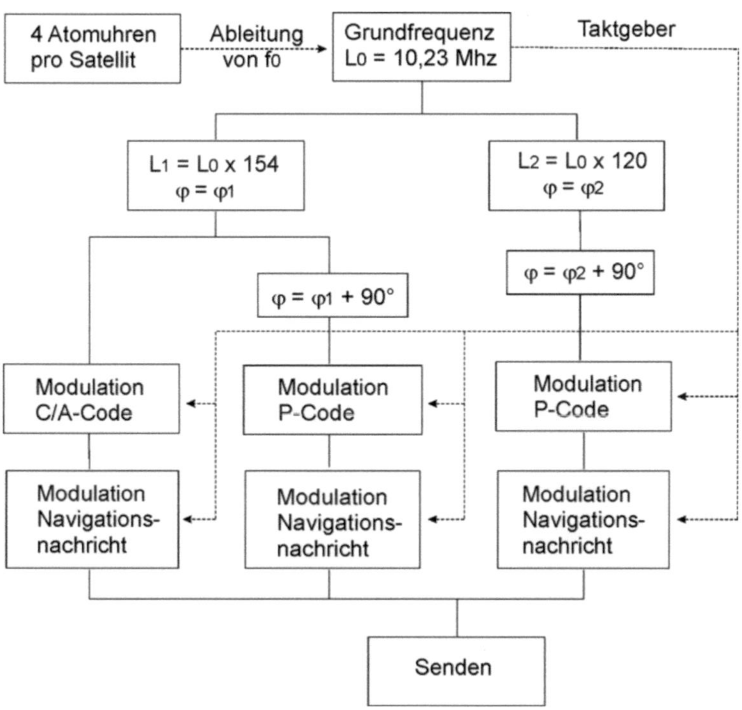

Abb. 5.10 Ableitung der Frequenzen und Takte aus der Grundfrequenz [4]

Für die Cosinuswelle bei L_1 und L_2 ergibt sich ein identischer Wellenzug erst nach Ablauf einer Periode von sieben Tagen, daher ist die Auswertung dieses Signals eindeutig. Die höhere Genauigkeit des P-Codes ergibt sich aus dem schnelleren Takt der Phasenmodulation, der eine genauere Zeitmessung und damit eine genauere Entfernungsmessung ermöglicht.

d) Korrelationsfunktion

Beim P-Code beträgt die Taktfrequenz 10,23 MHz. Dies entspricht einer Ortungsunsicherheit von 30 m. Der C/A-Code hat eine geometrische Länge von ca. 300 km, da er sich jeweils nach Ablauf von 1 ms wiederholt. Aufgrund der Taktfrequenz von 1.023 kHz beim C/A-Code ergibt sich damit eine Ortungsunsicherheit von ca. 300 m. Das bedeutet eine Mehrdeutigkeit, da nur innerhalb dieser Entfernung eine Distanzmessung möglich ist. Diese Mehrdeutigkeit wird mit der Korrelationsfunktion gelöst.

Zu unterscheiden sind Kreuzkorrelation und Autokorrelation. Die Kreuzkorrelation bezieht sich auf ähnliche Signale, die Autokorrelation gilt für eine identische Impulsfolge, wie sie zwischen dem empfangen Satellitensignal und dem Referenzsignal im Empfänger besteht. Die Impulse der verwendeten PRN-Codes sind statistisch (pseudozufällig) verteilt, und sie sind periodisch. Damit gleicht die Autokorrelationsfunktion derjenigen eines Rechteckimpulses [24].

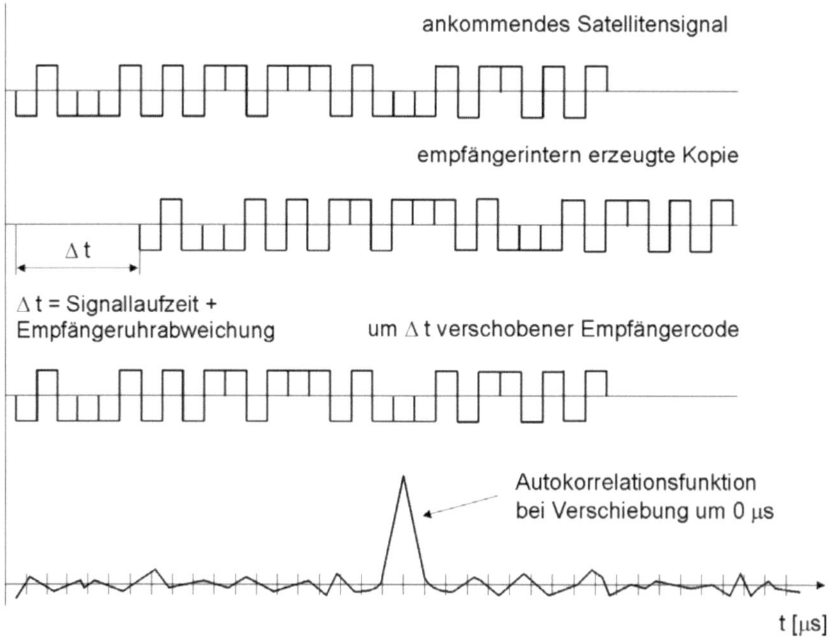

Abb. 5.11 Empfängerseitiger Messvorgang und Autokorrelationsfunktion

Zum Zeitpunkt des Eintreffens des Satellitensignals im Empfänger sind der PRN-Code und die Codekopie um den Betrag Δt gegeneinander versetzt, damit können sich beide Codes nicht gegenseitig aufheben.

Vereinfacht dargestellt, können der gesendete PRN-Code und die empfängerinterne Kopie in Abschnitte zerlegt werden, die genau einer Chipdauer entsprechen. Beide Signalstücke werden miteinander multipliziert, deren Produkte aufaddiert und genormt. Dieser Vorgang beginnt beim ersten Chip des empfangenen Signals und endet nach N Chips, anschließend wird derselbe Vorgang mit der um einen Chip versetzt erzeugten PRN-Codekopie wiederholt. Die entsprechenden Werte der Autokorrelationsfunktion erreichen ihr Maximum genau dann, wenn beide Codefolgen synchronisiert sind. Dies ist spätestens nach N Schritten der Fall [4].

Zur Feinmessung wird also der Empfängercode solange gegen den Satellitencode verschoben, bis ein Maximum der Autokorrelationsfunktion erreicht ist. Diese Verschiebung kann auf etwa 1% eines Bits genau durchgeführt werden, da dieses 1 µs oder 300 m lang ist, erreicht die Genauigkeit der Entfernungsmessung ~ 3 m. Der Maximalwert der Funktion gilt nur für eine einzige Stelle. Bei Korrelationsmaximum entspricht der Versatz der empfängerintern erzeugten Code-Kopie der Pseudoentfernung zum Satelliten.

e) Erzeugung der Codes

Die Erzeugung der Codes erfolgt durch Verknüpfung der Ausgänge (Modulo 2-Addition) zweier rückgekoppelter Schieberegister. Dabei werden bei jedem Uhrenimpuls die Inhalte jeder Zelle in die benachbarte rechte Zelle bzw. in den Ausgang verschoben, synchrone Erzeugung beider Codes, gesteuert durch gemeinsame Uhr [4].

C/A-Code: zwei Schieberegister mit je 10 Zellen, der Code entsteht durch Modulo 2-Addition der Ausgänge beider Register, nach 1023 Schritten sind die Zellen der Register alle wieder mit der Ziffer 1 gefüllt. Damit ergibt sich die periodische Codelänge N = 1023. Jeder Satellit erzeugt seinen individuellen C/A-Code.

P-Code: zwei Schieberegister mit je 12 Zellen, der Code entsteht prinzipiell analog dem C/A-Code, die Sequenz wiederholt sich alle 267 Tage. Jeder Satellit erzeugt einen 7 Tage-Ausschnitt des Gesamtcodes.

Um 00.00 UT an jedem Sonntag beginnen die einzelnen Satelliten jeweils erneut ihre Ausschnitte zu erzeugen. Die beiden Abgriffe für den Modulo 2-Addierer vor dem Ausgang des Schieberegisters G2 liegen für jeden Satelliten individuell. Damit erzeugt jeder Navigationssatellit seinen eigenen, individuellen PRN-Code und kann so vom Empfänger identifiziert werden.

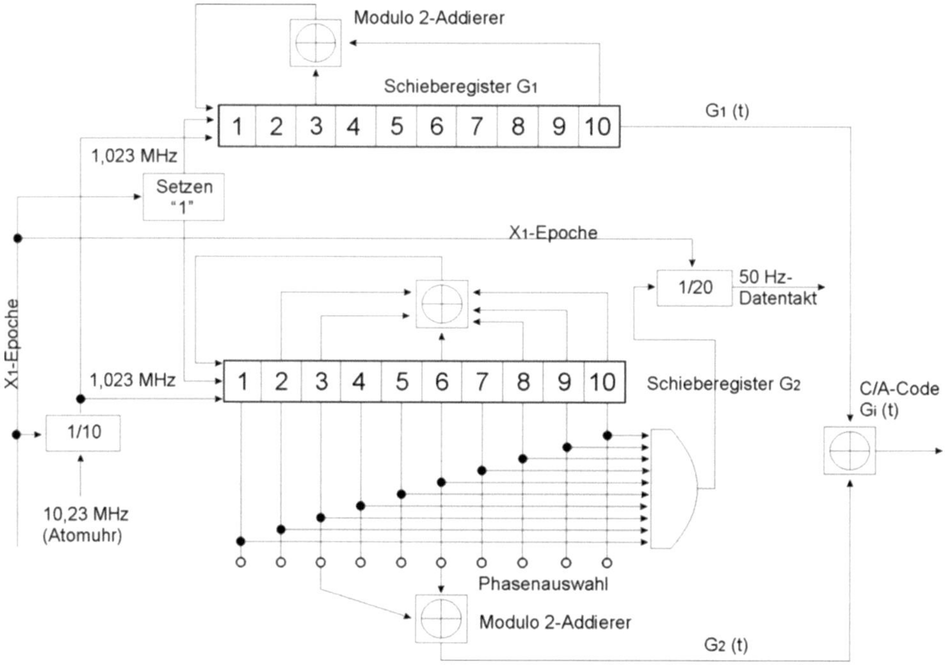

Abb. 5.12 Funktionsschema eines C/A-Code Generators [24]

5.3.2 GPS-Systemsicherungsmaßnahmen

Selective Availability (SA), ausgewählte Verfügbarkeit, bedeutet, dass der Systembetreiber auswählt, welcher Anteil des Genauigkeitspotentials von GPS der Allgemeinheit zur Verfügung gestellt wird. Es erfolgt dabei eine künstliche Verschlechterung der potentiellen Genauigkeit der absoluten Ortsbestimmung in Echtzeit durch:

- verfälschte Satellitenbahndaten
- künstliches Verrauschen der Trägersignale

SA schränkte die absolute Navigationsgenauigkeit für einen zivilen Nutzer auf etwa 100 m ein. Am 2. Mai 2000 gegen 04.00 UT wurde SA vorläufig abgeschaltet, dies kann aber jederzeit wieder rückgängig gemacht werden.

Am 31. Januar 1994 wurde Antispoofing (AS) (engl. to spoof: beschwindeln) für alle Block II Satelliten aktiviert. Diese Maßnahme soll falsche Signale feindlicher Sender verhindern. Zu diesem Zwecke trägt der P-Code auf L_2 den geheimen W-Code (P(Y)-Code). Für Testzwecke wird AS zeitweilig deaktiviert.

5.3.3 Navigationsnachricht und Empfänger

Voraussetzung zur Durchführung einer Ortung in Echtzeit ist, dass die Bahndaten des Satelliten sowie Zusatzinformationen ständig zur Verfügung stehen. Somit muss das Satellitensignal diese Daten mit enthalten. Inhalt der Navigationsnachricht ist [4]:

- Uhrkorrekturen der Satellitenuhr
- Ephemeriden des jeweiligen Satelliten
- Almanachdaten
- GPS-Zeit

Die Übertragungsrate beträgt 50 Bit/s. Bei der Gesamtlänge eines sog. Frames von 1500 Bit dauert die vollständige Übermittlung 30 Sekunden. Daten- und C/A-Code sind synchronisiert, damit entspricht der Anfang eines Datenbits dem Beginn einer C/A-Codesequenz. Die Grobstruktur der Frames unterteilt sich in jeweils fünf sog. Subframes. Ein sog. Masterframe umfasst 25 Frames. Jeder Subframe beginnt mit zwei Spezialwörtern, dem Telemetry Word (TLM) und dem Handover Word (HOW). Das TLM enthält eine festgelegte 8 Bit-Struktur zur Synchronisation und eine 14 Bit-Nachricht, die Auskunft darüber gibt, ob gerade neue Ephemeriden an den Satelliten übermittelt werden, oder ob andere Satellitenoperationen ausgeführt werden. Das HOW enthält den Zeitpunkt des Beginns der nachfolgenden Sequenz nach Satellitenzeit, damit wird der Zugang zum P-Code ermöglicht.

Zur Übermittlung der Gesamt GPS-Nachricht an den Empfänger werden 25 x 30 s = 12,5 min benötigt, weil zur Übertragung der Inhalte der Subframes 4 und 5 eine Nachricht und damit ein Frame von 30 s nicht ausreicht. Daher umfasst ein Masterframe 25 Frames mit, außer Subframe 4 und 5, unverändertem Inhalt. Die Übertragung der Navigationsnachricht an den Satelliten selbst geschieht nach deren Generierung durch Bodensendestellen des Kontrollsegments.

Mit den Modifizierungen der Satelliten gegenüber Block II wird sich die Speicherzeit der Satelliten für die Daten der Navigationsnachricht von 14 Tagen auf 180 Tage erhöhen [24].

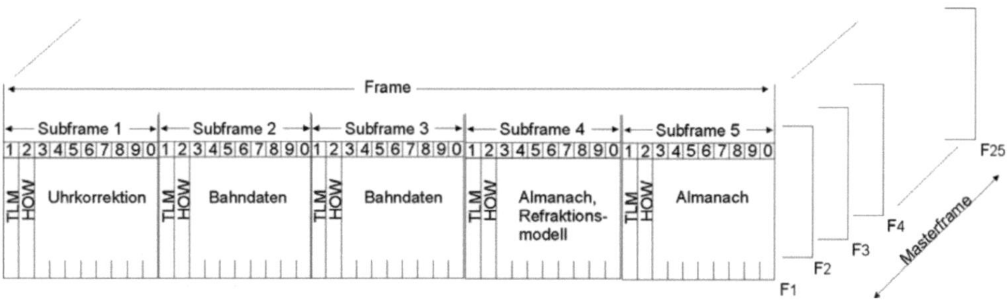

Abb. 5.13 Struktur und Inhalt der Navigationsnachricht [4]

Als Empfänger zur Auswertung der Signale von den Navigationssatelliten kommen Mehrkanal-, Sequenzkanalempfänger und Multiplextechnik zur Anwendung. Die fünf Hauptkomponenten und Funktionen eines GPS-Empfängers sind [24]:

- Hochfrequenzteil
- Signalerfassung/Signalverarbeitung
- Messgrößenverarbeitung
- Schnittstelle zum Nutzer
- Stromversorgung

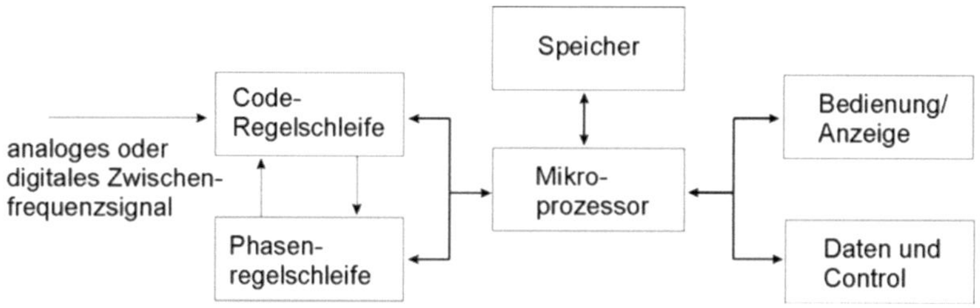

Abb. 5.14 Vereinfachtes Funktionsschaltbild eines GPS-Empfängers [24]

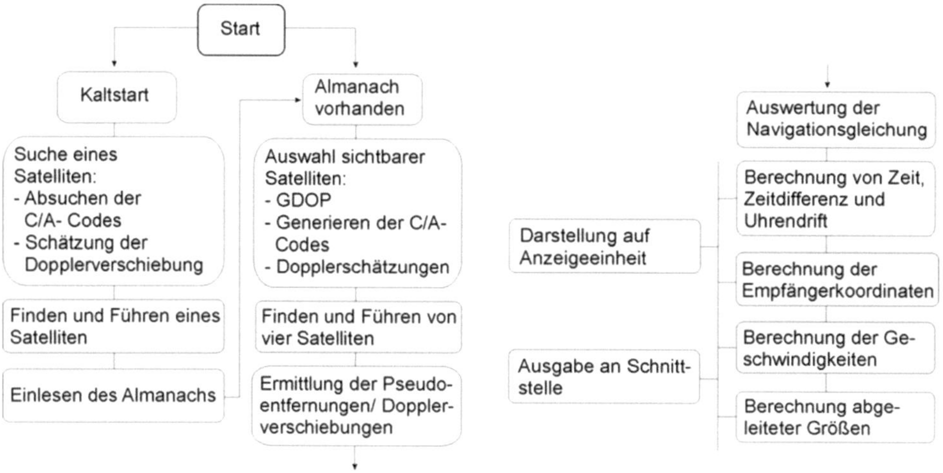

Abb. 5.15 Ablaufschema der Navigationsberechnung [31]

Folgende Aufgaben sind vom Empfänger zu leisten: Signalaquisition, Einrasten des Signals ab bestimmter Pegelstärke sowie Durchführung des Korrelationsprozesses zwischen empfangenem Code und empfängerintern erzeugter Codekopie.

Des Weiteren führt er die Algorithmen zur Berechnung der Satelliten-/Ortskoordinaten aus und leistet schließlich die Transformation der Koordinaten. Die Empfangsantennen sind in der Regel auf der Luftfahrzeugoberseite installiert.

5.4 Bezugssysteme

Für die Ortung und Vermessung ist die Kenntnis der Satellitenkoordinaten notwendig. Dabei ist die Genauigkeit der Koordinaten Maß für Genauigkeit der Ortung. Die Verwendung richtet sich nach Einsatzzweck sowie Genauigkeitsanforderungen. Mögliche Bezugssysteme sind:

- kartesisches Koordinatensystem
- vereinbartes raumfestes Bezugssystem
- vereinbartes erdfestes Bezugssystem
- elliptisches Bezugssystem (WGS 84)

Zur Beschreibung der Bewegung von Satelliten ist ein raumfestes Inertialsystem erforderlich, da deren Bewegung den Keplerschen Gesetzen unterliegt. Bei einem erdfesten System treten Beschleunigungen auf, daher ist ein solches als Inertialsystem formal ungeeignet. Aufgrund der Vernachlässigbarkeit der auftretenden Beschleunigungen wird ein Quasiinertialsystem mit Koordinatenursprung im Geozentrum verwendet. Wegen Präzession und Nutation ist die Lage der Erdrotationsachse per Konvention wie am 1. Januar 2000 als Z-Achse, die Orientierung der X-Achse in der Ebene senkrecht zur Z-Achse in Richtung des vereinbarten Frühlingspunktes festgelegt (Conventional Inertial System - CIS) [4].

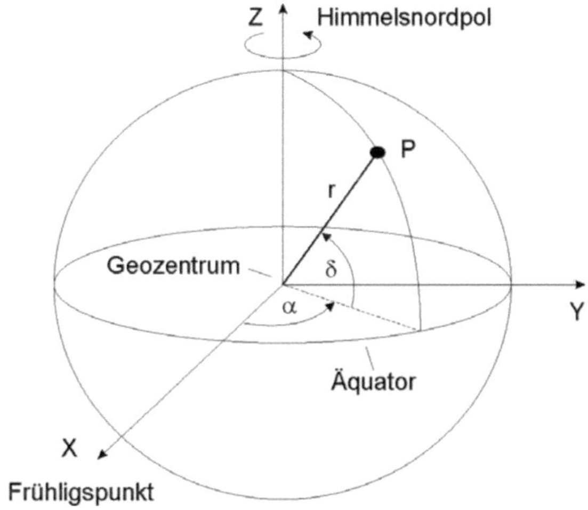

Abb. 5.16 Koordinatensystem des Himmelsäquators als Inertialsystem

α ... Rektaszension des Punktes P
δ ... Deklination des Punktes P
r ... Entfernung vom Geozentrum

Durch das Koordinatensystem des Himmelsäquators der nautischen Astronomie kann jeder Punkt eindeutig auf der Himmelskugel lokalisiert werden. Für die Umrechnung der sphärischen Koordinaten α, δ, r in kartesische Koordinaten gelten folgende Beziehungen [24]:

$$X = r \cdot \cos\delta \cdot \cos\alpha$$
$$Y = r \cdot \cos\delta \cdot \sin\alpha \qquad r = \sqrt{\left(X^2 + Y^2 + Z^2\right)}$$
$$Z = r \cdot \sin\delta$$

Zur Angabe von Punkten auf der Erde und im erdnahen Raum ist das Quasi-inertialsystem nicht geeignet, denn im raumfesten System haben Punkte auf der Erde wegen der Erdrotation laufend andere Koordinaten. Hierfür ist ein mit dem Erdkörper verbundenes Koordinatensystem erforderlich [24]:

- Ursprung im Massenmittelpunkt der Erde
- Z-Achse = Erdrotationsachse (zu festgelegtem Zeitpunkt)
- Senkrecht zu Z-Achse die Y-Achse

Das ergibt das Conventional Terrestrial System (CTS) bzw. Earth Centered Earth Fixed System (ECEF). WGS 84 als geodätisches Weltsystem ist ein elliptisches Bezugssystem, und als Nachfolger von WGS 72 für GPS konzipiert. Es gelten die Größen:

- elliptische Breite φ
- elliptische Länge λ
- elliptische Höhe h

Im Empfänger erfolgt die Transformation der kartesischen Koordinaten in geographische Koordinaten auf der Basis von WGS 84. Für Einzelheiten der geometrischen Parameter sowie zur Transformation ellipsoidischer Koordinaten in kartesische und umgekehrt, siehe Kapitel 2 !

5.5 Fehlereinflüsse und Systemgenauigkeit

In diesem Kapitel werden nur GPS-spezifische Fehler und Genauigkeitsbegriffe genannt. Fehlerkomponenten bei der Satellitenortung sind:

- Satellitenbahnfehler
- Standliniengeometrie (abhängig von Satellitenkonstellation)
- Messrauschen

- Mehrwegeausbreitung
- Satellitenuhrenfehler/ Zeitmessung
- troposphärische und ionosphärische Refraktion, damit Laufzeitfehler in Abhängigkeit von der Höhe des Satelliten über dem Horizont

Hierbei kann man grundsätzlich unterscheiden zwischen Fehlern aufgrund des Entfernungsmessverfahrens (Entfernungsfehler) und Ortungsfehlern aufgrund der Geometrie Satellit - Empfänger. Positionsfehler hängen also nicht nur vom Messfehler der Pseudoentfernungen ab, sondern auch in hohem Maße von den geometrischen Verhältnissen zwischen den für die Ortung genutzten Satelliten und dem Ort des Nutzers.

Der Flächeninhalt der sog. Positionsfehlerfläche und damit der Satellitenabstandswinkel γ haben einen direkten Einfluss auf die Größe des Positionsfehlers. Ein kleiner Satellitenabstandswinkel und damit eine große Positionsfehlerfläche bedingen einen hohen Betrag des Positionsfehlers, ein großer Satellitenabstandswinkel und damit ein kleiner Positionsfehlerflächeninhalt bedingen einen kleinen Positionsfehler. Aufgrund der Bahngeschwindigkeit der Satelliten und ggf. der Eigenbewegung des Nutzers ergeben sich permanente Änderungen der Satellitenkonstellation und damit der Standliniengeometrie.

Dies bedeutet, dass im Empfänger ein Algorithmus zur Optimierung der Satellitengeometrie, bezogen auf die jeweilige Empfängerposition, durch Auswahl der jeweils günstigsten Satellitenkonstellation erfolgen muss.

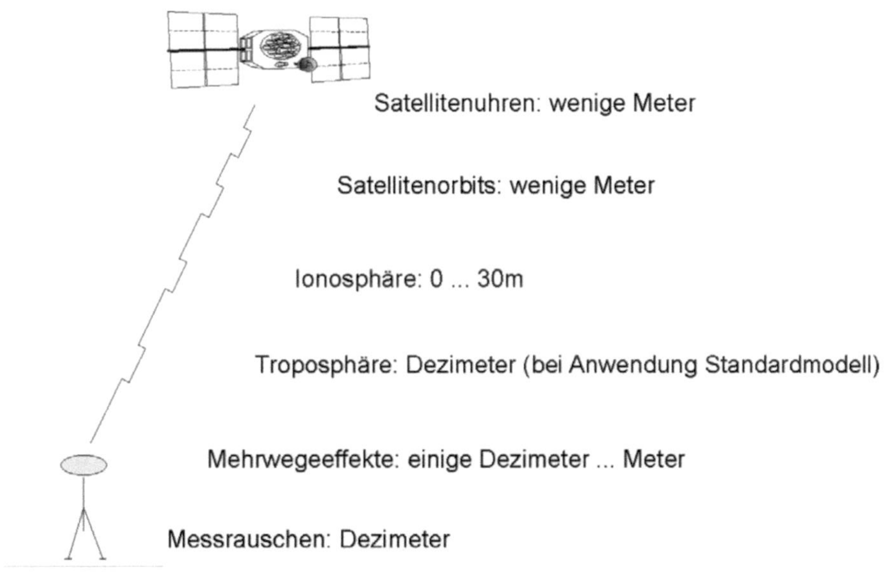

Abb. 5.17 Genauigkeitsbegrenzende Faktoren der GPS-Signalausbreitung [41]

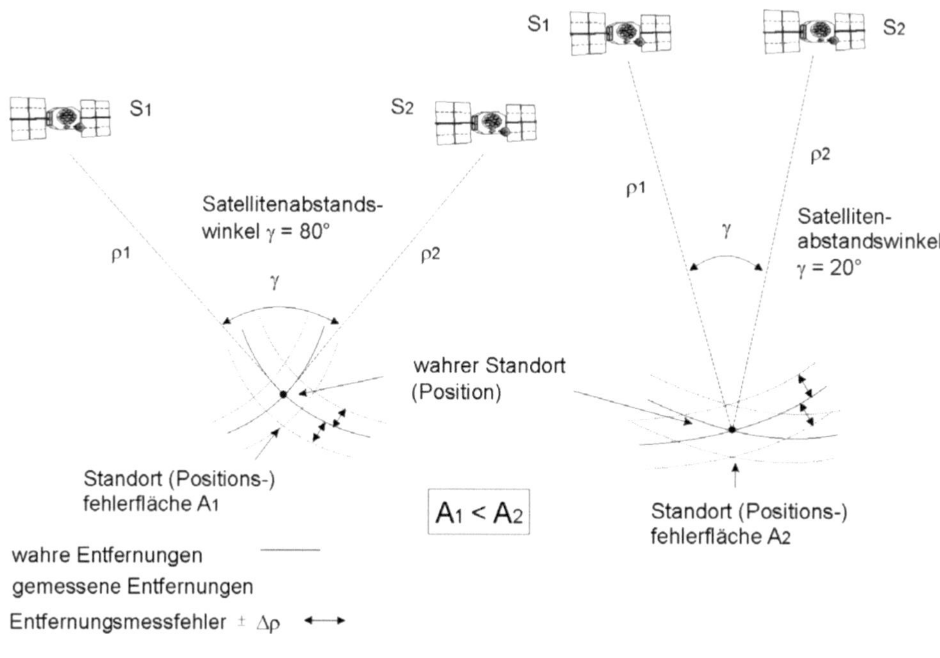

Abb. 5.18 Positionsfehler und Fehlerflächen bei der Standortbestimmung durch zwei Entfernungen ρ_1 und ρ_2 mit unterschiedlichen Satellitenabstandswinkeln γ [24]

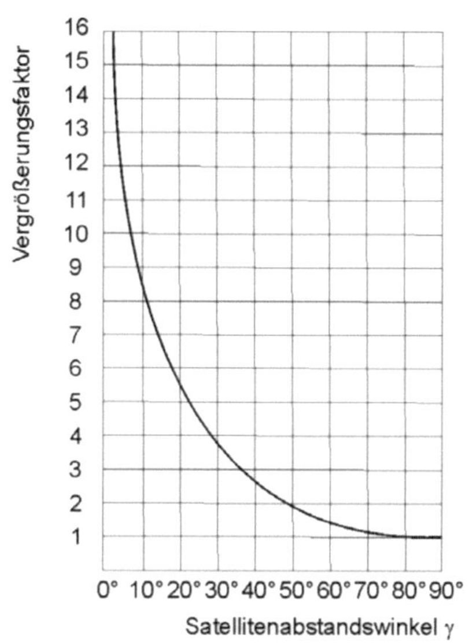

Abb. 5.19 Relative Vergrößerung des Positionsfehlers (2D) abhängig vom Winkel γ [24]

Genauigkeitsmaße können ein-, zwei- oder dreidimensional sein, entsprechend ergeben sich [4]:

- LEP, CEP, SEP
- Einfache Standardabweichung (σ)
- Zweifache Standardabweichung (2 σ)

Dilution of Position (DOP) ist das Maß der geometrisch bedingten Ortungsfehler, es ist der Quotient aus der Standardabweichung des Positionsfehlers σ_p und der Standardabweichung des Entfernungsfehlers σ_r. User Equipment Range Error (UERE) steht für den Entfernungsmessfehler. Die Fehler 3D, 2D, in der Vertikalebene sowie der Uhrzeitabweichung bilden zur Fehlerangabe des Gesamtsystems die sog. Geometric Dilution of Precision (GDOP) [24].

Der GDOP-Faktor ist orts- und zeitabhängig, entsprechend kann die Messung optimiert werden durch Auswahl der jeweils günstigsten Satellitenkonstellation. Die garantierte Ortungsgenauigkeit für den C/A-Code wird jedoch um den Faktor 2 - 3 übertroffen aufgrund der hohen Verfügbarkeit der 24^+ GPS-Satelliten sowie der tatsächlich höheren Qualität der Ephemeriden als garantiert und einer sehr guten Empfängerqualität. Die Genauigkeit der Zeitmessung ist besser als 30 Nanosekunden.

Tab. 5.1 Entfernungsmessfehler bei der Ermittlung der Pseudoentfernung [24]

Segment	Fehlerquelle	Standardbetriebsweise mit C/A-Code, Fehler (UERE) in [m]	Präzisionsbetriebsweise mit P(Y)-Code, Fehler (UERE) in [m]
Raumsegment	Satelliteninstabilität, Satellitenbahnstörungen, sonstige Ursachen, Sonnenstrahlungsdruck, Sonnenwind	3,0 1,0 0,5	3,0 1,0 0,5
Kontrollsegment	Fehler in vorausgesagten Ephemeriden, Messfehler der Monitore	4,2 0,9	4,2 0,9
Nutzersegment	Laufzeitverzögerungen in Ionosphäre und Troposphäre, Empfängerrauschen und Messauflösung, Mehrwegeausbreitung, Interferenzen	8,0 2,5 1,5 2,5 0,5	1,2 1,5 1,5 1,2 0,5
Gesamtsystem	Quadrat. Mittelwert	10,3	6,0

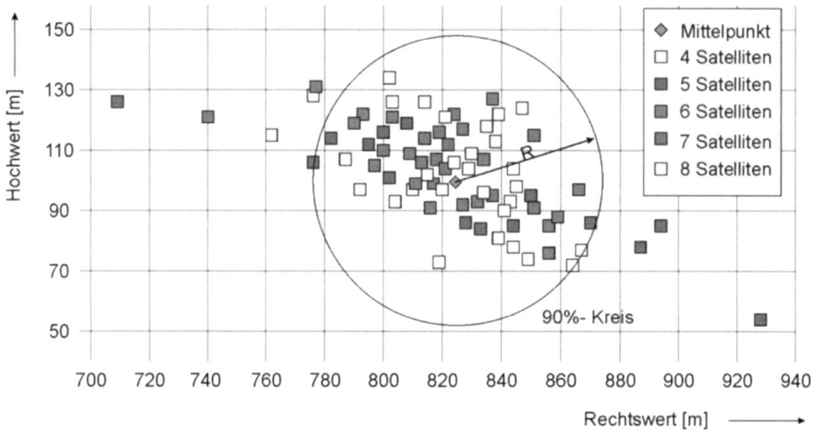

Abb. 5.20 Beispiel einer statistischen Verteilung von Positionsmesswerten (GPS-Messung am 22.05. 2001) [31]

5.6 GPS-Ergänzungssysteme

Zur Verbesserung des Genauigkeitspotentials der zivilen GPS-Anwendungen wurden Unterstützungssysteme entwickelt, welche man nach dem geographischen Einsatzbereich unterscheiden kann als Ergänzungssysteme für den Weit- und für den Nahbereich. Außerdem kann zwischen bodengestützten und satellitengestützten Ergänzungssystemen unterschieden werden:

- Ground Based Augmentation Systems (GBAS)
- Satellite Based Augmentation Systems (SBAS)

Des Weiteren kann man nach der Messsystematik zwischen absoluter und differentieller bzw. relativer Messung bei der Nutzung bodenseitiger Referenzstationen unterscheiden.

5.6.1 Unterstützungssysteme für den Weitbereich

Diese Systeme werden als sog. Satellite Based Augmentation Systems (SBAS), bzw. als satellitengestützte differentielle Messsysteme bezeichnet. Momentan sind regional folgende Dienste im Einsatz:

- WAAS in der Region Nord- und Südamerika
- MSAS im asiatisch-pazifischen Raum
- EGNOS für Europa und Nordafrika

Mit wenigen Bodenstationen innerhalb eines größeren geographischen Raumes erfolgt hierbei eine Bereitstellung von differentiellen GPS-Korrekturdaten.

Diese berücksichtigen ionosphärische Laufzeitfehler der Satellitensignale, Ephemeriden- sowie Uhrenfehler. Verbesserte Korrekturdaten werden von einer Bodenstation an geostationäre Satelliten gesendet und über diese an den Nutzer weitergegeben. Des Weiteren werden an den Empfänger alle sechs Sekunden Meldungen zur Integrität der Satellitensignale gesendet. Übermittelt werden sog. GPS look-alike Signale, damit sind die Dienste interkompatibel, d.h. ein Empfänger kann für jedes der SBAS genutzt werden.

In den USA erfolgt mit dem sog. Wide Area Augmentation System (WAAS) über das geostationäre Satellitensystem INMARSAT eine Weitbereichsunterstützung. Die Satelliten sind INMARSAT AOR-W und POR sowie Intelsat Galaxy XV und TeleSat Anik F 1 R (PRN 122 ; PRN 134 ; PRN 135 ; PRN 138). Mit WAAS können Präzisionsanflüge der ICAO-Landekategorie I durchgeführt werden. Betriebsfrequenzen für den Nutzer gehen aus den entsprechenden Anflugkarten hervor. Betreiber ist die US-amerikanische Flugsicherung.

Japan betreibt für den asiatisch-pazifischen Raum das sog. Multifunction Satellite Augmentation System (MSAS), welches sich an WAAS orientiert. Es beruht auf der ursprünglichen Konzeption von MTSAT (Multifunctional Transport Satellite) des japanischen Verkehrsministeriums mit den Satelliten MTSAT 1 R und 2 (PRN 129 ; PRN 137).

Die in Europa für GPS und GLONASS entwickelte Weitbereichserweiterung ist das sog. European Geostationary Navigation Overlay System (EGNOS). Dieses stellt die Stufe 1 der europäischen Initiative für ein ziviles globales Satellitennavigationssystem (GNSS I) und damit die erste gemeinsame europäische Unternehmung im Bereich Satellitennavigation dar. Verbessert werden sollen Genauigkeit, Einsatzverfügbarkeit und Integrität der bestehenden Systeme GPS und GLONASS. Damit ergibt sich eine Eignung zur Nutzung für sicherheitskritische Anwendungen. Die Testphase begann im Herbst 2000. Das EGNOS-Raumsegment wird durch drei geostationäre Kommunikationssatelliten gebildet. Dies sind zwei INMARSAT 3-Satelliten (IOR (W) - Indian Ocean Region West sowie AOR (E) - Atlantic Ocean Region East) und der ESA-Satellit ARTEMIS (PRN 126 ; PRN 120 ; PRN 124). Diese dienen als Transponder zur Datenübermittlung. Die ausgesendeten Signale enthalten eine Information über die Zuverlässigkeit und Genauigkeit der EGNOS- bzw. GPS-Signale. Erreicht werden sollen:

- Genauigkeit der Zeitmessung besser als 10 Nanosekunden
- Horizontale Positionsgenauigkeit 1 - 2 m
- Vertikale Positionsgenauigkeit 2 - 4 m

Das Bodensegment setzt sich aus ca. 30 Stationen zusammen. Dies sind Monitorstationen (Ranging and Integrity Monitor Station - RIMS), Erdfunkstellen (Navigation Land Earth Station - NLES) und das Satellitenkontrollzentrum (Mission Control Center - MCC). Die gemeinsamen Schnittstellen bietet das EGNOS-Wide Area Network (EWAN). EGNOS ist ein Gemeinschaftsprojekt der ESA, der Europäischen Kommission und der EUROCONTROL.

Neben mehreren europäischen nationalen Luft- und Raumfahrtorganisationen ist auch die Deutsche Flugsicherung GmbH (DFS) beteiligter Partner. Die Betriebsfähigkeit (operational readiness) war im Juli 2005 erreicht. Eine Einführung sog. Safety of Life (SoL)-Dienste ist ab 2007 vorgesehen.

Beispiele EGNOS-tauglicher Empfänger sind GARMIN 400 und 500.

5.6.2 Unterstützungssysteme für den Nahbereich

Diese werden unter Local Area Augmentation System (LAAS) zusammengefasst. Sie sollen schrittweise die Durchführung von Präzisionslandeanflügen der ICAO-Landekategorien I, II und III ermöglichen. Entsprechende Präzisions- (PA) und Nichtpräzisionsanflugverfahren (NPA) sowie Anfüge mit vertikaler Führung (APV) werden im Kapitel 6 genannt.

a) Relative Messung

Die relativen Messungen des Differential-GPS finden für die Luftfahrt Anwendung als sog. Ground Based Augmentation System (GBAS).

Bei diesem System erfolgen Fehlerkorrekturen entsprechend den Empfangsbedingungen für die Satellitensignale im Bereich der Start- und Landebahn sowie eine Berechnung der wahren Schrägentfernung des Navigationssatelliten. Grundlage des Systems ist die Annahme, dass Ortungsfehler durch Satellitengeometrie sowie aufgrund ionosphärischer und troposphärischer Refraktion in einem begrenzten geographischen Gebiet gleich groß sind. Ebendort wird eine DGPS-Bodenstation installiert, deren exakte Position durch geodätische Vermessung bekannt ist. Diese Bodenstation empfängt fehlerbehaftete Satellitensignale in gleicher Weise wie Nutzer im betroffenen Nahbereich.

Der Positionskorrektur-Prozessor vergleicht die empfangenen Positionsdaten mit der bekannten eigenen Position und errechnet den Positionsfehler in Form von Korrekturwerten nach Größe und Richtung. Ein Korrekturdatensender übermittelt die Korrekturwerte über Funk an den Nutzer zum Update der Position. Generell kann eine vorhandene Infrastruktur z.B. LF- und MF-Funknavigationshilfen genutzt werden. Bei GBAS-Luftfahrtanwendungen geschieht die Korrekturdatenübertragung über einen digitalen VHF-Datenlink. Die Bordanlage des Luftfahrzeuges muss, um das System nutzen zu können, um einen speziellen Korrekturdaten-Empfänger für die entsprechende Betriebsfrequenz ergänzt werden. Bei diesem handelt es sich um einen sog. Multi Mode Receiver (MMR).

Die DFS betreibt seit dem Jahr 2000 am Flughafen Frankfurt/Main einen GBAS-Bodenstationsprototypen für Testzwecke und Vorversuche. Eine zunächst noch nicht zugelassene GBAS-Bodenstation wird für das zweite Quartal 2007 am Flughafen Bremen erwartet, welche 2008 durch eine finale Version ersetzt werden soll.

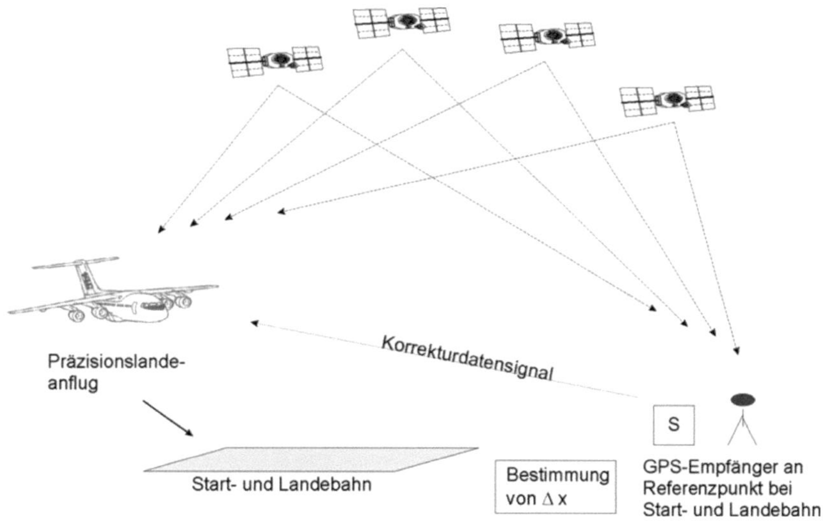

Abb. 5.21 Funktionsschema eines Ground Based Augmentation System (GBAS)

b) Pseudoliten

Bei dieser Einrichtung handelt es sich um ein Kunstwort aus Pseudo und Satellit. Sie übt die Funktion eines Satelliten aus, ist aber eine am Boden befindliche Station. Die informationstechnischen Einrichtungen sind denen des GPS-Satelliten ähnlich. Bei wesentlich höherer Ortungsgenauigkeit werden Verfügbarkeit und Integrität erhöht. Messungen mit Pseudoliten fügen sich damit in die Systematik der relativen Ortung ein [16].

c) Präzisionsmessung, ergänzt durch sonstige Systeme

Für wissenschaftliche Anwendungen, insbesondere geodätische Vermessungen, sind dezimeter- oder sogar zentimetergenaue Lösungen und besser erforderlich. Diese können durch Auswerteverfahren der Code- und Trägerphasenmessung erreicht werden. Zu diesem Zweck können eine oder mehrere Referenzstationen genutzt werden.

Hier ist, abhängig von der gewünschten Positionierungsgenauigkeit die Unterscheidung zwischen sog. DGNSS-Diensten (Korrekturdaten einer Referenzstation) und Netz-DGNSS (RTK) Diensten notwendig. Während bis etwa 1995 nur eine nachträgliche Datenauswertung im sog. Postprocessing-Verfahren nach statischer Messung durchführbar war, sind seitdem durch Netz-RTK (real time kinematic) Echtzeitlösungen verfügbar. Beispiel für einen entsprechenden RTK-Positionierungsdienst in Deutschland mit einem Netz von Referenzstationen im Abstand von etwa 50 km ist SAPOS [41].

SAPOS ist der Netz-RTK Dienst der deutschen Landesvermessungsämter. Er umfasst ca. 260 Referenzstationen. Beispiel für einen nichtbehördlichen Dienst ist der Satelliten-Referenzdienst der Ruhrgas AG.

Die Daten der Vermessungsämter sind für die Vielzahl von Anwendungen insbesondere für die sog. Car Navigation Systems über Rundfunksender als RF-Träger im Radio Data System (RDS) verfügbar. Die Übertragung erfolgt im genormten RTCM-Format (RTCM - Radio Technical Comission for Maritime Services). Für das erforderliche Datenkomprimierungsverfahren „Rasant" ist neben dem Radioempfänger ein spezieller Rasant-Decoder notwendig. Zu erwähnen ist ebenfalls die Nutzung von Mobilfunknetzen zur Datenübertragung.

Folgende operationelle Problemparameter sind in ihren Ausprägungen für die einzelnen verkehrsträgerspezifischen Anwendungen teilweise noch festzulegen [26]:

- Verfügbarkeit (Availability)
- Kontinuität der Signale (Continuity of Function [Service])
- Genauigkeit (Accuracy)
- Zuverlässigkeit (Integrity)

5.6.3 Integritätsprüfung

Die Integrität eines Navigationssystems bezieht sich auf seine Fähigkeit, einen Nutzer rechtzeitig zu warnen und ihm von der Verwendung diese Systems abzuraten, wenn es fehlerhafte Informationen liefert. Diese Integrität ist bei GPS zwar grundsätzlich über die Navigationsmitteilung gewährleistet, die entsprechenden Mitteilungen erreichen den Nutzer in der Regel aber mit einer mehr oder weniger großen Zeitverzögerung. Dies ist vor allem in der Luftfahrt unzureichend. Daher erfolgt die Entwicklung von Verfahren und technischen Mitteln, um Integrität von GPS ohne Zeitverzug zu gewährleisten. Die Integritätsspezifikationen haben Alarmgrenzen, Alarmzeiten und Entdeckungswahrscheinlichkeiten zum Inhalt. Die Spezifikation für die Luftfahrt unterscheidet die drei Flugphasen:

- Streckenflug
- Bewegung im Flughafenbereich
- Landeanflug

Für die Integritätsprüfung haben sich zwei Verfahren herausgebildet: das sog. Receiver Autonomous Integrity Monitoring (RAIM), ein für den Nutzer autonomes Verfahren für den Streckenflug, den sog. Terminal Area und für den Nichtpräzisionsanflug vergleicht die empfangenen Satellitensignale untereinander. Der sog. GPS-Integrity Channel (GIC), als kooperatives Verfahren überprüft das fehlerfreie Arbeiten der GPS-Satelliten von Bodenstationen aus. Nachteil ist die schwere Realisierbarkeit im Bereich unerschlossener Gebiete und der Ozeane [16].

5.6.4 Vorgesehene Modernisierungen und Ergänzungen bei GPS

Die zahlreichen Modernisierungsmaßnahmen bestehen in der Vergrößerung des Bodensegments sowie einer Erhöhung der Anzahl der Monitorstationen von fünf auf 20. Des Weiteren ist die Erweiterung des Raumsegments auf 30^+ für 2007 durch den Start weiterer Block II R-M Satelliten vorgesehen.

Weitere Maßnahmen sind [25]:

- Verbesserung der Signalstruktur, Einführung eines neuen Trägers L_5 auf der Frequenz 1176,45 MHz, breitbandig moduliert (Subträgermodulation)
- Einsatz einer neuen Satellitengeneration - Block II F - ab 2008
- Erweiterung der Dienste
- Verbesserung des Nuklearsensors (Beobachtung nuklearer Ereignisse)
- Veränderung der Antennenrichtcharakteristik (Ausleuchtungswinkel von bisher 40 - 50° war nicht variabel) zu einer steuerbaren, veränderlichen Richtcharakteristik mittels sog. phased-array Antennen durch Phasen- und Leistungssteuerung einzelner Antennenelemente und damit des Antennengewinns

Eine Intersatellitenkommunikation zum Uhrzeitabgleich und X-link (Austausch von Positionsdaten über Navigationskanäle) stellen weitere Verbesserungen dar.

5.7 GALILEO

Das europäische Satellitennavigationssystem GALILEO, als gemeinsames Projekt der Europäischen Kommission und der Europäischen Raumfahrtagentur (European Space Agency - ESA), wird seit Ende der 1990er Jahre entwickelt. Es stellt die Ausbaustufe 2 der europäischen Initiative für ein ziviles Satellitennavigationssystem (GNSS II) dar. Der erste von zwei Testsatelliten, GIOVE-A und B (Galileo In-Orbit Validation Element), wurde im Dezember 2005 vom russischen Weltraumbahnhof Baikonur/Kasachstan in den Orbit verbracht. Der Start des Zweiten ist für das Frühjahr 2007 vorgesehen. Zentrale des europäischen Konsortiums ist Brüssel. Die zwei Bodenkontrollzentren befinden sich in Oberpfaffenhofen (GSOC) und Toulouse (Fucino/Italien während der Testphase).

Das Raumsegment wird aus 30 Navigationssatelliten bestehen, verteilt auf drei Orbits mit einer mittleren Bahnhöhe von 23.616 km. Die angebotenen Dienste (teilweise nur gegen Gebühr) werden sein:

- Open Service (OS)
- Safety of Life Service (SoL)
- Public Regulated Service (PRS)
- Commercial Service (CS)
- Unterstützung der Such- und Rettungsdienste (SAR)

Vorteile von GALILEO werden, insbesondere durch Nutzung in Kombination mit GPS und damit der Verdoppelung der Satellitenanzahl, eine bessere Verfügbarkeit, eine gesteigerte Zuverlässigkeit und eine höhere Genauigkeit in der Zeitmessung sein. Es erfolgt der erstmalige Einsatz von H-Maser neben Rb-Frequenznormalen (ab GIOVE-B) in Navigationssatelliten, was eine Verbesserung der Genauigkeit der gemessenen Pseudostrecken bedeutet.

Vorhersage und Verfolgung der Satellitenbahnen werden, verglichen mit GPS, durch effektivere Laser-Reflektoren (corner cube reflektor), welche an den Satelliten installiert sind, eine Präzision der Entfernungsmessung im Genauigkeitsbereich von Millimetern erreichen. Durch den Vergleich der gemessenen Entfernung mittels Laser (Satellite Laser Ranging - SLR) mit der durch Auswertung der Navigationssignale ermittelten Entfernung können Rückschlüsse auf die Präzision der Atomuhren an Bord der Satelliten getroffen werden.

6 Integrierte Navigation

Navigationssysteme, wie sie in den Kapiteln 1 - 5 dieses Buches beschrieben wurden, ermitteln jeweils nur eine Art der navigatorischen Information. Abhängig von der Art der Sensoren können grundsätzlich die folgenden drei Arten von Navigationsdaten generiert werden:

- Entfernung und/oder Richtung zu einen Bezugspunkt (bezugspunktabhängige Funknavigation)
- Betrag und Richtung einer Beschleunigung (Trägheitsnavigation)
- Betrag und Richtung einer Geschwindigkeit (Koppelnavigation)

Jedes dieser Navigationsverfahren hat seine spezifischen Vor- und Nachteile. Für jede Anwendung kann das entsprechend jeweils günstigste Verfahren ausgewählt werden. Die an moderne Ortungs- und Navigationssysteme gestellten Forderungen nach Genauigkeit, Zuverlässigkeit, Verfügbarkeit und Integrität führten zu einer Kombination teilweise konventioneller Systeme zu einem integrierten Navigationssystem (Multisensorkonzept).

6.1 Architektur eines integrierten Navigationssystems

Bei integrierten Navigationssystemen erfolgt die Nutzung einer größeren Anzahl von Sensoren, als notwendig. Dies hat zwei Vorteile:

Einerseits können mehr Navigationsdaten erzeugt werden, was eine bessere Auswahlmöglichkeit bezüglich der Nutzung der genauesten Daten für die weitere Verwendung bedeutet. Andererseits hat ein solches System bezogen auf die Redundanz seiner Komponenten deutliche Vorteile. Es muss eine Entscheidung getroffen werden, welche der verfügbaren Daten die genauesten sind, und einem Navigationsrechner für eine optimale Verwendung zugeführt werden sollen. Der beste Genauigkeitsgewinn ergibt sich bei der Anwendung von Navigationsverfahren, deren Fehlerverhalten zueinander komplementär ist. Das ist der Fall, wenn man Navigationsdaten von guter Kurzzeitgenauigkeit (Trägheitsnavigation) mit Daten guter Langzeitstabilität (konventionelle Funknavigation oder GNSS) kombiniert. Die von einem IRS genutzten Ausgangsdaten sind völlig rauschfrei, unterliegen aber einer zeitlichen Drift. Die Ausgangsgrößen bei Funknavigation oder GPS haben keine Drift aber ein hohes Rauschen. Unter Rauschen wird hier im qualitativen Sinne Signalstörung verstanden bei der Überführung von Signalen über Daten zur Information.

Neben den oben angeführten elementaren Größen Entfernung und Richtung zum Bezugspunkt, Betrag und Richtung einer Beschleunigung bzw. einer Geschwindigkeit werden die Luftwerte Statischdruck und Gesamtdruck (= Summe von Statischdruck und dynamischem Luftdruck) sowie die Lufttemperatur ermittelt. Deren Werte werden von einem Luftdatenrechner (Air Data Computer - ADC oder Air Data Inertial Reference Unit - ADIRS) verarbeitet und dem Navigationsrechner als digitale Daten zugeführt.

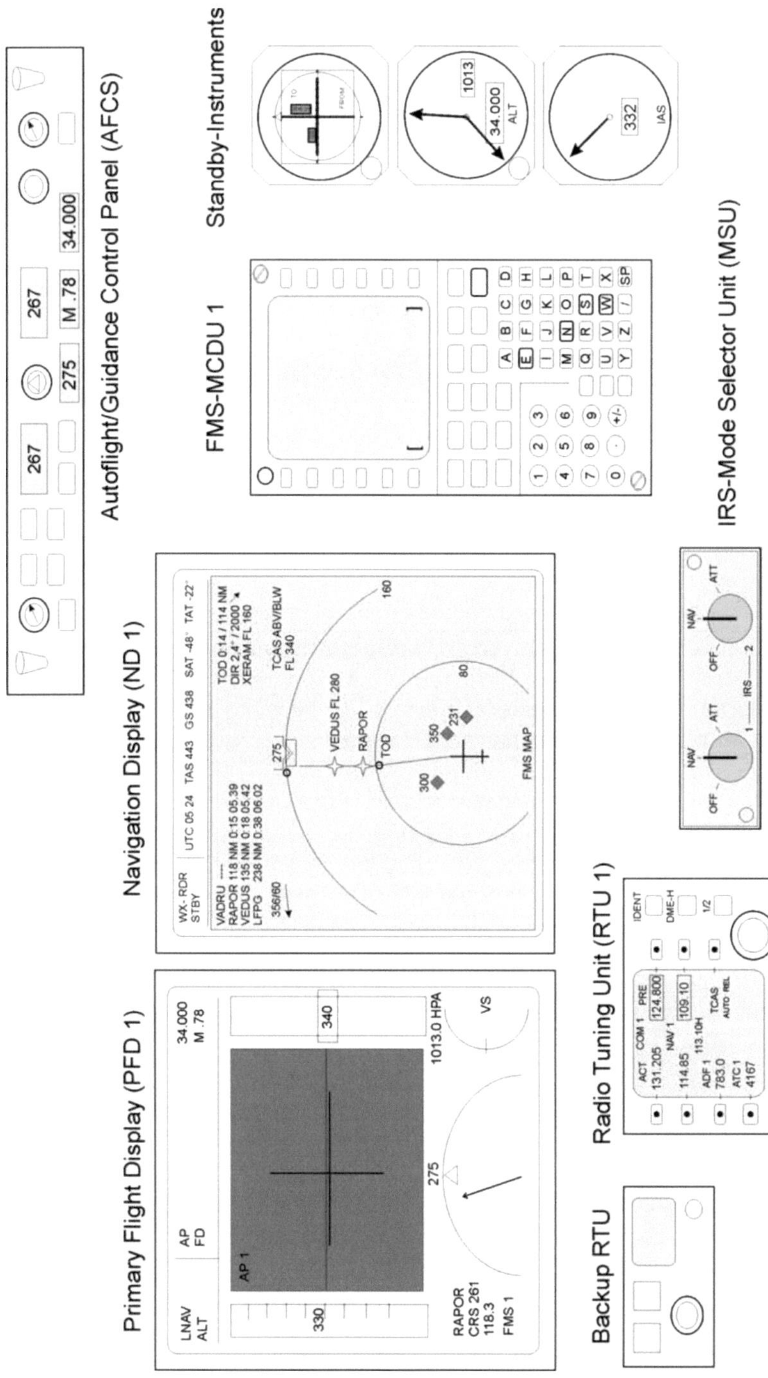

Abb. 6.1 Schematische Darstellung von Anzeige- und Bedieneinheiten des integrierten Navigationssystems eines modernen Verkehrsflugzeuges

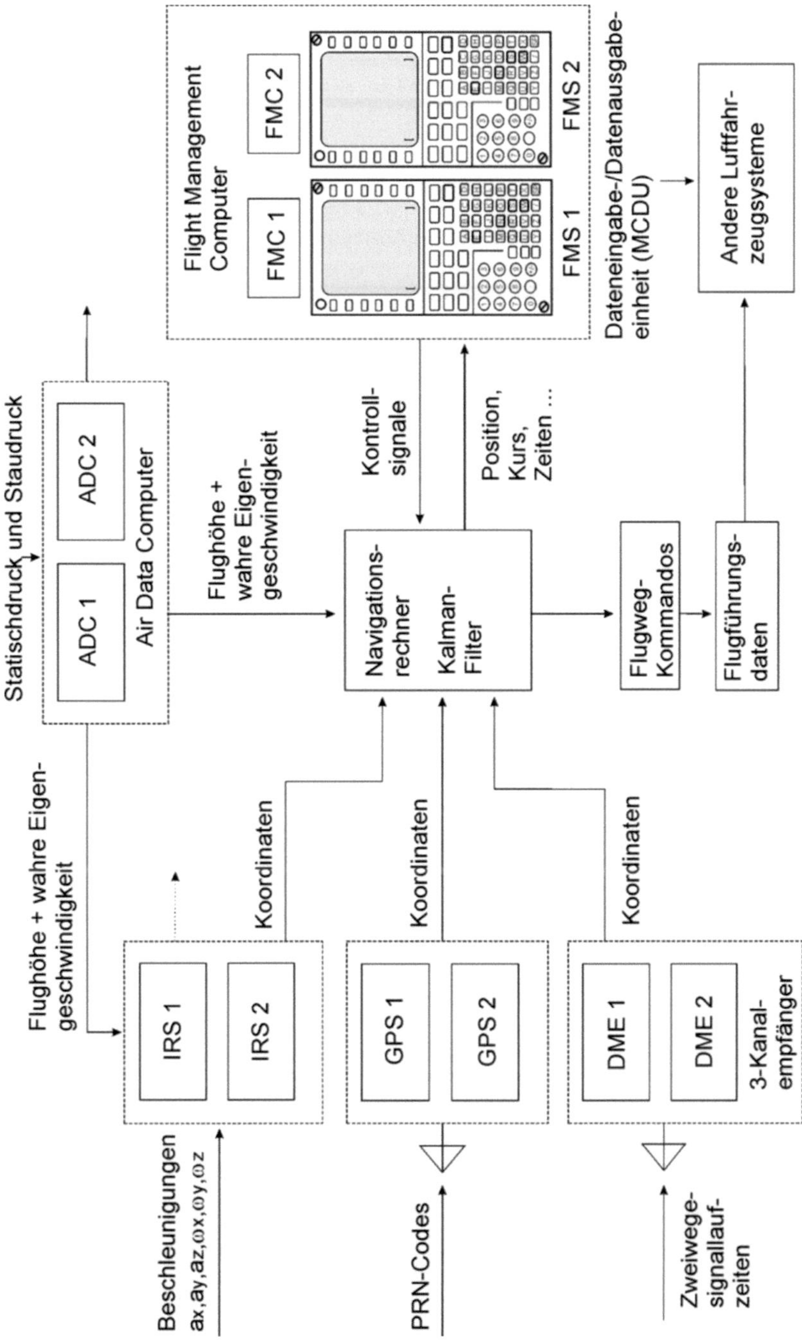

Abb. 6.2 Komponenten und Datenfluss in einem integrierten Navigationssystem

Der Übersichtlichkeit wegen wurde in Abb. 6.1 auf die Darstellung der EFIS-Control Panels, der Weather-Radar Control Panels sowie den Nummer 2 Systemen verzichtet. Wetterradar- und Gleitwegantenne sind am Luftfahrzeug unterhalb der Radarnase (Radome) installiert.

Der Navigationsrechner hat die Aufgabe, aus den Informationen der verschiedenen Datenquellen die genauesten Positionsdaten zu ermitteln, diese dann der jeweiligen navigatorischen Aufgabenstellung zuzuführen und an periphere Systeme weiterzugeben. Dabei ist zu berücksichtigen, dass jede Sensorinformation unterschiedlich fehlerbehaftet ist. Hierbei gibt es grundsätzlich zwei verschiedene Arten, die redundante Information im Rechner auszuwerten [34]:

- deterministischer Vergleich redundanter Werte und Rückführung im System
- lineare und optimale Filterung der Sensordaten mit Hilfe von Fehlermodellen (Kalman-Filter)

Bei der linearen und optimalen Filterung wird der Ist-Zustand des Systems über die Zustandsvariablen und die Systemdynamik durch ein Differentialgleichungssystem erster Ordnung, den Zustandsgleichungen, beschrieben. Der Zustand dieses Systems wird durch den Zustandsvektor $\vec{x}$ dargestellt (Vektor im Sinne einer einreihigen Matrix) [8].

Die Komponenten dieses Vektors, die Zustandsvariablen, sind nicht nur Navigationsdaten, sondern auch Systemdaten wie Kreiseldriften und Nullpunktfehler der Beschleunigungsmesser usw. [34]. Kalman-Filterung: siehe nächster Abschnitt !

Optimale Filterung wird durch den Flight Management Computer (FMC) und das Flight Management System (FMS) geleistet. Des Weiteren geschieht hier die Weiterleitung der Daten an die entsprechenden peripheren Systeme. Über die FMS-Multipurpose Control and Display Unit (MCDU) erfolgen:

- Eingabe der Luftfahrzeugposition vor Beginn der Flugmission
- Eingabe von sog. Company Routes
- Eingabe und Simulation von Flugplänen
- Eingabe von Wegpunkten, durch den Piloten definiert
- Aktivierung und Einflug in Warteschleifen
- Kontrolle der Navigationssensoren
- Auswahl und Aktivierung von Navigations- und Kommunikationsfrequenzen
- Anzeige von FMS-Statusmeldungen
- Einstellung und Konfiguration der Bildschirme PFD und MFD
- Eingabe und Aktivierung von Flugleistungsdaten
- Anzeige von Triebwerksschub-Werten
- Anzeige von Luftdaten, Wegpunkten, Kursführung und Vertikalprofil
- ACARS + Datalink-Funktionalitäten und Anwendungen

Folgende Abbildung 6.3 ist die Prinzipdarstellung einer FMS-MCDU mit oben angeführten Funktionalitäten.

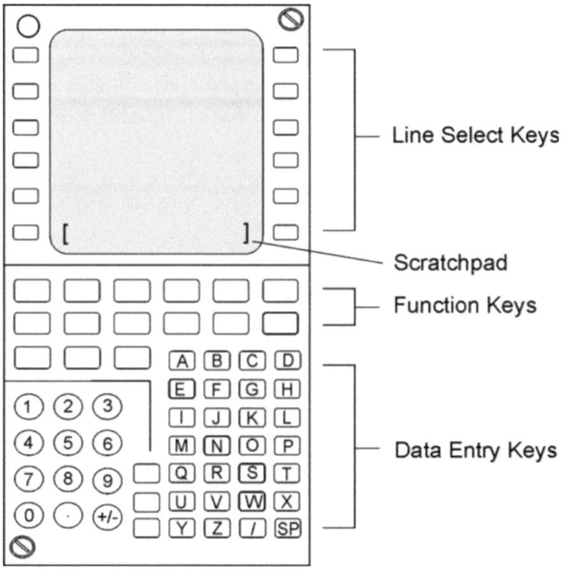

Abb. 6.3 FMS-MCDU als Schnittstelle zur Datenein- und Ausgabe

6.2 Exkurs - Flight Management System (FMS)

Die Navigationsfunktionen werden durch das FMS zusammengefasst. Dieses umfasst die Komponenten Database Unit (DBU), MCDU und Flight Management Computer (FMC). Periphere Systeme sind:

- Flugkommandogerät (Flight Director - F/D)
- Flugregler (Autopilot - A/P)
- Automatic Flight Guidance System (AFGS) - Control Panel
- ggf. Automatischer Schubregler (Auto Thrust System - ATS)

Bei diesem integrierten System erfolgt die Eingabe der Flugführungskommandos und Navigationsdaten, d.h. die Vorgabe von Flugmanövern und Flugweg des Luftfahrzeuges, durch den Flugzeugführer über AFGS-Panel und FMS-MCDU. Über das AFGS-Panel werden zum Zweck manueller oder automatischer Flugführung die gewünschten Betriebsarten (Flight Modes) für das Flugkommandogerät eingegeben. Die Flight Control Computer (FCC) 1 und 2 erzeugen und vergleichen jeweils die entsprechenden Führungsdaten zur Weiterleitung an das Flugkommandogerät.

Die Darstellung der erzeugten Steuerkommandos erfolgt auf den entsprechenden Bildschirmen zur Umsetzung durch den Piloten im Falle manueller Steuerung.

Bei automatischer Steuerung werden die Steuerkommandos gleichzeitig den Kontrollkreisen des Flugreglers weitergegeben.

Von hier werden die analogen oder digitalen Signale den Antrieben der Steuerorgane zugeführt. Der Vergleich zwischen Ist- und Sollflugzustand geschieht zum einen durch den FCC, zum anderen optisch durch den Flugzeugführer auf Übereinstimmung von Ist-Fluglage/Flugweg mit den Führungssignalen des Flugkommandogerätes.

Verfügbare Betriebsarten (Modes) werden nach lateral und vertikal unterschieden, diese sind:

- Steuerkurs halten (HDG-Mode)
- An- oder Abflug zu oder von einem Waypoint, Abfliegen einer Folge von Waypoints (NAV-, LNAV-Mode)
- Vorgegebenem Kurs oder einem Landekurs und Gleitweg folgen (NAV-, APCH-Mode)
- Vorgegebene Flughöhe halten (ALT)
- Vorgegebenem Vertikalprofil mit konst. Rate oder Geschwindigkeit folgen (VS, SPD, LVL CHG)
- Vorgegebene Fluggeschwindigkeit einhalten (Auto Thrust System)

Zur Lösung der gestellten Aufgaben sind interne und externe Daten erforderlich, welche eingegeben und gespeichert werden. Die internen Daten sind [23]:

- Operationsprogramm
- Navigationsdatenbasis
- Leistungskenndatenbasis

Die externen Daten umfassen [23]:

- aktuelle Daten, die eingegeben werden
- von den verschieden Sensoren gelieferte dynamische Daten des Luftfahrzeuges, die für das Operationsprogramm erforderlich sind

Zur Aufnahme der umfangreichen Daten hat der Flight Management Computer drei unterschiedliche Speicher [23,32]:

- UV-Licht löschbarer, programmierbarer Festwertspeicher (UV-EPROM)
- Schreib/Lese -Speicher (RAM)
- Nichtflüchtiger Schreib/Lese -Speicher (NV-RAM)

Der UV-EPROM enthält das Operationsprogramm und andere unveränderliche Daten, welche auch bei Ausfall der Stromversorgung erhalten bleiben und nur durch Bestrahlung mit UV-Licht gelöscht werden können. Der RAM ist zur Speicherung veränderlicher Daten bei wahlfreiem Zugriff bestimmt. Dies sind im Wesentlichen die von den Sensoren gelieferten Daten, sie gehen bei Ausfall der Stromversorgung im Speicher verloren.

Der NV-RAM (Non Volative RAM) enthält die Informationen der Navigations-Datenbasis. Bei Ausfall der normalen Stromversorgung bleibt der Speicherinhalt erhalten, indem eine im Flight Management Computer eingebaute Lithium-Batterie vorübergehend die Stromversorgung übernimmt. Über einen Datenlader erfolgt das Laden der dauerhaften Leistungskenndatenbasis sowie das zyklische Update der Navigations- Datenbasis (AIRAC-Datenzyklus alle 30 Tage).

Folgende kurze Beschreibung der FMS-Systemkomponenten basiert auf dem FMS 4200 des Herstellers Rockwell Collins [6,32]:

Die Komponente Database Unit (DBU) umfasst die Navigations- Datenbasis und die Leistungskenndatenbasis. Sie besitzt acht serielle Schnittstellen des Formats RS-422, eine Stromversorgung und einen Mikroprozessor. Der Zugriff auf den fest-installierten Datenlader geschieht über ein 3,5 Zoll Diskettenlaufwerk. Die Energieversorgung erfolgt mit 28 Volt Gleichstrom, geliefert von der Gleichstromschiene des Luftfahrzeuges. In der Navigations-Datenbasis sind für einen festgelegten geographischen Einsatzbereich gespeichert:

- VOR, NDB, DME
- Kurskreuzungen (waypoints - WPT)
- Flughäfen ab einer bestimmten Start- und Landebahnlänge
- Koordinaten von deren Start- und Landebahnen sowie WPT im Flughafennahbereich (Terminal Area)
- Luftstraßen (ATS-Routes)
- Instrumentenanflugverfahren (STAR)
- Instrumentenabflugverfahren (SID)
- Warteverfahren

Die Komponente MCDU wird aus dem Bordstromnetz mit 28 Volt Gleichstrom versorgt. Individuell benötigte Stromspannungen für Video-/Symbolgenerator und dem Anzeigebildschirm, einer Kathodenstrahlröhre, werden intern erzeugt. Zur MCDU-Steuerung wird ein Mikroprozessor mit einem bidirektionalen 16-Bit Adress-/ Datenbus verwendet. Dieser kommuniziert mit dem FMC, steuert den Anzeigebildschirm und liest die Dateneingaben.

Die Systemkomponente Flight Management Computer (FMC) wird durch einen 16-Bit Mikroprozessor gesteuert mit einem bidirektionalen Adress-/Datenbus. Der Zweiwege-Datentransfer erfolgt nach Adresszuweisung durch Multiplexverfahren. Der 32-Bit Navigationsprozessor greift auf die Daten der Navigations-Datenbasis zu, erzeugt die Informationsdarstellung auf dem Navigation Display (ND) und löst die Navigationsgleichungen. Die Navigationsdatenspeicherung erfolgt durch ein ROM und ein RAM. Der ROM umfasst die Ausführungsroutinen, welche für die Programmfunktionen notwendig sind. Ein NV-RAM speichert ausgewählte Daten, Flugpläne und gewählte Frequenzen, in einem flüchtigen RAM erfolgt die vorübergehende Datenspeicherung.

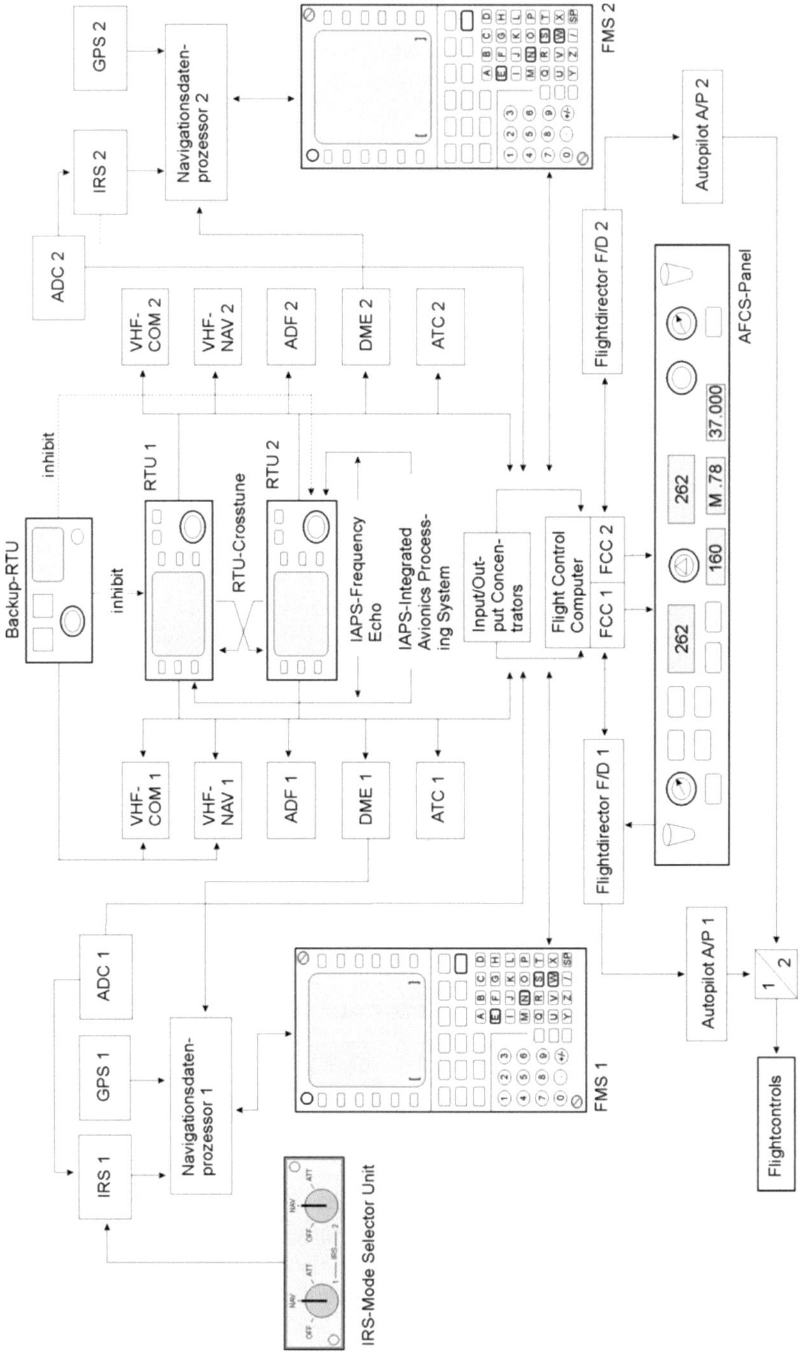

Abb. 6.4 Darstellung eines integrierten Navigationssystems mit Navigationssensoren, Datenein- und Ausgabeeinheiten sowie Datenfluss [6]

Zur Lösung der navigatorischen Aufgaben wie Ermittlung des Windeinflusses sowie zur Berechnung der entsprechenden Kurse, Geschwindigkeiten, Zeiten und Kurvenparameter verwendet der Navigationsprozessor die Gleichungen, wie sie im Kapitel 1 bzw. unten aufgeführt sind. Die Genauigkeit der Positionsbestimmung mit FMS ergibt sich aus der Genauigkeit der jeweils verwendeten Sensoren.

6.3 Gewinnung der Navigationsdaten, Algorithmen in der Navigation

6.3.1 Verwendete Sensoren

Grundlagen und Wirkungsweise jener Systeme zur Gewinnung der Positionsdaten durch Funkentfernungsmessung, Trägheitsnavigation und Satellitennavigation werden in den Abschnitten bzw. Kapiteln 3.4 ; 4 und 5 dieses Buches behandelt. Hier wird davon ausgegangen, dass diese Daten verfügbar sind.

6.3.2 Kalman-Filter

Es soll hier eine kurze qualitative Darstellung des Prinzips der digitalen Filterung bei Navigationsanwendungen gegeben werden. Für ein umfassendes Verständnis sind grundlegende mathematische Kenntnisse, insbesondere der Statistik und der Matrizenrechnung erforderlich.

Digitale Filter sind Rechenvorschriften für die Verarbeitung von Signalen, die in digitaler Form, d.h. als diskrete Zahlenwerte von einer Quelle geliefert werden. Dabei kann es sich auch um eine Information mit überlagerter Störung handeln. Zu den digitalen Filtern gehören die Optimalfilter, die bei modernen Systemen, bei denen redundante Navigationsinformation vorliegt, dem Navigationsrechner als Rechenvorschrift eingegeben werden. Der Begriff „optimal" heißt in diesem Zusammenhang, dass redundante Informationen z.B. zwei Geschwindigkeits- oder Beschleunigungswerte, entsprechend ihren Fehleranteilen gewichtet, verarbeitet werden, um die gewünschte Information mit dem theoretisch möglichen Minimalfehler zu erhalten [34].

Die für integrierte Navigation am häufigsten genutzte mathematisch-stochastische Methode zur Abschätzung rauschbehafteter Sensordaten ist das sog. Kalman-Filter. Es ist nach Rudolph E. Kalman benannt, welcher seine Arbeit zur rekursiven Lösung des linearen Filterproblems diskreter Daten im Jahre 1960 veröffentlichte. Grundsätzlich ist Kalman-Filterung ein Spezialfall der sequenziellen Anwendung der sog. Kleinste Quadrate Methode.

Bei der Kalman-Filterung handelt es sich um einen rekursiven (auf dem Prinzip der Wiederholung beruhenden) digitalen Algorithmus, der mit einem geschätzten Statuswert startet. Der Filter liefert in Echtzeit optimale Schätzungen vom Status eines Nutzers. Dieser Status ist in gestörten Signalen enthalten.

Die Störungen sind statistisch schwankende Vorgänge, den Messwerten überlagerte Abweichungen und Verfälschungen, sie können aber auch Rauschen sein. Das gelieferte diskrete Messsignal kann als ein mehrdimensionales Signal plus Schwankungen und Rauschen aufgefasst werden. In diesem ist der Objektstatus enthalten [24].

Dieser Status wird durch den Zustandsvektor $\vec{x}$ beschrieben, des Weiteren sind Fehlermodelle für Mess- und Sensordaten erforderlich. Die Zustandsparameter $\vec{x}$ können bei integrierten Navigationssystemen sein [3,8]:

- Position/Positionsmessfehler
- Geschwindigkeit/Geschwindigkeitsmessfehler
- systematischer Positions- und Geschwindigkeitsmessfehler
- Beschleunigung/Driftwerte der Beschleunigungsmesser
- Zeitabweichungen

Der Zustandsvektor $\vec{x}$ für ein Navigationssystem mit z.B. zwei GPS-Antennen/ Empfängern im kartesischen Koordinatensystem für eine Koordinate ist [3]:

$$\vec{x} = (x, \dot{x}, \ddot{x})$$

x ... Koordinate
$\dot{x}$ ... Änderung der Koordinate
$\ddot{x}$ ... Beschleunigungskomponente entlang der Koordinate

Der 3D-Zustandsvektor für das selbe System ist gegeben durch jeweils neun Komponenten [3]:

$$\vec{x} = (x_1, y_1, z_1, \dot{x}_1, \dot{y}_1, \dot{z}_1, \ddot{x}_1, \ddot{y}_1, \ddot{z}_1, x_2, y_2, z_2, \dot{x}_2, \dot{y}_2, \dot{z}_2, \ddot{x}_2, \ddot{y}_2, \ddot{z}_2)$$

Ein Filteralgorithmus beginnt mit dem Schätzwert des Objektstatus, z.B. der Entfernung zu einem bestimmten Navigationssatelliten, welcher dem Speicher des Empfängers entnommen werden kann, der die Daten der vorangegangenen Betriebszeit enthält. Diese Daten gehen in ein dynamisches Modell ein.

Als Teil des rekursiven Algorithmus enthält das Modell die Bewegungen des Objektes von einem bestimmten Zeitpunkt zum nächsten. Unter Verwendung der Schätzwerte, bei z.B. einem GPS-Empfänger, für die mit der Zeit fortgeschrittenen Entfernungen werden Erwartungswerte für die Entfernungen und Entfernungsänderungen berechnet. Im Anschluss erfolgt ein Vergleich der nachfolgend gemessenen Entfernungen und Entfernungsänderungen mit den Erwartungswerten. Die Differenzen ergeben die sog. Restwerte. Wenn die gemessenen Werte mit den Erwartungswerten übereinstimmen, sind die Restwerte gleich Null, was im Allgemeinen nicht der Fall ist. Vorhandene Restwerte bringen also einen Fehler beim Erwartungswert zum Ausdruck. Der Filter ändert daraufhin den Schätzwert, um den Restwert aufgrund der Regel des kleinsten mittleren quadratischen Fehlers zu minimieren [24].

Die nun veränderten geschätzten Statusdaten werden auf das dynamische Modell zurückgekoppelt, um den Prozess der Rekursion, d.h. der sich wiederholenden Schätzungen fortzuführen.

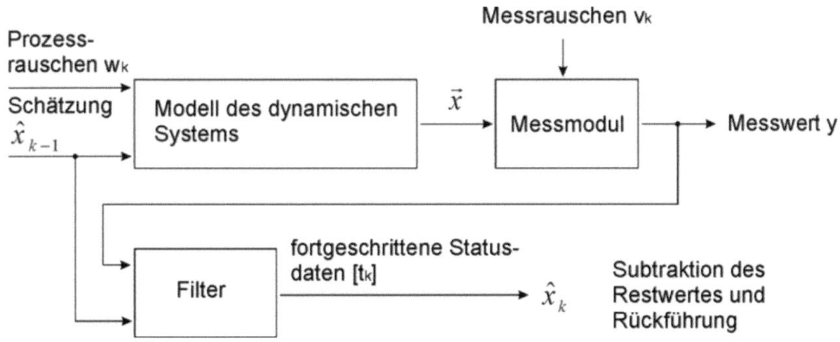

Abb. 6.5 Prinzip der Bestimmung der Statusdaten unter Verwendung eines Kalman-Filters

Der Systemstatus wird mittels einer Übergangsmatrix erfasst, eine Gewichtsmatrix berücksichtigt den Fehlereinfluss, eine Messmatrix stellt den Zusammenhang zwischen den Systemzustandsgrößen und den Messgrößen her. Die entsprechenden Gleichungen stellen den Kalman-Filter dar. Sie müssen laufend im Navigationsrechner berechnet werden. Übliche Iterationsfrequenzen sind ca. 10 Rechenzyklen pro Minute [34].

6.4 Flächennavigation

Unter Flächennavigation (engl. Random Navigation oder Area Navigation - RNAV) versteht man ein Navigationsverfahren, mit dem ein Luftfahrzeug auf jedem gewünschten Flugweg innerhalb der Reichweite von bodengestützten Navigationsanlagen oder innerhalb der Betriebsgrenzen von bordautonomen Navigationsmitteln oder mit Hilfe der Satellitennavigation operieren kann. Auch eine Kombination der Anlagentechniken ist möglich.

6.4.1 Wirkungsprinzip der Flächennavigation

Flächennavigationssysteme führen eine automatische Positionsbestimmung unter Verwendung eines oder mehrerer Sensoren durch, sie sind mit dem Bordrechner zur Bestimmung und Einhaltung des gewünschten Flugweges verbunden.

Die Zulassung für Flächennavigation Basic-RNAV (B-RNAV) im europäischen Luftraum ist an Mindestanforderungen gebunden, welche die Gerätetechnik Bord/ Boden sicherstellen muss. Diese sind eine Kurshaltegenauigkeit, entsprechend der maximalen Entfernung von ±5 NM von der Soll-Position und eine Verfügbarkeit von mindestens 95% der Flugzeit. Die Erweiterung dieses Konzepts im sog. Terminal-Bereich erfordert Precision-RNAV (P-RNAV) d.h. eine Kurshaltegenauigkeit von ±1 NM in 95% der Flugzeit. In diese Toleranzen eingeschlossen sind [26]:

- Signalfehler einer Quelle
- Flugzeugempfängerfehler
- Anzeigesystemfehler
- flugtechnische Fehler

Eine solche Navigationsleistung setzt die ausreichende Verfügbarkeit von Navigationssystemen voraus. Diese können für RNAV sein:

- Azimut-/Funkentfernungsmessung (VOR/DME)
- Funkentfernungsmessung (DME/DME/DME)
- Trägheitsnavigationsanlagen (IRS)
- Satellitennavigationssysteme (GNSS)

Dabei können virtuelle Wegpunkte (waypoints - WP) generiert werden, was in der Regel mit einem FMS oder einem RNAV-Bordrechner geschieht. Bei der WP- und Kursgenerierung mittels RNAV-Bordrechner handelt es sich um ein Verfahren auf Basis VOR/DME (Polarkoordinaten- Ortungssystem). Mit einem Navigationsrechner können bei Eingabe der von VOR/DME oder VORTAC gelieferten Ortungsinformation Azimut (Θ) und Entfernung (ρ) WP als sog. „Phantomstation" definiert werden.

Dabei muss sich das Luftfahrzeug innerhalb des Empfangsbereiches der VOR/DME-Bodenstation befinden. Der generierte WP oder beliebige parallel versetzte Sollkurse können auf konventionelle Weise mit dem VOR-Anzeigegerät angeflogen werden. Dabei entspricht die Eingabe der Polarkoordinaten des WP in den Rechner der Verschiebung der VOR/DME bzw. der VORTAC in Richtung der gewählten Radialstandlinie um die eingegebene Entfernung, d.h. der rechnerischen Verlegung der Bodenstation in die Position des WP. Der Kursablagezeiger im Anzeigegerät gibt die seitliche Versetzung vom Sollkurs in [NM] an, unabhängig von der Entfernung zum VOR/DME bzw. VORTAC sowie der Entfernung zum WP. Anwendung finden jene Flächennavigationssysteme, auf Basis von VOR/DME allein, noch in der Allgemeinen Luftfahrt, nicht aber bei integrierten Systemen. Die geometrischen Beziehungen gelten jedoch für alle Arten von WP.

Die Generierung eines WP erfolgt in jedem Falle durch einen Azimutwinkel bezogen auf einen Referenzpunkt und eine Entfernung zu diesem. Der WP liegt auf einem radialen Kurs, welcher mit der missweisenden Nordrichtung (MN) den Winkel Θ_0 bildet. R_0 ist der Abstand des WP vom Referenzfix. Dieser kann eine Funknavigationshilfe z.B. VOR/DME oder ein Wegpunkt aus der Navigations-Datenbasis sein. A ist der Standort des Luftfahrzeuges.

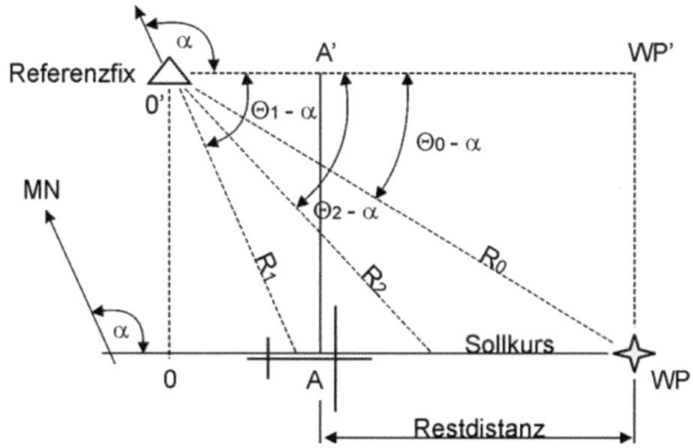

Abb. 6.6 Luftfahrzeugposition on track bei Anflug auf einen WP [38]

R_1 ist der Abstand vom Referenzfix zum Zeitpunkt t_1 , R_2 zum Zeitpunkt t_2 usw. Die Winkel Θ_1 , Θ_2 ... sind die radialen Kurse vom Referenzfix zu den entsprechenden Zeitpunkten. Der Winkel α ist der Sollkurs des Luftfahrzeuges von Punkt A zum WP. Zur kontinuierlichen Ermittlung der Position benötigt der Navigationsrechner die Strecken 0' - WP' (0' ist die Position des Referenzfix) sowie die Strecke A - A' [38].

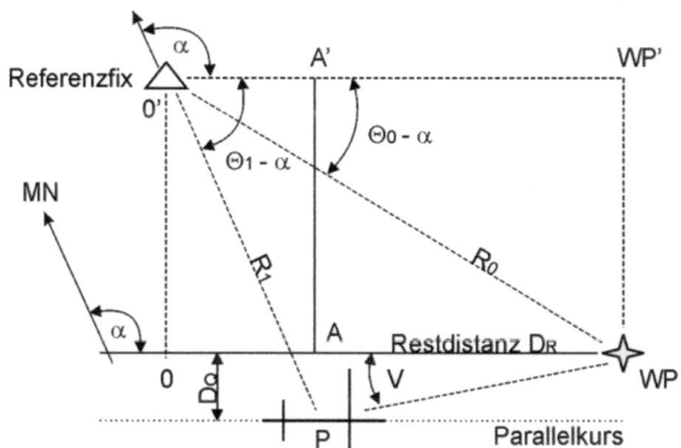

Abb. 6.7 Luftfahrzeugposition off track bei Anflug auf einen WP [38]

Die Restdistanz D_R wird berechnet mit [38]:

$$D_R = \overline{0 - WP} - \overline{0A} = \overline{A' - WP'} = \overline{0' - WP'} - \overline{0'A'}$$

$$\overline{0'\text{–}WP'} = R_0 \cdot \cos(\Theta_0 - \alpha)$$

$$\overline{0'A'} = R_1 \cdot \cos(\Theta_1 - \alpha)$$

Damit wird [38]:

$$D_R = \overline{A'\text{–}WP'} = R_0 \cdot \cos(\Theta_0 - \alpha) - R_1 \cdot \cos(\Theta_1 - \alpha)$$

Die Versetzung vom Sollkurs D_Q ergibt sich nach [38]:

$$D_Q = \overline{AP} = \overline{A'P} - \overline{A'A} = R_1 \cdot \sin(\Theta_1 - \alpha) - R_0 \cdot \sin(\Theta_0 - \alpha)$$

Der Versetzungswinkel V (track error - TKE) wird mit folgender Beziehung berechnet, wobei sich der Direktkurs zum WP aus MT$\pm$V ergibt [38]:

$$\tan V = \frac{D_Q}{D_R}$$

Auf dem Navigationsbildschirm können Restdistanz zu WP (D_R), Geschwindigkeit über Grund (GS), erforderlicher Kurs (MT) und die Flugzeit zum WP abgelesen werden, der Kursablageanzeiger gibt bei seitlicher Versetzung entsprechende Korrekturkommandos. Vorteile der Flächennavigation sind:

- Möglichkeit der Nutzung zusätzlicher und beliebiger Flugrouten außerhalb des festgelegten Streckensystems (ATS-Routes)
- Möglichkeit der Off Track-Navigation, und damit Schaffung von parallelen Flugwegen
- Nutzung des kürzest möglichen Flugweges durch Direktflug auf einem orthodromen Kurs von WP zu WP
- Warteverfahren an beliebigen geographischen Positionen darstellbar, unabhängig von bodenseitigen Funknavigationshilfen
- Entlastung bestimmter stark frequentierter Lufträume und damit bessere Anpassung des Streckennetzes an die momentane Verkehrsnachfrage
- bessere zeitliche Steuerung der Flugmission (4D) über FMS möglich

Die Luftraumstruktur weist RNAV-Routen und RNAV-Gebiete aus, wobei sich die ausgewählte Navigationsgenauigkeit der Bordanlage nach der Flugphase richtet. Im sog. Enroute-Bereich, d.h. normalerweise außerhalb einem 30 NM-Radius um den Abflug- oder Zielflughafen wird mindestens eine Genauigkeit der Position von $\pm$2 NM geleistet (enroute-sensitivity). Für P-RNAV beträgt die von der Bordanlage geleistete Genauigkeit im sog. Terminal-Bereich, d.h. innerhalb des 30 NM-Radius, mindestens $\pm$1 NM (terminal-sensitivity). Ab 2 NM vom Endanflugfix werden mindestens $\pm$0,3 NM Positionsgenauigkeit erreicht (approach-sensitivity) ; dies unter der Voraussetzung normaler Driftwerte der IRS-Position und der Verfügbarkeit von GPS-RAIM (mindestens 5 Satelliten) bei guter Standliniengeometrie [6].

6.4.2 RNAV-Flugverfahren

Alle Standardflugverfahren sind von der ICAO in Document 8168 - Procedures for Air Navigation Services (PANS-OPS) verbindlich definiert. Anflugverfahren müssen diese berücksichtigen und daher auch durch integrierte Navigationssysteme dargestellt werden können, so dass die Verfahrensgeometrie den konventionellen Prozeduren entspricht. Unterschieden werden Verfahren für Terminal- und für Streckennavigation. Im Terminalbereich kommen zur Anwendung:

- Verfahrenskurven zur Berücksichtigung topographischer Gegebenheiten, flugtaktischer Erfordernisse und Minimierung der Wirkung von Fluglärm
- Wendeverfahren (Wendekurven und sog. Rennbahnverfahren) zur Positionierung des Luftfahrzeuges für den Endanflug
- Warteverfahren zum taktischen Verzögern eines Luftfahrzeuges in der Luft bzw. sog. Trombonenverfahren (RNAV-Transitions) zum Einfügen eines Luftfahrzeuges in die Anflugsequenz

Des Weiteren kann der Übergang aus dem Strecken- in das Anflugsegment durch einen Kreisbogenanflug mit festem Radius auf DME-Basis (DME-arc) erfolgen. Die örtliche Umsetzung dieser Verfahren geschieht durch die Verfahrensplaner der jeweiligen nationalen Flugsicherung. In der Bundesrepublik Deutschland werden diese Aufgaben durch die Deutsche Flugsicherung GmbH (DFS) mit dem zentralen Planungsinstrument FP-TAAM (Total Airtraffic/Airspace Manager) geleistet. Die Verfahrensgeometrie ist den jeweiligen Flugkartenwerken zu entnehmen. Hier werden die entsprechenden Kurse, Peilungen, Entfernungen und ggf. Zeiten für das individuelle Flugverfahren definiert, damit dieses vom Nutzer umgesetzt werden kann. Die dafür erforderlichen Daten müssen in digitaler Form dem Navigationsdatenspeicher (NAV-database) über den Datenlader zugeführt werden.

Außerdem werden durch das integrierte Navigationssystem die folgenden Aufgaben geleistet:

- Berücksichtigung des maximalen Querneigungswinkels des Luftfahrzeuges, maximal $\beta = 25°$
- Ermittlung des Kurvenradius in Abhängigkeit von Kurvengeschwindigkeit und Querneigung
- Bestimmung des Ortes für das Einleiten einer Kurve zur Kursänderung auf einen vorgegebenen Sollkurs (Linearer Kurvenvorhalt - LKV)
- Navigation auf einem Parallelflugweg (offset-navigation)
- Anschneiden vorgegebener Sollkurse (course-interceptions)
- Bestimmung der erforderlichen Sinkraten auf einem vorgegeben Vertikalprofil in Abhängigkeit von Sinkgeschwindigkeit und verbleibendem Flugweg

Der Kurvenradius, abhängig von der Kurvengeschwindigkeit des Luftfahrzeuges und dem Querneigungswinkel β, wird bestimmt mit:

$$R = \frac{v^2}{g \cdot \tan\beta}$$

R ... Kurvenradius des Luftfahrzeuges [m]
v ... Fluggeschwindigkeit [m/s]
g ... Erdbeschleunigung [9,81 m/s^2]
β ... Querneigungswinkel [°]

Der lineare Kurvenvorhalt (LKV), d.h. die Entfernung, bei welcher vor Erreichen eines WP die Kurve eingeleitet werden muss, abhängig vom Kurvenradius und vom Betrag der Kursänderung, wird berechnet mit:

$$LKV = R \cdot \tan\left(\frac{KW}{2}\right)$$

R ... Kurvenradius [m]
KW ... Kurvenwinkel [°]

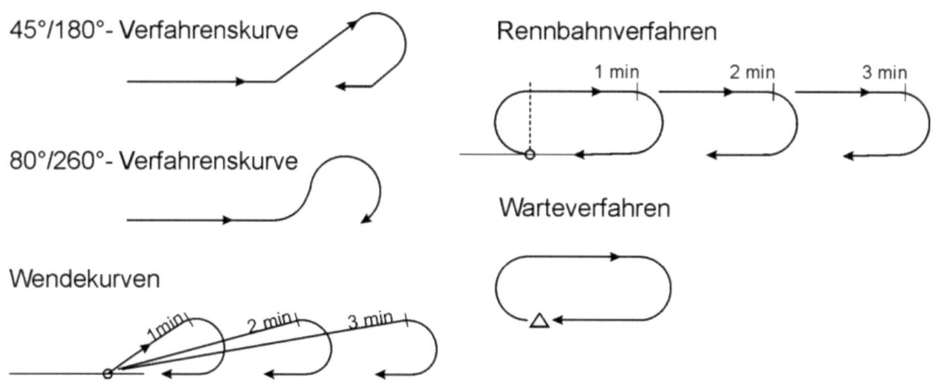

Abb. 6.8 Darstellung der Standardflugverfahren nach ICAO-PANS/OPS (Doc. 8168)

Verfahren, wie durch Abbildung 6.9 dargestellt, ermöglichen dem Fluglotsen eine optimale Nutzung des verfügbaren Luftraumes im Nahverkehrsbereich. Da die Anflugsequenz in der Regel einen Flottenmix unterschiedlich schneller Luftfahrzeuge darstellt, mit teilweise unterschiedlicher Wirbelschleppenkategorie, welche in den Nahverkehrsbereich aus unterschiedlichen geographischen Richtungen einfliegen, besteht hier eine günstige Möglichkeit der Verkehrsentflechtung.

Die WP sind in der Navigations-Datenbasis hinterlegt. Nach Freigabe des Fluglotsen kann das gesamte RNAV-Transition Verfahren abgeflogen werden, jedoch kann jeder WP auch direkt aus beliebiger Position erreicht werden.

Die Möglichkeit, dem vorgegebenen Vertikalprofil zu folgen, kann auf Anweisung des Fluglotsen genutzt werden. Ein direktes Eindrehen des Luftfahrzeuges auf Endanflugkurs ist jederzeit möglich. Diese Anflugverfahren erfolgen bislang in Kombination mit konventionellen Präzisionsanflügen (ILS) oder Nichtpräzisionsanflügen (LLZ, NDB, VOR).

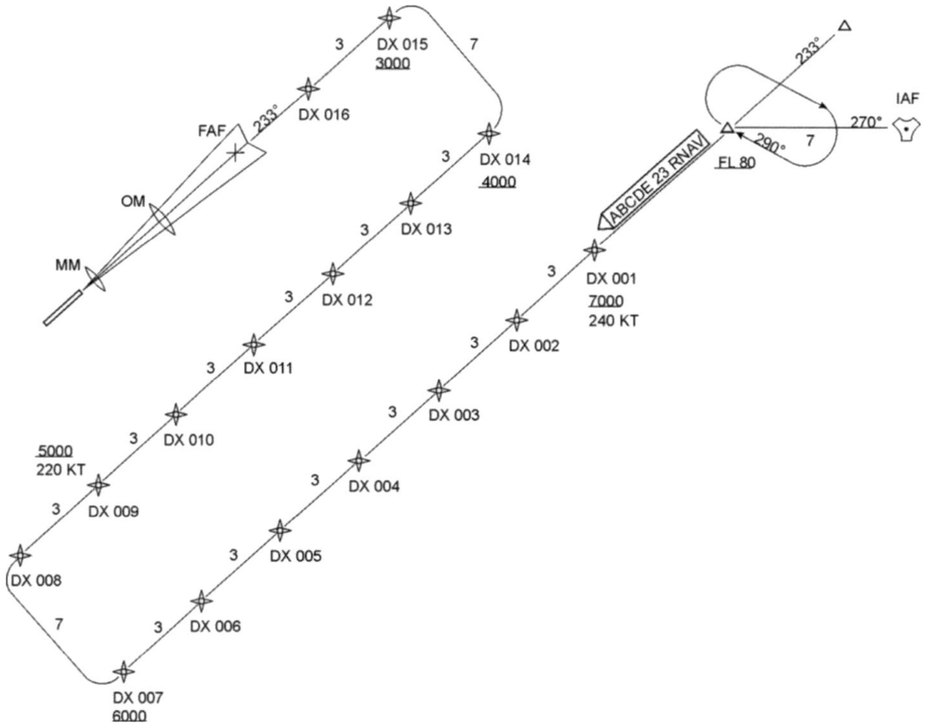

Abb. 6.9 Prinzipdarstellung einer RNAV-Transition Route, auf ein ILS führend, für die flexible Nutzung der Luftraumkapazität durch die Flugsicherung

6.4.3 Integration RNAV/RNP

Die ICAO hat im Zusammenhang mit RNAV ein Konzept entwickelt, welches die erforderliche Navigationsleistung (engl. Required Navigation Performance - RNP) von Luftfahrzeugen für die RNAV-Flugführung definiert (RNP-Konzept). Das RNP-Konzept wurde als eine integrale Komponente des ICAO Communication, Navigation, Surveillance/Air Traffic Management (CNS/ATM)-Systems entwickelt. Richtlinien für die Einführung von RNP für den Streckenbereich finden sich im ICAO-Manual on Required Navigation Performance DOC 9613 und 9650, Auszüge daraus als SARPS seit dem 10.11.1994 in ICAO-Anhänge aufgenommen (z.B. Annex 11, Kap. 2.7) [26].

Bisher wurden notwendige Navigationsleistungen durch Pflichtausrüstung mit bestimmten Navigationssystemen sichergestellt. Das RNP-Konzept legt jedoch weltweit einheitliche Anforderungen an die Navigationsleistung für Lufträume oder Flugverfahren fest. RNP ist definiert als Aussage über die Genauigkeit der Navigationsleistung, die notwendig ist für den Betrieb in einem bestimmten Luftraum.

Die Genauigkeit wird ausgedrückt durch einen einzigen Parameter, welcher die Entfernung von der Soll-Position festlegt, die Luftfahrzeuge in mindestens 95% der Gesamtflugzeit nicht überschreiten dürfen. Man unterscheidet vier RNP-Typen für den Streckenflug: RNP 1, RNP 4, RNP 12,6 und RNP 20 [26].

Nach dem Verständnis des ICAO-Ausschusses für den Allwetterflugbetrieb besteht in diesem Konzept der Unterschied zwischen RNAV und RNP im Vorhandensein eines sog. "on board self contained performance monitoring and alerting". Das RNP-Konzept erfordert ein solches für die Navigation, RNAV jedoch nicht. Dieses sog. "performance monitoring and alerting" berücksichtigt bei Anflug, Landung und Abflug für das genutzte Navigationssystem die Parameter:

- Integrität
- Genauigkeit
- Kontinuität
- Verfügbarkeit

Entsprechend wird aus den bestehenden RNAV-Systemen Basic-RNAV (B-RNAV) RNP 5 und Precision-RNAV (P-RNAV) RNP 1.

6.5 Darstellung einer Flugmission

In diesem Abschnitt soll am Beispiel des FMS Rockwell/Collins 4200 der prinzipielle Weg der Datenein- und Ausgabe sowie Standardfunktionen beschrieben werden. Umfang und Abfolge der Dateneingabe über FMS vor Flugantritt stellen sich wie folgt dar:

- Funktionstaste INDEX: Überprüfung des Vorhandenseins einer gültigen Navigations-Datenbasis
- INDEX-Menü: Überprüfung der Verfügbarkeit aller Navigationssensoren, Synchronisierung beider FMS sowie Festlegung des Master-FMS
- Funktionstaste POS INIT: Eingabe der Standplatzkoordinaten und damit der Luftfahrzeugposition
- Funktionstaste FPLN: Eingabe der Flugplanbasisdaten wie Abflug- und Zielort, des Ausweichflughafens sowie der Flugnummer
- Funktionstaste DEP/ARR: Auswahl der genutzten Startbahn und des dazugehörigen und freigegebenen (!) Instrumenten-Standardabflugverfahrens (SID) und ggf. einer sog. Transition-Route

- Funktionstaste FPLN: Auf Seite 2 im FPLN-Menü und den fortlaufenden Seiten erfolgt die Eingabe der geplanten und freigegeben (!) Flugroute in Form einzelner Wegpunkte und/oder der codierten Standardstrecken- (Airway) Bezeichnung.
- Hierbei ist auch die Eingabe von Wegpunkten in Form von Koordinatenpaaren geographischer Breite und Länge möglich. Deren Bezeichnung ist dann LL1, LL2 usw. (Longitude/Latitude).

Generell gilt für die Dateneingabe in das FMS über die Eingabetasten: die jeweils alphanumerischen Eingaben werden automatisch in das sog. scratchpad geschrieben. Der Transfer bzw. die Zuordnung der Dateneingabe in die Zielzeile auf dem Bildschirm der FMS-CDU erfolgt durch Drücken des der Zielzeile zugeordneten sog. Line Select Key (LSK). Nach Eingabe der gesamten Flugroute muss das jeweilige Instrumenten-Standardanflugverfahren (STAR) für die gewählte Landebahn am Zielflughafen ausgewählt werden:

- Funktionstaste DEP/ARR: Auswahl der genutzten und freigegebenen (!) Landebahn, Aktivierung der zugehörigen STAR und ggf. einer RNAV-Transition
- optische Plausibilitätsprüfung der eingegebenen Flugstrecke auf dem ND

Die Aktivierung des Flugplanes erfolgt mit der Funktionstaste EXEC (execute). Damit wird der Flugplan als sog. Primary Flightplan verfügbar. Mit dem Befehl Copy Active wird der Flugplan dupliziert und als sog. Secondary Flightplan hinterlegt. Damit ist die Grundversion des Flugplanes auch nach Modifikation des Originals jederzeit verfügbar. Weitere erforderliche FMS-Eingaben in der Flugvorbereitungsphase sind:

- Funktionstaste PERF: PERF INIT Menü Seite 1 - Eingabe der vorhandenen Brennstoffmenge beim Start (Take Off Fuel - TOF), der Zuladung d.h. Passagiere und Fracht, Eingabe der geplanten Flughöhe zum Zielflug- und zum Ausweichflughafen, Vergleich der errechneten Abflugmasse mit der Belade-Dokumentation (Load- and Trimsheet)
- Eingabe der Geschwindigkeitswerte v_1, v_R und v_2 über FMS bzw. über EFIS-control-panel
- PERF INIT Menü Seite 2: Eingabe des vorhergesagten Streckenwindes
- THRUST LIMIT Menü Seite 1: Eingabe der Außentemperatur zur Berechnung des Wertes für den Startschub, auf Seite 2 ggf. Eingabe der ermittelten sog. FLEX TEMP für einen Start mit reduziertem Triebwerksschub
- wenn verfügbar, Auswahl eines Costindex
- Einstellung des Bildschirmformates und der anzuzeigenden Navigationsinformation auf dem ND

Ab Triebwerksstart und dem Abrollen von der Parkposition laufen Brennstoff- und Positionskalkulation. Unmittelbar vor dem Beginn des Startlaufes erfolgt eine letzte Positionsaktualisierung, bezogen auf die Koordinaten der Startbahnschwelle, durch Aktivierung der Flightdirector-Betriebsart Takeoff/Takeoff (TO/TO) für die vertikalen und horizontalen Flugführungskommandos der Anfangsflugphase.

Oberhalb einer Höhe von mindestens 400 FT über Grund wird als Betriebsart der vertikalen Flugführungskommandos entweder ein sog. Speed-Mode oder Vertical Speed-Mode gewählt. Zur lateralen Führung wird der sog. HDG-(Heading) oder NAV-Mode aktiviert. Im NAV/LNAV-Mode sind damit die Führungskommandos zum Abfliegen des programmierten Flugplanes verfügbar. Dies kann im manuellen Betrieb oder durch den Flugregler (Autopilot) geschehen.

An bestimmte Wegpunkte der Flugroute können Höhen- und/oder Geschwindigkeitsbeschränkungen (altitude-/speed constraints) gekoppelt sein. Werden diese aufgrund der aktuellen Vertikalgeschwindigkeit und der Geschwindigkeit über Grund voraussichtlich nicht erfüllt, generiert das FMS eine Warnung an die Flugbesatzung als gelb im scratchpad dargestellte sog. Message (MSG). Die Vorgabe des vertikalen Flugprofils erfolgt durch Zuordnung bestimmter Höhen zu bestimmten Wegpunkten auf der Seite LEGS der FMS-MCDU. Diese sog. LEGS-Page stellt den aktuellen Navigationsstatus dar, sie ermöglicht die direkte Modifikation des aktiven Flugplanes. Solche Modifikationen können sein:

- Direktanflug eines bestimmten WP bei Überspringen eines oder einer Abfolge mehrerer WP mittels der Funktionstaste DIR INTCPT und des jeweiligen LSK
- Anflug eines WP auf einem bestimmten, vorzugebenen Kurs
- Definition und Einfügen neuer WP nach dem Prinzip: Referenzpunkt/radialer missweisender Kurs/Entfernung in NM
- Anschneiden und Abfliegen eines Parallelkurses zum ursprünglichen Flugplan mit FPLN-Funktionstaste nach dem Prinzip: ... NM L/R
- Auswahl und Aktivierung von in der Navigations-Datenbasis hinterlegten Warteverfahren bzw. Einflug in beliebiges Warteverfahren an der gegenwärtigen Position (Present Position-PPOS) mit der HOLD-Funktionstaste
- Änderung von Höhen- und/oder Geschwindigkeitsvorgaben, deren Zuweisung erfolgt mittels jeweiligem LSK

Sämtliche Modifikationen müssen mit der EXEC-Funktionstaste bestätigt und damit initialisiert werden. Mit der Funktionstaste PERF kann über die Seite PERF MENU das vertikale Flugprofil als Führungsgröße im sog. Advisory VNAV-Mode aktiviert werden. Die hier gegebene Beschreibung der Eingaberoutinen erhebt keinen Anspruch auf Vollständigkeit und kann mit unterschiedlichen Anlagentypen variieren. Sie entspricht jedoch dem Prinzip aller FMS-Anlagen und genutzten Funktionalitäten.

Die Darstellung des ND sowie der verschiedenen Formate der Präsentation navigatorischer Information erfolgt auf dem sog. Multifunction-Display (MFD). Dies bedeutet, das MFD steht als Bildschirmredundanz auch anderen EFIS-Funktionen bei Bedarf zur Verfügung. Es gibt sechs, am EFIS-control panel wählbare Formate, für die Darstellung der navigatorischen Information auf dem ND, diese sind:

- HSI
- navaid sector
- FMS map

- TCAS
- FMS plan map (nordorientiert)
- radar

Im oberen Bereich des in Abb. 6.11 dargestellten ND befindet sich die sog. Radar-Mode Line. Diese gibt Auskunft über den Status der Bordwetter-Radaranlage. Rechts daneben werden die Werte für TAS, GS, SAT und TAT präsentiert.

Der obere linke Bereich des ND stellt die aktiven WP dar, mit den jeweiligen Entfernungen, Zwischenflug- und Überflugzeiten. Die untere Zeile gilt für den Zielflughafen. Darunter wird der errechnete vorherrschende Wind symbolisch sowie nach Richtung (rechtweisend) und Geschwindigkeit angegeben.

Der rechte obere Teil des ND ist der Darstellung der Daten für das vertikale Flugprofil vorbehalten. Es werden Lage des und Flugzeit bis zum sog. Top of Descend (TOD) sowie ggf. erforderliche Sinkraten angegeben. Diese beziehen sich dann auf die den WP zugeordneten Höhenvorgaben.

Der Zentralteil des Bildschirms gibt in Draufsicht die Streckenführung und die Lage der WP zueinander wieder. Den WP können hier Höhen und Geschwindigkeiten zugeordnet sein. Des Weiteren werden Flugzeugsymbol, Entfernungsringe und der Steuerkurs dargestellt. In dieser Einstellung des ND können Wetterradar-Daten integriert werden.

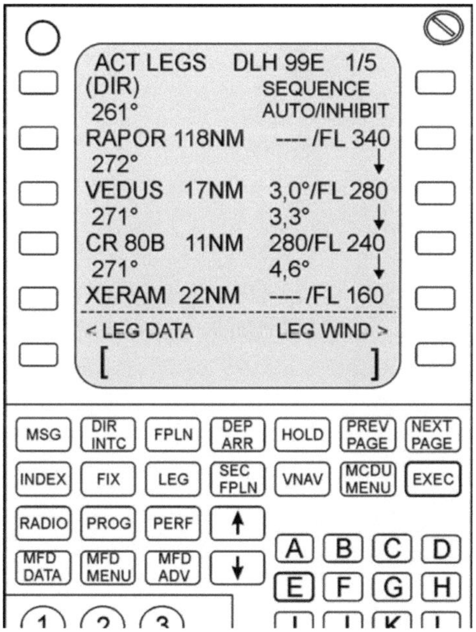

Abb. 6.10 Darstellung der FMS-Funktionstasten und der navigatorischen Situation auf der FMS LEG-Page

Die Darstellung der Boden- und Wetterechos ist dann relativ zur Lage des Flugweges. Außerdem erfolgt die Darstellung von sog. TCAS-Zielen (Rautenform) im Umkreis von 40 NM mit zugeordneter Flughöhe und relativer Position.

Im Rahmen der Anflugvorbereitung werden die Navigationsfrequenzen primär durch die Flugbesatzung über die sog. Radio Tuning Unit (RTU) eingewählt. Eine sekundäre Möglichkeit der Frequenzwahl bietet die sog. RADIO-Page.

Je nach Ausrüstungsgrad der anzufliegenden Landebahn werden in der Navigations-Datenbasis die entsprechend veröffentlichten Präzisionsanflugverfahren mit Kurs- und Gleitwegführung (ILS) und Nichtpräzisionsanflugverfahren (konventionell, GPS) mit nur Kursführung vorgehalten. Der gewählte Anflug darf erst nach Freigabe und Überprüfung aktiviert werden.

Im Falle eines Fehlanfluges wird das unmittelbare Fehlanflugverfahren mit den Flugführungskommandos Go Around/Go Around (GA/GA) durch Betätigung des entsprechenden Schalters an den Schubhebeln ausgelöst. Nach Umschalten in eine vertikale und laterale Betriebsart für die Flugführung (SPD, V/S und NAV/LNAV) kann dem Fehlanflugverfahren gefolgt werden.

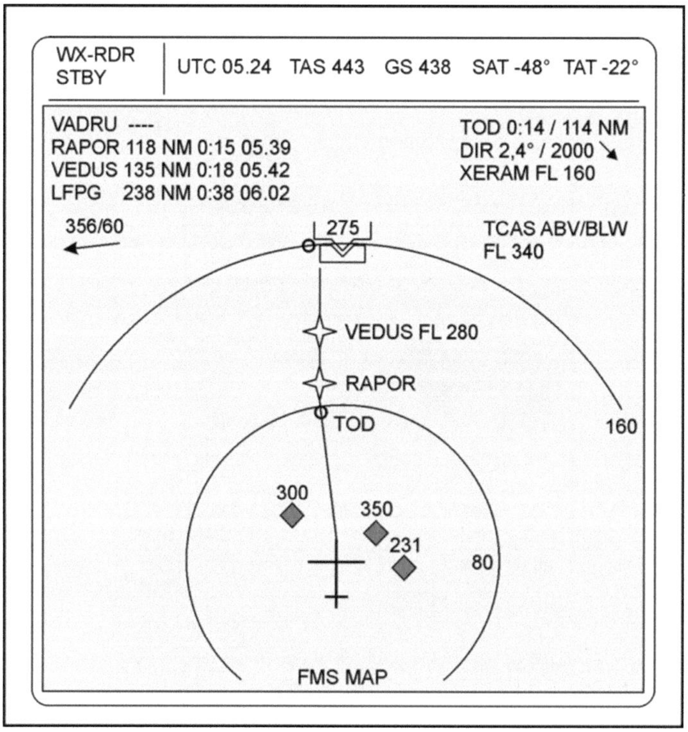

Abb. 6.11 Präsentation der Navigationsdaten auf dem Navigation Display (ND)

Generell gilt, dass FMS-generierte WP in der Betriebsart NAV/LNAV abgeflogen werden. Die Darstellung der Navigationsinformation geschieht dann durch weiße Nadeln. Navigationsverfahren basierend auf konventionellen Funknavigationsanlagen werden in der Betriebsart HDG oder NAV geflogen. Die Navigationsinformation wird dann durch sog. grüne Nadeln präsentiert.

Über die Funktionstaste MCDU MENU erfolgt der Zugriff auf das ACARS-Untermenü und die damit verbundenen Funktionen. Solche Standardfunktionen sind:

- Senden und Empfangen adressierter TELEX-Textmeldungen
- Übermitteln von Daten zur Erstellung der Belade-Dokumentation
- Empfangen der Belade-Dokumentation (Load- and Trimsheet)
- Abrufen und Empfangen von Flugsicherungs-Freigaben
- Abrufen von Wettermeldungen
- Automatische Übermittlung von Flugzeug-Statusdaten

Die Übermittlung dieser Datenpakete erfolgt über das System Datalink bei Nutzung von UKW-Frequenzen als Übertragungsmedium und Kommunikationssatelliten als Relaisstelle.

6.6 Systematisierung der Instrumentenanflugarten

Anflug-, Fehlanflug- und Streckenflugverfahren mittels integrierter Navigationssysteme sind zukünftig im Wesentlichen an die Entwicklungen im Bereich der Satellitennavigation gebunden. Die dafür genutzten Unterstützungssysteme für GNSS lassen sich in vier Gruppen gliedern:

- Space Based Augmentation System (SBAS)
- Ground Based Augmentation System (GBAS)
- Aircraft Based Augmentation System (ABAS)
- Ground Based Regional Augmentation System (GRAS)

Innerhalb des Konzepts RNP-RNAV und auf der Basis eines entsprechenden FMS, können GNSS-Approaches als GNSS-Landing System (GLS), einem sog. ILS lookalike GBAS, Landekurs- und Gleitwegführungssignale generieren (GBAS CAT I).

Mit der Einführung und Verfügbarkeit von GNSS-Ergänzungssystemen wie EGNOS und GBAS wird die klassische Unterteilung der Instrumentenanflugverfahren in Präzisionsanflüge (PA) wie ILS oder Präzisionsanflugradar (Precision Approach Radar - PAR) und Nichtpräzisionsanflüge (NPA) um neue Anflugverfahren ergänzt. Diese werden als Anflugverfahren mit vertikaler Führung (Approaches with Vertical Guidance - APV) zusammengefasst.

Anflugverfahren neben den oben angeführten Präzisionsanflügen können damit wie folgt, systematisiert werden:

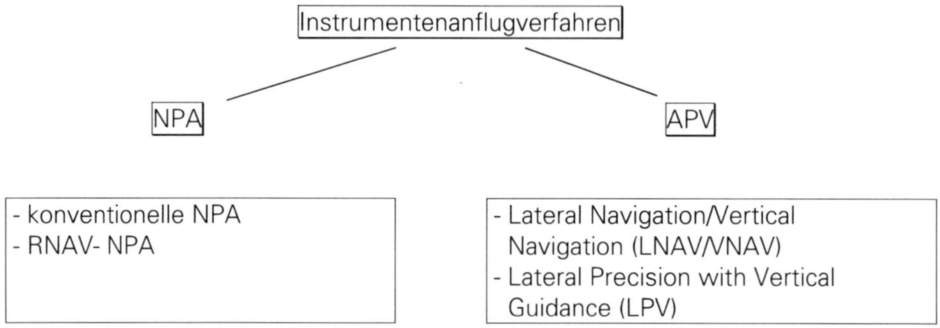

Konventionelle NPA bieten nur eine Kursführung auf Endanflug zur Landebahn, nicht aber eine vertikale Führung durch z.B. einen Gleitweg. Stattdessen wird hier eine Mindestsinkflughöhe (Minimum Descend Altitude - MDA) bezüglich der Hinderniskriterien im Anflug festgelegt und in der Instrumentenanflugkarte (IAC) publiziert.

Die MDA wird in der Regel nicht mittels eines kontinuierlichen, sondern mit einem gestuften Sinkflug (stepdown-geometry) erreicht. Sie darf nicht unterschritten werden, solange kein Sichtkontakt zur Landebahn besteht und die Entscheidung zur Fortsetzung des Anfluges getroffen wurde. Des Weiteren sind bei tiefen Lufttemperaturen Höhenkorrekturen zur Berechnung der wahren Flughöhe notwendig.

RNAV-NPA werden durch integrierte Navigationssysteme dargestellt. Sie können sich auf konventionelle Anflughilfen (NDB, VOR, LOC ggf. in Kombination mit DME) sowie GNSS beziehen, oder werden sensorunabhängig durch FMS generiert.

APV werden mit einem kontinuierlichem Sinkflug (Continuous Descend Final Approach - CDFA) bei geneigter Hindernisfläche bis zu einer Entscheidungshöhe (Decision Altitude - DA) durchgeführt. Daher entfällt hier ein sog. Decision to Land-Point in der MDA, um die Landebahn mit einem stabilisierten Endanflug nach Sicht erreichen zu können. Das Vertikalprofil wird bei APV durch FMS berechnet, eine Höhenkorrektur für tiefe Temperaturen entfällt und die vertikale Führung basiert auf barometrischen Flughöhen (Baro-VNAV).

Aktuell in der Erprobung befindliche bzw. zukünftige Verfahren wie APV I/II und das GNSS-Landing System (GLS) als Präzisionsanflugverfahren beziehen die Höhenmessung auf das Referenzellipsoid (WGS 84). Luftfahrzeugseitig sind sog. Multi Mode Receiver (MMR) sowie FMS II-Technologie (z.B. Honeywell, Thales) erforderlich. Deren Behandlung überschreitet jedoch den Rahmen dieses Grundlagenbuches und bleibt einer gesonderten Publikation vorbehalten.

Anhang

Anhang A

Tab. A1 In der Funktechnik genutzter Bereich des Spektrums elektromagnetischer Wellen

Frequenz	Wellenlänge	Bezeichnung	Internationale Bezeichnung
< 30 kHz	> 10000 m	Längstwellen (SLW)	Very Low Freq. (VLF)
30 ... 300 kHz	10000 ... 1000 m	Langwellen (LW)	Low Frequency (LF)
300 ... 1650 kHz 1650 ... 3000 kHz	1000 ... 182 m 182 ... 100 m	Mittelwellen (MW)	Medium Frequency (MF)
3 ... 30 MHz	100 ... 10 m	Kurzwellen (KW)	High Frequency (HF)
30 ... 300 MHz	10 ... 1 m	Ultrakurzwellen (UKW)	Very High Freq. (VHF)
300 ... 3000 MHz	1 m ... 10 cm	Dezimeterwellen	Ultra High Freq. (UHF)
3 ... 30 GHz	10 cm ... 1 cm	Zentimeterwellen	Super High Freq. (SHF)
30 ... 300 GHz	10 mm ... 1 mm	Millimeterwellen	Extremely High Freq. (EHF)

Tab. A2 Übersicht der genutzten Frequenzbereiche und Betriebsfrequenzen in der Luftfahrt (NAV/COM)

Langwellen (LF)	LORAN C (100 kHz), NDB	
Mittelwellen (MF)	NDB	190 - 1750 kHz
Kurzwellen (HF)	Sprechfunkverkehr	2,000 - 22,000 MHz
Ultrakurzwellen (UKW)	Marker	75 MHz
	Sprechfunk (COM)	118,000 - 137,000 MHz
	LLZ + TVOR	108,00 - 111,90 MHz
	VOR (NAV)	112,00 - 117,90 MHz
Dezimeterwellen (UHF)	Militärischer Sprechfunk	225 - 400 MHz
	GP	329 - 335 MHz
	DME	962 - 1213 MHz
	Sekundär-Radar	1030 + 1090 MHz
	Primär-Rundsichtradar	P-Band
	Rollfeldüberwachungsradar	L- , S-Band
	Bordwetterradar	C- , X-Band
	Radiohöhenmesser	~ 4300 MHz
	NAVSTAR/GPS (L1/L2)	1575,42/1227,60 MHz
	GLONASS (L1/L2)	1602 MHz + k* 562,5 kHz /1246 MHz + k* 437,5 kHz

k ... Nummer des Satelliten

Der Bereich der Dezimeter- und Zentimeterwellen ist in die Radarfrequenzbänder P, L, S, C, X, K_u, K und K_a unterteilt, was den Frequenzen von 230 MHz bis 40 GHz (130 cm bis 0,75 cm Wellenlänge) entspricht.

Anhang B

B1 Exkurs - Ausbreitungseigenschaften der genutzten Funkwellen

Eine gründliche Behandlung der Grundlagen über Funkwellen erfolgt in der Lehrveranstaltung Communication/Surveillance sowie in der Fachliteratur zur Elektro-/ Informationstechnik. Die Behandlung dieses Themas geschieht hier nur soweit, wie es zum Verständnis der Funktionsweise und Besonderheiten der in diesem Buch behandelten Ortungs- und Navigationssysteme erforderlich ist.

Einflussgrößen auf die Signalausbreitung sind sowohl die physikalischen Eigenschaften elektromagnetischer Wellen:

- Beugung
- Refraktion/Reflexion
- Interferenz
- Absorption/Streuung
- Dopplereffekt

sowie die Parameter:

- Frequenz der elektromagnetischen Welle und Sendeleistung
- Abstrahlungswinkel
- Oberflächenbeschaffenheit der Topographie
- Zustand der Troposphäre (Lufttrübung, Niederschlag ...)
- Zustand der Ionosphäre (Tageszeit)
- Erdmagnetfeld (beeinflusst durch geographische Breite, Polarlichter, Sonnenaktivität)

Die Ausbreitung erfolgt als direkte Welle, Bodenwelle und/oder Raumwelle. Das Maß der Dämpfung ist frequenzabhängig und proportional zur vierten Potenz der Frequenz. Für den Anteil der Bodenwelle ist die Abnahme der Feldstärke E durch den Beugungsvorgang längs der Strecke x durch den Abschattungsfaktor δ gegeben [12]:

$$\delta = e\exp\left(-0{,}0376 \cdot \lambda^{(-1/3)x}\right)$$

Diese Beziehung gilt, wenn die beugende Erdoberfläche als ideal reflektierend angenommen wird. Damit wird ersichtlich, dass Beugungsverluste bei längeren Wellen erheblich geringer sind als bei kürzeren.

Der Anteil der Raumwelle wird innerhalb der Troposphäre und der Ionosphäre unterschiedlich beeinflusst. Troposphärische und ionosphärische Refraktion können durch den jeweiligen Brechungsindex (Brechzahl) erfasst werden. Der Brechungsindex n am festen Medium ergibt sich nach [12]:

$$n = \sqrt{\varepsilon - 2i \cdot \lambda \cdot \sigma \cdot c}$$

ε ... Dielektrizitätskonstante
σ ... Leitfähigkeit
c ... Fortpflanzungsgeschwindigkeit der Welle ($\varepsilon = 1$, $\sigma = 0$ im luftleeren Raum)
λ ... Wellenlänge
i ... Imaginärteil = $\sqrt{-1}$

Der Brechungsindex n wird allgemein berechnet mit:

$$n = \frac{c}{v}$$

c ... Signalgeschwindigkeit im Vakuum
v ... Signalgeschwindigkeit im Medium

Beim troposphärischen Brechungsindex erfolgt die Reflexion an einer definierten Trennschicht zwischen zwei homogenen Medien, Luft und Erde, mit konstanten Größen für ε und σ, wobei der Einfluss des Wasserdampfgehaltes zu berücksichtigen ist, während bei der Ionosphäre der Übergang von Luft in ionisierte Luft ganz allmählich vor sich geht (dispersives Medium). Die Ermittlung der wirksamen Schichthöhen durch Laufzeitdifferenzmessung der Impulse geschieht mit [12]:

$$t_2 - t_1 = \frac{1}{c}\sqrt{4h^2 + d^2 - d}$$

t_k ... jeweiliger Eintreffzeitpunkt des Impulses
d ... Entfernung Sender - Empfänger
h ... wirksame Höhe der reflektierenden Schicht
c ... Lichtgeschwindigkeit

Die Ausbreitungsgeschwindigkeit der Signale ergibt sich nach dem Fermatschen Prinzip, d.h. die Funkwelle sucht den Weg der geringsten Laufzeit. Aufgrund des variablen Brechungsindex innerhalb der Atmosphäre ist dieser Weg keine Gerade sondern in der Regel eine Raumkurve.

B 2 Aufbau der Erdatmosphäre

Der schichtartige Aufbau der Erdatmosphäre kann nach unterschiedlichen Kriterien wie z.B. Temperatur, Ionisation oder Gaszusammensetzung beschrieben werden. Für die Beschreibung des Verhaltens elektromagnetischer Signale in der Atmosphäre wird das Modell noch weiter vereinfacht:

Die Neutronosphäre, welche die Troposphäre und Stratosphäre umfasst, wird vereinfachend mit der Troposphäre gleichgesetzt, da der mit Abstand größte Teil des Einflusses auf die Signalausbreitung in den ersten Kilometern über der Erdoberfläche stattfindet. Die Protonosphäre wird vereinfachend wegen ihres geringeren Einflusses mit der Wirkung der Ionosphäre gleichgesetzt.

Eine Ionisierung von verschiedenen Gasen benötigt unterschiedliche Energien bzw. Wellenlängen. Da Strahlung je nach Wellenlänge in unterschiedlicher Höhe absorbiert wird, werden die einzelnen Gase in verschiedenen Höhen ionisiert. Dies führt zu einem schichtartigen Aufbau der Ionosphäre.

Beim Durchlaufen der Atmosphäre erfahren die elektromagnetischen Wellen, wie bereits erwähnt, Änderungen der Geschwindigkeit und der Strahlkrümmung (Refraktion), diese Änderungen hängen vom physikalischen Zustand der Gasmassen ab. Wegen der in Troposphäre und Ionosphäre unterschiedlichen Signalfortpflanzung wird die Refraktion für diese beiden Bereiche getrennt behandelt.

Die Troposphäre ist die untere Schicht der Atmosphäre, von der Erdoberfläche bis zur Tropopause in ca. 11 km Höhe, sie umfasst ca. 90% der Atmosphärenmasse, hier spielt sich das gesamte Wettergeschehen ab. Mithin haben hier die folgenden meteorologischen Parameter Einfluss auf die Signalausbreitung:

- Lufttemperatur T
- Luftdichte ρ
- Luftfeuchtigkeit e

Der o.a. Brechungsindex n beeinflusst die Phasen- und die Gruppengeschwindigkeit eines modulierten elektromagnetischen Signals in Abhängigkeit von der vertikalen und horizontalen Verteilung der obigen Parameter. Die Ionosphäre als Teil der oberen Atmosphäre ist durch die Existenz von freien, negativ geladenen Elektronen und positiven Ionen gekennzeichnet, Wettergeschehen findet hier nicht mehr statt. Ihre Ausprägung hängt von der Dichte des atmosphärischen Gases und der Strahlungsintensität der Sonne ab. Maß für die Ausprägung der Ionosphäre ist die (mittlere) Elektronendichte N_e pro m^3.

Der Einfluss der Ionosphäre auf ein Signal ist abhängig von der entlang des Signalweges integrierten Elektronendichte, dem Elektronengehalt TEC (total electron content) [4]:

$$TEC = \int_0^s N_e(s)ds$$

Dieses entspricht der Gesamtzahl der Elektronen entlang des Signalwegs, gemessen in einer zylindrischen Säule von 1 m^2 Querschnitt. Einheit ist 1 TECU = 10^{16} e/m^2. Für eine sphärisch geschichtete Ionosphäre wird vom Elektronengehalt einer vertikalen Säule der Höhe h ausgegangen. Der Neigungsfaktor F, abhängig vom Zenitwinkel z, liefert den TEC längs des Signalweges [4]:

$$TEC = F\int_0^h N_e(h)dh$$

Beim Einfluss der Ionosphäre auf den Brechungsindex eines modulierten elektromagnetischen Signals muss ebenfalls zwischen Phasen- und Gruppengeschwindigkeit unterschieden werden. Ionisierung entsteht hauptsächlich durch UV- und Röntgenstrahlung der Sonne bei geringer Luftdichte. Die Energie dieser Strahlung spaltet aus den Gasmolekülen Elektronen ab, es bleiben positive Ionen zurück. Negative Ionen entstehen durch Anlagerung freier Elektronen an neutrale Teilchen. Eine maximale Ausprägung der Ionosphäre besteht in ca. 300 km Höhe. Tagsüber sind D-, E- und F-Schichten vorhanden, nachts erfolgt Rückbildung, bei Verbleiben der F-Schicht.

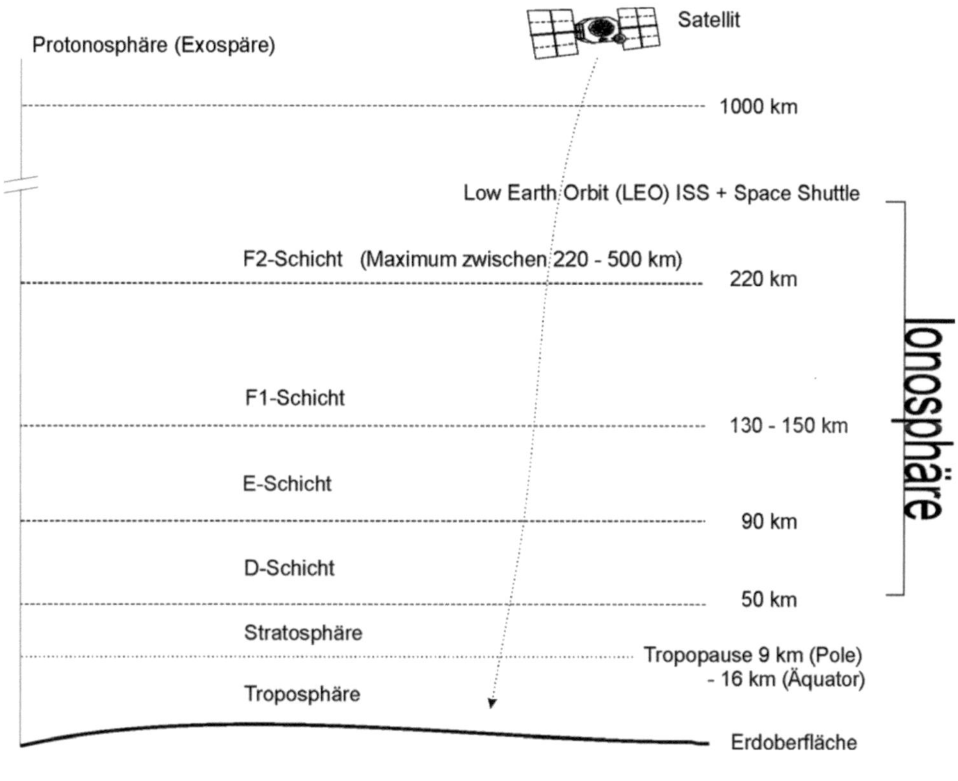

Abb. A1 Schichtung der Atmosphäre bei vollausgeprägter Ionosphäre [4]

Die Ionosphäre ist in ihrer Wirkung als elektrischer Leiter mit einem Hohlspiegel vergleichbar für Frequenzen unterhalb 30 MHz. Radiowellen höherer Frequenz durchdringen die Ionosphäre.

Troposphärische und ionosphärische Refraktion haben insbesondere bei der Ausbreitung von Satellitensignalen erhebliche Bedeutung. Die entsprechenden Messungenauigkeiten der Signallaufzeiten können minimiert werden durch Berücksichtigung troposphärischer und ionosphärischer Refraktionsmodelle sowie Zweifrequenzmessungen.

B 3 Ausbreitung in Abhängigkeit von Frequenz und atmosphärischem Zustand

Je nach Ausprägung der Bodenwelle im Vergleich zur Raumwelle und der Signalreflexion an der Ionosphäre sowie dem Beugungsvermögen entlang der Erdoberfläche müssen wir die Ausbreitungseigenschaften von Langwellen, Mittelwellen, Kurzwellen und Ultrakurzwellen (analog Mikrowellen und höhere Frequenzen) unterscheiden.

Deren Ausbreitungsgeschwindigkeit ist vor allem bedingt durch Inhomogenitäten des Erdbodens bezüglich der elektrischen Materialeigenschaften und in Bezug auf die Geometrie der Erdoberfläche, sie ist also eine Funktion der Erdbodenbeschaffenheit. Änderungen des Erdbodens müssen sich daher in einer Änderung der Ausbreitungsgeschwindigkeit auswirken, die in der Regel kleiner ist, als die Lichtgeschwindigkeit c.

Elektromagnetische Wellen dringen, wenn sie sich längs der Erdoberfläche ausbreiten, in einem gewissen Maße auch quer zur Ausbreitungsrichtung in die Erde ein. Die Amplitude der Welle wird dabei exponentiell mit der Tiefe gedämpft. Die Tiefe T_E, in welcher die Amplitude gegenüber ihrem Wert an der Erdoberfläche um den Faktor $e^{-2\pi}$ ~ 1/500 gedämpft ist, wird als Eindringtiefe bezeichnet, sie ist gegeben durch [13]:

$$T_E = \sqrt{\frac{4\pi}{f\mu\kappa}}$$

f ... Frequenz
μ ... Permeabilität der Erde
κ ... Leitfähigkeit des Erdbodens

Die Eindringtiefe T_E gibt an, bis zu welcher Tiefe die Eigenschaften des Erdbodens für die Ausbreitung von Bedeutung sind. In die Erde eindringende Energie wird der an der Oberfläche fortschreitenden elektromagnetischen Welle entzogen und stellt eine Dämpfung dar. Je kleiner T_E ist, desto geringer ist die Dämpfung, desto geringer der Geschwindigkeitsverlust. Ist die Oberfläche rau, dann folgt die Welle jeder kleinen Unebenheit, deren Ausbreitungsgeschwindigkeit wird dadurch kleiner. Veränderungen in der Beschaffenheit des Erdbodens jedoch, die klein sind verglichen mit T_E, beeinflussen die Ausbreitungsgeschwindigkeit nur wenig [13].

Längst- , Lang- und teilweise Mittelwellen haben sehr große Eindringtiefen, so dass meist die Bodenunebenheiten im Vergleich zu T_E klein sind und daher nur selten eine Rolle spielen.

T_E ist für Wasser und normalen Erdboden so verschieden, dass die Eindringtiefe wesentlich vom Grundwasserspiegel bestimmt wird und nur zum geringen Teil durch die Beschaffenheit des Erdbodens. Daher kann man für niedrige Frequenzen erwarten, dass der Anteil der Wellen, welcher sich längs des Erdbodens ausbreitet, recht stabil ist [13].

Für höhere Frequenzen spielen nur Inhomogenitäten der Erdoberfläche in der unmittelbaren Umgebung der Sende- und Empfangsanlage eine Rolle, denn für kürzere Wellen wird die Dämpfung durch den Erdboden so groß, dass die Bodenwellen in Ortung und Navigation keine Verwendung finden.

a) Ausbreitung von Langwellen (LF)

Es erfolgt eine ausgeprägte Beugung entlang der Erdoberfläche, die Ausbreitung vorwiegend als Bodenwelle. Der Raumwellenanteil durchdringt die Ionosphäre ohne Reflexion. Langwellen erfahren nur eine geringe Dämpfung und Absorption durch die Erdoberfläche, bis ca. 300 km von der Antenne sind sie wenig störanfällig. Die Länge der Bodenwelle erreicht problemlos 700 km.

b) Ausbreitung von Mittelwellen (MF)

Mittelwellen sind durch das Vorhandensein von Boden- und Raumwellen gekennzeichnet. Die Länge der Bodenwelle kann bis zu 300 km erreichen. Es kommt bereits zur Ausprägung einer toten Zone. Am Tage erfolgt die Ausbreitung als Bodenwelle aufgrund eines größeren Erhebungswinkels bei niedriger Ionosphärenuntergrenze und damit Absorption der Raumwelle. Nachts sind Boden- und Raumwelle mit erheblich größeren Reichweiten aber auch Schwunderscheinungen (fading) aufgrund der Interferenz von Boden- und Raumwelle vorhanden. Abnehmende Wellenlänge führt zum Anstieg des Raumwellenanteils.

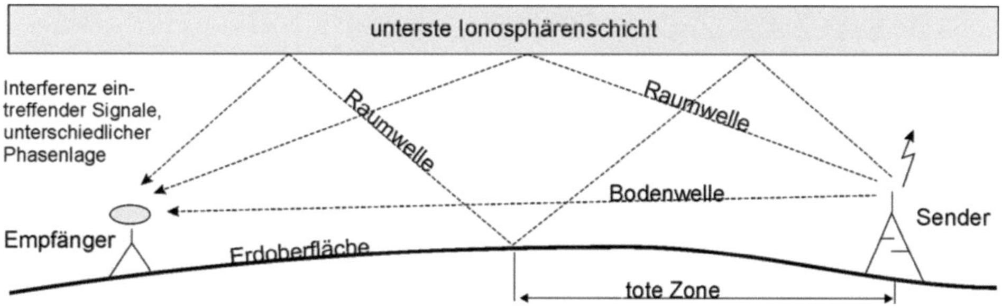

Abb. A2 Bodenwelle und Raumwellen mit sog. Sprungentfernungen

c) Ausbreitung von Kurzwellen (HF)

Der Anteil der Raumwelle überwiegt, es kommt zu beinahe ungedämpfter Mehrfachreflexion zwischen Erdoberfläche und Ionosphäre.

Die Bodenwelle ist kaum oder nicht mehr messbar. Kurzwellen zeigen eine deutliche Ausprägung einer sog. Toten Zone mit großer Sprungentfernung und einer Umkehrung der Polarisationsebene der Welle an der Reflexionsschicht.

d) Ausbreitung von Ultra-Kurzwellen (VHF)

UKW unterliegen einer geradlinigen Funkwellenausbreitung (quasioptisch) als Raum- und direkte Welle. Die Reichweite ist durch die Erdkrümmung (Horizont) begrenzt. Die Empfangsreichweite in der Flugnavigation ist damit eine Funktion der Flughöhe H. Interferenzen entstehen nur durch Mehrwegeffekte aufgrund der Topographie. Folgende Faustformel zur Reichweitenermittlung [38]

$$R = 1{,}23 \cdot \sqrt{H[ft]} \qquad [NM]$$

berücksichtigt die Refraktion der Welle auf dem Signalweg. Die Vertikalverteilung der Empfangsfeldstärke von UKW-Signalen ergibt sich aus der Interferenz unterschiedlicher, aufeinandertreffender Phasen des direkten und des vom Boden reflektierten Strahlungsanteils in der Antennenumgebung, was zu periodischen Phasensprüngen sowie zur Ausprägung eines Schweigekegels über der Antenne führt.

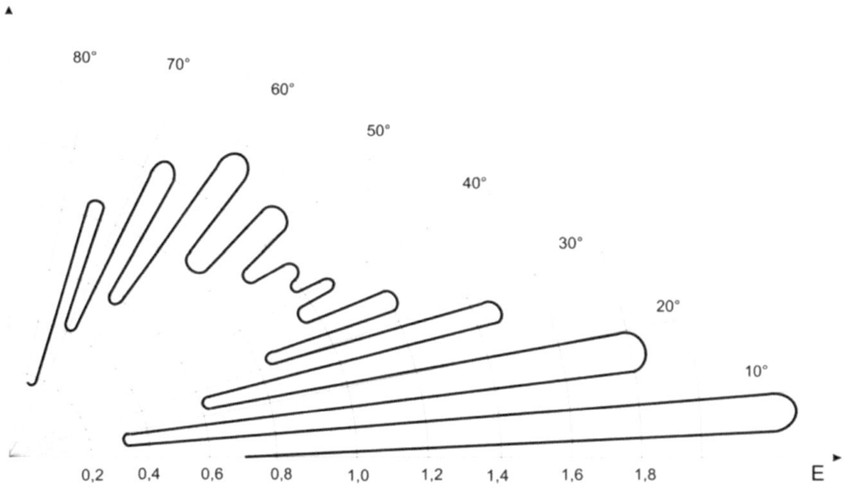

Abb. A3 Verlauf der Feldstärke E eines UKW-Senders (λ = 9m) im Winkelbereich 0° - 90° [12]

e) Ausbreitung von Mikrowellen (UHF, SHF, EHF)

Radiowellen haben mit zunehmender Frequenz Eigenschaften, die denen des Lichts ähneln. Daher gibt es bei der Ausbreitung von Mikrowellen Abschattungsprobleme. Sichthindernisse zwischen Sender und Empfänger verhindern den Empfang eines Mikrowellensignals, geringe Dämpfung und Störempfindlichkeit in der Ionosphäre, vergleichsweise hohe Dämpfung innerhalb der Troposphäre.

Schwunderscheinungen:

Hierbei handelt es sich um zeitlich und/oder lokal begrenzte Einflüsse auf die Signalausbreitung durch Erhöhung der Rauschzahl, d.h. einer Herabsetzung des Verhältnisses zwischen Nutz- und Störsignal.

Der Nacht- bzw. Dämmerungseffekt während der Zeiten der Ausbildung, bzw. Rückbildung der Ionosphäre beruht auf der ständigen Veränderung der Schichthöhen und damit der Reflexionsflächen. Stärkste Schwunderscheinungen treten ca. eine Stunde vor Sonnenaufgang sowie eine Stunde nach Sonnenuntergang auf. Interferenzen zwischen Boden- und Raumwellen und Änderung der Polarisationsebenen führen zur starken Veränderung des Signalpegels, ggf. zu Signalauslöschung.

Eine Ablenkung durch die Beschaffenheit der Erdoberfläche kann sich in Form von Signalabschattung oder Mehrwegeeffekten auswirken. Besonders an Gebirgen und Küstenlinien auftretende Refraktionen verändern die Ausbreitungsrichtung der Bodenwelle.

Frequenzmodulation sowie die Wahl höherer Sendefrequenzen kann die Störempfindlichkeit des Signals insbesondere gegen elektrische Entladungen bei Gewittern sowie atmosphärischer Dämpfung verbessern.

Anhang C

Fehlerbetrachtung bezugspunktabhängiger Funknavigationssysteme

Als Ortung wird die Bestimmung der Position eines Fahrzeuges im Raum oder auf der Erdoberfläche verstanden. Bei der Funknavigation werden hierfür Funkortungssysteme zur Ermittlung dreier unabhängiger Koordinaten für die Ortung im Raum bzw. zweier unabhängiger Koordinaten in der Ebene genutzt. Der Standort ergibt sich im Schnittpunkt der entstehenden Standflächen bzw. Standlinien gemäß Kapitel 1. Das Ortungsprinzip mit Standflächen und Standlinien ist jedoch immer an sog. bezugspunktabhängige Ortungssysteme gebunden. Diese Bezugspunkte können Sender oder auch Satelliten sein. Bezugspunktunabhängige Ortungssysteme (integrierende Systeme) hingegen liefern direkt Positionskoordinaten, diese sind z.B. Trägheitsnavigationssysteme.

Jeder Vorgang, sei es nun bei der Messung, dem Ablesen bzw. Interpretieren eines Messgerätes oder bei der Maß- und Kursentnahme aus einer Karte, ist mit Unsicherheiten behaftet, die in der begrenzten Präzision der Messmittel, der begrenzten Leistungsfähigkeit unserer Augen und anderen Einflüssen begründet sind.

Die Genauigkeit der Ortung wird durch den auftretenden Fehler bzw. Fehlermaße angegeben [13]:

- Standlinienfehler
- Standortfehler
- Fehlerellipse
- mittlerer Punktfehler
- Fehlerkreisradius

Zunächst wird das Wesen des Ortungsfehlers genauer betrachtet.

C 1 Analyse des Ortungsfehlers

Geometrische Größen, welche zu Ortungszwecken gemessen werden, sind:

- Entfernungen
- Entfernungsdifferenzen
- Winkel

Wir folgen jetzt den Überlegungen in [13]. Hierbei sei ein Messergebnis M Funktion von den physikalischen Größen q_1, q_2 ... q_v ... q_n.

$$M = f\,(q_1,\ q_2 \ldots q_v \ldots q_n)$$

Haben diese Größen den Fehler x_1, x_2 ... x_v ... x_n , wird das Messergebnis um den Betrag ΔM verfälscht.

$$M + \Delta M = f\,(q_1 + x_1\ ,\ q_2 + x_2 \ldots,\ q_v + x_v \ldots q_n + x_n)$$

Vorausgesetzt, dass der Fehler x_v mindestens eine Größenordnung kleiner ist, als die entsprechende gemessene physikalische Größe, können die Fehler als Differentiale im Sinne der Differentialrechnung behandelt werden. Aus obiger Gleichung wird jetzt eine Taylorreihe entwickelt [13]:

$$M + \Delta M = f(q_1, q_2, \ldots q_\upsilon \ldots q_n) + \sum_{\upsilon=1}^{n} \frac{\partial f}{\partial(q_\upsilon)} + x_\upsilon + \ldots,$$

Die Glieder höherer Ordnung können vernachlässigt werden. Damit erhält man für den Fehler:

$$\Delta M = \sum_{\upsilon=1}^{n} \frac{\partial f}{\partial q_{\upsilon}} \cdot x_{\upsilon}$$

Der resultierende Messfehler ΔM setzt sich also zusammen aus der Summe der Fehler x_v aller an der Messung beteiligten physikalischen Größen q_v.

Die Gewichte, d.h. die Faktoren, mit denen die einzelnen Fehler zum Gesamtfehler beitragen, sind durch die partiellen Ableitungen $\delta f/\delta q_v$ gegeben. Es ergeben sich grundsätzlich zwei Fehlerklassen:

- Messgerätefehler
- Ausbreitungsfehler

Messgerätefehler haben ihre Ursachen in den Sende- und Empfangsanlagen und sind bedingt durch die Herstellungstoleranzen in Mechanik und Elektronik. Des Weiteren wirken elektrische und mechanische Störungen in der engeren Umgebung der Geräteaufstellungsorte sowie Alterung. Ablesefehler, zum Teil durch die Eigenschaften der Anzeige bedingt, wie auch Polarisationsfehler, durch die Eigenschaften der Antenne bedingt, gehören ebenfalls zu den Gerätefehlern.

Zu den Ausbreitungsfehlern gehören Schwankungen in der Signalausbreitungsgeschwindigkeit Δc aufgrund unterschiedlicher Ausbreitungsbedingungen in Troposphäre und Ionosphäre, Schwankungen in der Signallaufzeit Δt und Phasenfehler ΔΘ.

Der ermittelte Messwert M wird also nicht mit dem wahren Wert der zu ermittelnden geometrischen Größe (Standlinie) übereinstimmen. Vielmehr ergibt der auftretende Gesamtfehler ΔM einen sog. Standstreifen mit der Aussage über eine bestimmte Wahrscheinlichkeit, mit der sich der wahre Ort der Standlinie innerhalb des Standstreifens befindet.

Die Ortungsfehler sind im allgemeinen klein genug, so dass hier folgende Annahmen gemacht werden können [13]:

- Die Erdoberfläche in der Umgebung des wahren Standortes wird als eben angenommen, sie kann durch eine Tangentialebene ersetzt werden.
- Standlinien verlaufen in der Umgebung geradlinig, d.h. sie können durch Tangenten ersetzt werden.
- Benachbarte Standlinien sollen in dieser Umgebung den gleichen Abstand haben, d.h. die Tangenten benachbarter Standlinien verlaufen parallel.

Abbildung A4 verdeutlicht die geometrischen Beziehungen bei einem Standlinienschnitt.

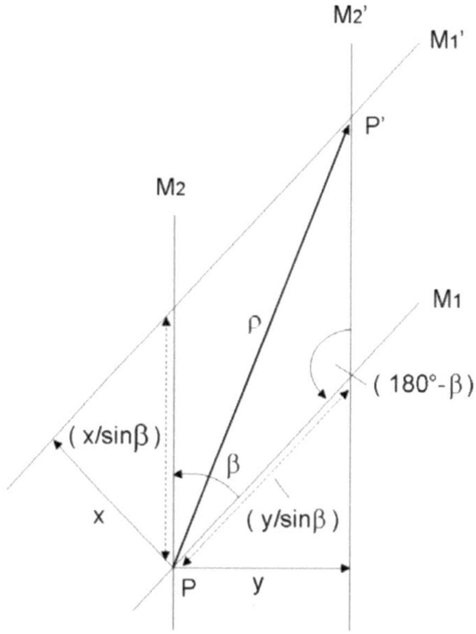

Abb. A4 Geometrische Deutung des Ortungsfehlers [13]

β ... Schnittwinkel der Standlinien
ρ ... Entfernung der gemessenen von der wahren Position

Der Ortungsfehler ist die Strecke $\overline{PP'}$ nach Betrag und Richtung, er hat als Vektor die schiefwinkligen Komponenten x/sin β und y/sin β. Sein Betrag ρ ist nach dem Kosinussatz gegeben durch [13]:

$$\rho^2 = \frac{x^2}{\sin^2\beta} + \frac{y^2}{\sin^2\beta} + 2\frac{xy}{\sin^2\beta}\cos\beta \qquad ;$$

$$\rho^2 = \frac{1}{\sin^2\beta}\left(x^2 + y^2 + 2xy\cos\beta\right)$$

Hierbei ist x der Abstand der beiden als geradlinig und parallel angenommenen Standlinien M_1 und $M_1' = M_1 + \Delta M_1$. Entsprechend ist y der Abstand der Standlinien M_2 und $M_2' = M_2 + \Delta M_2$. Die Abstände x und y hängen von der betrachteten Stelle P mit den Koordinaten u und v ab. Der geometrische Vergrößerungsfaktor g, abhängig von Standort (u_0, v_0) und Art der Standlinien, ist mit dem Messfehler ΔM zu multiplizieren, um die Standlinienversetzung x und y zu erhalten. Aufgrund des Wahrscheinlichkeitscharakters des Ortungsfehlers erfolgt nach einer Abgrenzung von systematischen und groben Fehlern die Behandlung der zufälligen Fehler mit statistischen Methoden.

C 2 Statistischer Charakter des Ortungsfehlers

Den Ortungsfehler drückt man in der Statistik und Fehlerlehre durch die Standardabweichung σ aus welche angibt, um wie viel ein Messwert um seinen Mittelwert streuen kann und dass der nicht genau zu ermittelnde wahre Wert mit einer bestimmten Wahrscheinlichkeit innerhalb des Streuungsbereiches zu finden ist. Eine genauere Behandlung geschieht in der Literatur und Lehrveranstaltungen zu den Grundlagen der Statistik.

Weitere Streuungsparameter sind [35]:

- Spannweite w als einfachstes Streuungsmaß
- mittlere absolute Abweichung
- Varianz σ^2 (VAR)

Die Standardabweichung σ ist die positive Quadratwurzel aus der Varianz σ^2. Es gilt [36]:

$$\sigma = \sqrt{\sigma^2} = \sqrt{\frac{1}{n}\sum_{i=1}^{n}(x_i - \bar{x})^2} \qquad n \to \infty$$

$\bar{x}$ ... arithmetisches Mittel

Das arithmetische Mittel $\bar{x}$ ist derjenige Wert einer Gaußschen Verteilung, der am wahrscheinlichsten auftritt. Er wird als Erwartungswert bezeichnet. Die Abweichungen der einzelnen Messwerte vom Mittelwert sind die Messfehler:

$$\bar{x} = \frac{1}{n}\sum_{i=1}^{n} x_i \qquad x = x_i - \bar{x}$$

Die Standardabweichung σ hat dieselbe Dimension wie das Merkmal, für das sie berechnet wurde. Sie ist damit ein Maß für die Genauigkeit einer Messgröße. Man kann sie, wenn keine Erfahrungswerte vorliegen, durch eine größere Zahl von Wiederholungsmessungen ermitteln [23].

Systematische Fehler wirken sich einseitig auf ein Messergebnis aus, und können meist durch geeignete Kontrollen aufgedeckt werden. Grobe Fehler, z.B. eine falsche Instrumentenablesung können ebenfalls durch Kontrollen erkannt werden, etwa durch Überschlagsberechnung oder Prüfung, ob das erzielte Ergebnis überhaupt realistisch ist. Die zufälligen Fehler unterliegen der Normalverteilung.

Die Gaußsche Verteilung (Normalverteilung) wird am anschaulichsten mit der Wahrscheinlichkeitsdichtefunktion $\varphi(x)$ beschrieben. Es ergibt sich die sog. Glockenkurve:

$$\varphi(x) = \frac{1}{\sigma\sqrt{2\pi}} \exp\left(-\frac{x - \bar{x}}{2\sigma^2}\right)$$

x ... fehlerbehafteter Messwert (Zufallsgröße)
$\bar{x}$ ... wahrscheinlichster Wert (Erwartungswert)
σ ... Standardabweichung

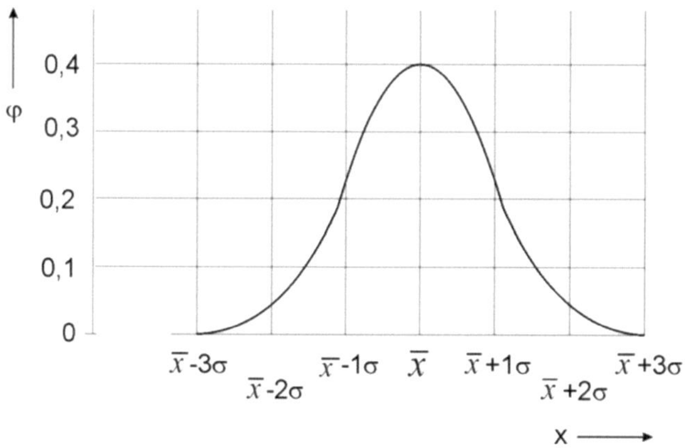

Abb. A5 Wahrscheinlichkeitsdichtefunktion φ(x) der standardisierten Gaußschen Verteilung, Standardabweichung σ = 1 [23]

φ(x) gibt das Maß der Wahrscheinlichkeit für das Auftreten des betreffenden Messwertes an. Es treten positive und negative Abweichungen vom arithmetischen Mittelwert mit dem gleichen Betrag gleichhäufig auf. In der Praxis ist es üblich, den Standlinienfehler mit einer Wahrscheinlichkeit von 95% anzugeben, was ~ 2 σ entspricht. Der Bereich ± 2 σ beiderseits der wahren Standlinie ist der Streubereich der Messwerte.

C 3 Fehlernormierung

Bei der Fehlerangabe wollen wir voraussetzen, dass systematische und grobe Fehler bei der jeweiligen Messung/Ortung bereits erkannt und eliminiert wurden. Beispiele für systematische Fehler sind:

- Reflexion, Störung in der Signalausbreitung durch Küstenlinien
- Signalbeugung durch Gebirgsformationen
- Abschattung und Mehrwegeausbreitung durch nahe gelegene Bauwerke
- nicht optimale Antennenkalibrierung, stationäre Störfelder

Betrachtet werden nur zufällige Fehler, die eine statistische Verteilung aufweisen und den Gesetzen der Wahrscheinlichkeit unterliegen.

a) Standlinien-/Entfernungsfehler

Standlinien, welche sich durch Anwendung funktechnischer Mittel ergeben, durch Messung von Signallaufzeiten, Laufzeitdifferenzen, Phasenwinkeln können streuen durch Beeinträchtigung des Funksignals in der Atmosphäre/Ionosphäre z.B. durch Interferenzen zwischen Boden- und Raumwellenanteilen. Des weiteren bilden Überlagerungen des Nutzsignals mit Störsignalen oder Einstell- , Anzeige- und Ableseungenauigkeiten ein Fehlerpotential. Als eindimensionales Genauigkeitsmaß finden LEP (linear error probable), σ und 2 σ Anwendung [23].

b) Standort-/Positionsfehler

Auf der als eben angenommenen Erdoberfläche ergibt sich eine Position als Schnittpunkt zweier Standlinien. Daher geht ein Standlinienfehler in der Regel voll in die ermittelte Position ein. Zusätzlich beeinflusst die Standliniengeometrie, d.h. der Schnittwinkel der Standlinien sowie ein ggf. vorhandener geometrischer Höhenfehler bei Abweichung von der Horizontalen die Genauigkeit der Ortung. Der Fehler wird ausgedrückt als die Differenz zwischen der wahren Position P und der gemessenen Position P'.

Die sich damit ergebende Strecke $\overline{PP'}$ ist der vektorielle Standortfehler ε, er hängt von der Verschiebung x und y der wahren von der gemessenen Standlinie sowie vom Schnittwinkel β der beiden Standlinien ab, die Genauigkeitsmaße können zwei- oder dreidimensional sein.

c) Fehlerellipse

Die Fehlerellipse ist ein Maß für Betrag und Richtung des Ortungsfehlers, sie wird durch die drei Bestimmungsgrößen kleine und große Halbachse sowie die Richtung der großen Halbachse definiert. Damit verfügt man nicht mehr über ein Genauigkeitsmaß, sondern über einen Satz von Daten, welche das Genauigkeitsmaß definieren. Diese müssen jeweils berechnet werden. Aufgrund von nötigem Aufwand und der erforderlichen Zeit findet die Fehlerellipse in der Luftfahrt keine Anwendung. Es wird daher versucht, als Genauigkeitsmaße Kreise zu definieren, welche die Fehlerellipsen approximieren und deren Radien so gewählt werden, dass innerhalb dieser Kreise mit einer bestimmten statistischen Wahrscheinlichkeit das wahre Messergebnis liegt [13].

d) Mittlerer Punktfehler d_{rms}

Der mittlere Punktfehler ist eine skalare Fehlerkenngröße mit Angabe des Ortungsfehlers als einem einzigen Zahlenwert. Er ist der quadratische Mittelwert (engl. distance root mean square - d_{rms}) des Fehlerbetrages. Vereinfacht kann der mittlere Punktfehler ausgedrückt werden durch [23]:

$$d_{rms} = \frac{1}{\sin\beta}\sqrt{\sigma_x^{\ 2} + \sigma_y^{\ 2}}$$

β ... Schnittwinkel der Standlinien

Wird der Wert 2 σ eingesetzt, erhält man 2 d_{rms} (double distance root mean square). Zur Auswertung wird ein Kreis um den wahren Standort mit dem Radius d_{rms} bzw. 2 d_{rms} gezogen. Die Ortungsfehler liegen dann mit einer Wahrscheinlichkeit von 63 - 68% bzw. 93 - 98% innerhalb des Kreises.

e) Fehlerkreisradius (CEP)

Dieser ist eine skalare Fehlerkenngröße und die einfachste Art der Genauigkeitsangabe bei der Positionsbestimmung. Die Angabe bezieht sich auf den Radius des Kreises, innerhalb dessen der Fehler mit einer bestimmten Wahrscheinlichkeit liegt. Der auftretende Fehler ist mit dieser Wahrscheinlichkeit in beliebiger Richtung kleiner als der Radius. Der Kreismittelpunkt ist der wahre Standort, d.h. der Punkt mit dem Fehler Null. Die Berechnung des Fehlerkreises geht von einer vorgegebenen Wahrscheinlichkeit aus. Eine zu einem Fehlerkreisradius R bzw. CEP (circular error probable) gehörende Wahrscheinlichkeit wird als Index angefügt z.B. R_{50} oder CEP_{50} für eine Wahrscheinlichkeit von 50% [4,23].

Die Fehlerellipse, und die skalaren Größen mittlerer Punktfehler und Fehlerkreisradius können auf alle Arten von Standlinien angewendet werden. Für die Genauigkeit des Polarkoordinaten-Verfahrens mittels VOR/DME gilt: Reichweite, Genauigkeit und Fehlerursachen sind prinzipiell dieselben wie bei VOR und DME. Fehler durch Schrägentfernung verursachen eine Versetzung mit Komponenten längs sowie quer zur Flugrichtung mit zunehmender Flughöhe und/oder geringerer Entfernung des WP zur Bodenstation.

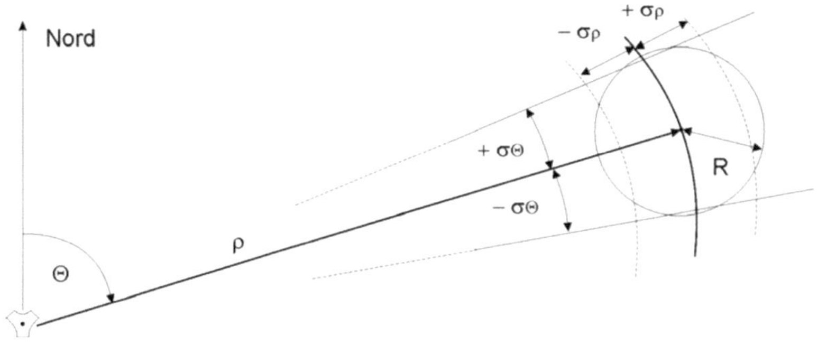

Abb. A6 Streuparameter für Azimut (σ_Θ), für Entfernung (σ_φ) und Fehlerkreisradius R bei Polarkoordinaten-Ortungssystemen [22]

Abkürzungsverzeichnis

ACARS	-	Aircraft Communication Adressing and Reporting System
ADC	-	Air Data Computer
ADI	-	Attitude Director Indicator
ADIRS	-	Air Data and Inertial Reference System
AIP	-	Aeronautical Information Publication
ALT	-	Altitude
AM	-	Amplitudenmodulation
APV	-	Approaches with Vertical Guidance
ARR	-	Arrival
ATC	-	Air Traffic Control
ATFM	-	Air Traffic Flow Management
ATM	-	Air Traffic Management
ATS	-	Air Traffic Services
ATT	-	Attitude
AWY	-	Airway
BIPM	-	Bureau International des Poids et Mesures
BKG	-	Bundesamt für Kartographie und Geodäsie
BPSK	-	Binary Phase Shift Keying
C/A	-	Cleared Aquisition
CAT	-	Category
CEP	-	Circular Error Probable
CDFA	-	Continuous Descend Final Approach
CDU	-	Control- and Display Unit
CNS	-	Communication/Navigation/Surveillance

DA	-	Drift Angle/Decision Altitude
DDM	-	Difference in Depth of Modulation
DEP	-	Departure
DEV	-	Deviation
DGPS	-	Differential GPS
DFS	-	Deutsche Flugsicherung GmbH
DH	-	Decision Height
DME	-	Distance Measuring Equipment
DOP	-	Dilution of Precision
ECS	-	Electronic Chart System
ECDIS	-	Electronic Chart Display and Information System
ECEF	-	Earth Centered Earth Fixed
EFIS	-	Electronic Flight Instrument System
EGNOS	-	European Geostationary Navigation Overlay System
EHF	-	Extreme High Frequency
EICAS	-	Electronic Instrument- and Crew Alerting System
ESA	-	European Space Agency
EUR	-	ICAO-Region Europa-/Mittelmeerraum
EWAN	-	EGNOS-Wide Area Network
FAF	-	Final Approach Fix
FANS	-	Future Air Navigation Systems
FCC	-	Flight Control Computer
FL	-	Flight Level
FM	-	Frequenzmodulation

FMS	-	Flight Management System
FMC	-	Flight Management Computer
FPA	-	Flight Path Angle
FT	-	Foot/Feet
G/A	-	Go Around
GAST	-	Greenwich Apparent Sideral Time
GBAS	-	Ground Based Augmentation System
GDOP	-	Geometric Dilution of Precision
GIC	-	GPS-Integrity Channel
GIOVE	-	Galileo In-Orbit Validation Element
GIS	-	Geo-Informationssystem
GLONASS	-	Globalnaja Navigationaja Sputnikova Systema
GLS	-	GNSS-Landing System
GMT	-	Greenwich Mean Time
GNSS	-	Global Navigation Satellite System
GPS	-	Global Navigation System
GP	-	Glide Path
GS	-	Ground Speed/Glide Slope
GSOC	-	German Space Operating Center (Oberpfaffenhofen)
HDG	-	Heading
HF	-	High Frequency
HSI	-	Horizontal Situation Indicator
IAC	-	Instrument Approach Chart
IAF	-	Initial Approach Fix

IAG	-	Internationale Assoziation für Geodäsie
IAS	-	Indicated Airspeed
ICAO	-	International Civil Aviation Organization
IFR	-	Instrument Flight Rules
IGS	-	International GNSS Service
ILS	-	Instrument Landing System
INMARSAT	-	International Maritime Satellite Organisation
INS/IRS	-	Inertial Navigation System/Inertial Reference System
KT	-	Knots
LAAS	-	Local Area Augmentation System
LBA	-	Luftfahrt-Bundesamt
LEO	-	Low Earth Orbit
LF	-	Low Frequency
LIZ	-	Lage- und Informationszentrum der DFS
LKV	-	Linearer Kurvenvorhalt
LMT	-	Local Mean Time
LNAV	-	Lateral Navigation
LOC/LLZ	-	Localizer
LPV	-	Lateral Precision with Vertical Guidance
LSK	-	Line Select Key
LT	-	Local Time
LuftBO	-	Betriebsordnung für Luftfahrtgerät
M	-	Mach Number
MCC	-	Mission Control Center

MCDU	-	Multipurpose Control and Display Unit
MDA	-	Minimum Descend Altitude
MF	-	Medium Frequency
MFD	-	Multifunction Display
MH	-	Magnetic Heading
MLS	-	Micro Wave Landing System
MM	-	Middle Marker
MMR	-	Multi Mode Receiver
MOZ	-	Mittlere Ortszeit
MSAS	-	Multifunction Satellite Augmentation System
MSG	-	Message
MSU	-	Mode Selector Unit
MT	-	Magnetic Track
MTSAT	-	Multifunctional Transport Satellite
mwK	-	missweisender Kurs
mwStK	-	missweisender Steuerkurs
NAV	-	Navigation
ND	-	Navigation Display
NM	-	Nautical Mile
NDB	-	Non Directional Beacon/Navigation Database
NED	-	North East Down (-system)
NELS	-	North European LORAN-System
NfL	-	Nachrichten für Luftfahrer
NIROS	-	Noise Impact Reduction and Optimization System

NLES	-	Navigation Land Earth Station
NOTAM	-	Notice to Airman
NPA	-	Non Precision Approaches
O_B	-	beobachteter Ort
O_K	-	Koppelort
OM	-	Outer Marker
P	-	Precise/Prohibited
PA	-	Precision Approaches
PAR	-	Precision Approach Radar
PANS-OPS	-	Procedures for Air Navigation Services - Operations
PFD	-	Primary Flight Display
PM	-	Impulsmodulation
PPOS	-	Present Position
PRN	-	Pseudo Random Noise Code
PTB	-	Physikalisch-Technische Bundesanstalt (Braunschweig)
RAIM	-	Receiver Autonomous Integrity Monitor
RF	-	Radio-Frequenz
RFC	-	Route Facility Chart
RIMS	-	Ranging and Integrity Monitor Station
RNAV	-	Random/Area Navigation
RNP	-	Required Navigation Performance
RTK	-	Real Time Kinematic
RTU	-	Radio Tuning Unit
RVR	-	Runway Visual Range

RWA	-	Relative Wind Angle
rwk	-	rechtweisender Kurs
rwStK	-	rechtweisender Steuerkurs
SAT	-	Static Air Temperature
SBAS	-	Satellite Based Augmentation System
SHF	-	Super High Frequency
SID	-	Standard Instrument Departure Route
SLR	-	Satellite Laser Ranging
SPD	-	Speed
SPS	-	Standard Positioning Service
STAR	-	Standard Instrument Arrival Route
STBY	-	Standby
TACAN	-	Tactical Air Navigation System
TAI	-	Temps Atomique International
TAS	-	True Airspeed
TAT	-	Total Air Temperature
TCAS	-	Traffic Collision Avoidance System
TEC	-	Total Electron Content
TH	-	True Heading
TMA	-	Terminal Area
T/O	-	Take Off
TOC	-	Top of Climb
TOD	-	Top of Descend
TOF	-	Take Off Fuel

TT	-	True Track
TTC	-	Tracking, Telecommand and -Control
UERE	-	User Equipment Range Error
UHF	-	Ultra High Frequency
UT	-	Universal Time
UTC	-	Universal Time Coordinated
VAR	-	Variation
VFR	-	Visual Flight Rules
VHF	-	Very High Frequency
VLF	-	Very Low Frequency
VNAV	-	Vertical Navigation
VOR	-	VHF-Omni Directional Radio Range
V/S	-	Vertical Speed
WA	-	Wind Angle
WAAS	-	Wide Area Augmentation System
WCA	-	Wind Correction Angle
WGS	-	World Geodetic System
WOZ	-	Wahre Ortszeit
WP/WPT	-	Waypoint
W/V	-	Wind-Direction/-Velocity
WX	-	Weather
ZT	-	Zonal Time

Literaturverzeichnis

[1] ALBRAND, K.-R. & H. JUNGE (o.A.): Formelsammlung Navigation eingeführt an der Fachhochschule Hamburg, Fachbereich Seefahrt. Hamburg: DSV.

[2] AVRO INTERNATIONAL AEROSPACE (1994): BAe 146 Manufacturers Operations Manual. Woodford.

[3] BAGNASCHI, L. (1993): Bericht 226. Application of an Adaptive Kalman-Filter for the Estimation of Position, Velocity and Acceleration of an Moving Body from GPS Measurements. Eidgenössische Technische Hochschule Zürich, Institut für Geodäsie und Photogrammetrie.

[4] BAUER, M. (2003[5]): Vermessung und Ortung mit Satelliten. Heidelberg: Herbert Wichmann.

[5] BODEMANN, F.-W. (Hrsg.) (1992): Satellitenfunk. Erdfunkstellen und Satelliten. Band 2. Heidelberg: R. v. Decker's, G. Schenck.

[6] BOMBARDIER INTERNATIONAL AEROSPACE (1992): Flight Crew Operating Manual CRJ. Ontario: Bombardier Regional Aircraft Division.

[7] BÖHM, W. (1994[3]): Handbuch der Navigation. Herford: Busse Seewald.

[8] BRAMMER, K. & G. SIFFLING (1975): Kalman-Bucy-Filter. Deterministische Beobachtung und stochastische Filterung. München: R. Oldenbourg.

[9] DEUTSCHE NORM DIN 13312 (2005): Navigation. Begriffe, Abkürzungen, Formelzeichen, graphische Symbole. Berlin: Deutsches Institut für Normung e.V.

[10] DFS (Deutsche Flugsicherung GmbH) (14.09.1995): AIC 18/95. Einführung eines einheitlichen geodätischen Bezugssystems WGS 84.

[11] HAKE, G. , D. GRÜNREICH & L. MENG, (2002[8]): Kartographie. Visualisierung raum-zeitlicher Informationen. Berlin, New York: Walter de Gruyter.

[12] HANDEL, P. von & K. KRÜGER (1944[2]): Funknavigation in der Luftfahrt. Braunschweig: Friedrich Vieweg.

[13] HARTL, Ph. (1961): Zur Bestimmung der Genauigkeit von bezugspunktabhängigen Funkortungssystemen. Dissertation. Mülheim (Ruhr): Zentrale für Wissenschaftliches Berichtswesen der Deutschen Versuchsanstalt für Luftfahrt e.V.

[14] HECHT, BERKING, BÜTTGENBACH & JONAS (1999): Die elektronische Seekarte. Grundlagen, Möglichkeiten und Grenzen eines neuen Navigationssystems. Heidelberg: Herbert Wichmann.

[15] HECK, B. (2003^{3}): Rechenverfahren und Auswertemodelle der Landesvermessung. Klassische und moderne Methoden. Heidelberg: Herbert Wichmann.

[16] HERTER, E. & W. LÖRCHER (2004^{9}): Nachrichtentechnik. München, Wien: Carl Hanser.

[17] HÜTTERMANN, A. & P. SCHRÖDER (2002^{7}): Kartographie in Stichworten. Berlin, Stuttgart: Gebr. Borntraeger Verlagsbuchhandlung.

[18] KING, A. D. (1998): Inertial Navigation - Forty Years of Evolution. GEC Review, Vol. 13, No. 3. Marconi Electronic Systems Ltd.

[19] KOHLSTOCK, P. (2004): Kartographie. Paderborn: Ferdinand Schöningh.

[20] KREUTZER, K. (1943): Die Deutsche Admiralitätskarte. Teil 1. Berlin: E. S. Mittler.

[21] KRÜGER, G. & O. GRÖNNING (1977): Navigationsgrundlagen und Trägheitsnavigation. Luftfahrtbuch.

[22] MANSFELD, W. (1983): Funkanlagen für Ortung und Navigation. Berlin: Transpress.

[23] MANSFELD, W. (1994): Funkortungs- und Funknavigationsanlagen. Heidelberg: Hüthig Buch.

[24] MANSFELD, W. (2004^{2}): Satellitenortung und Navigation. Wiesbaden: Viehweg.

[25] MANSFELD, W.: Vorlesung Satellitenortungssysteme. Technische Universität Dresden, Institut für Nachrichtentechnik.

[26] MENSEN, H. (2004^{3}): Moderne Flugsicherung. Berlin, Heidelberg: Springer.

[27] MESSERSCHMID, E. & S. FASOULAS (2005^{2}): Raumfahrtsysteme. Eine Einführung mit Übungen und Lösungen. Berlin, Heidelberg: Springer.

[28] MONTENBRUCK, O. (2001^{6}): Grundlagen der Ephemeridenrechnung. Heidelberg: Sterne und Weltraum.

[29] NAUTISCHES JAHRBUCH 2006 (2005^{155}): Ephemeriden und Tafeln zur Bestimmung der Zeit, Länge und Breite auf See nach astronomischen Beobachtungen. Hamburg, Rostock: Bundesamt für Seeschifffahrt und Hydrographie (BSH).

[30] PETRAHN, G. (2003^{3}): Grundlagen der Vermessungstechnik. Berlin: Cornelsen.

[31] REDMANN, K.: Vorlesung Navigation. Technische Universität Dresden, Institut für Luftfahrt.

[32] ROCKWELL COLLINS: System Manual Canadair Regional Jet, Avionics Systems.

[33] SAVANT Jr., HOWARD, SOLLOWAY & SAVANT (1961): Principles of Inertial Navigation. New York, Toronto, London: Mc. Graw-Hill Book Company Inc.

[34] SCHRÖPL, H. (1979): Teldix Taschenbuch der Navigation. Heidelberg: Teldix GmbH.

[35] SCHWARZE, J. (2001^{9}): Grundlagen der Statistik I. Beschreibende Verfahren. Herne, Berlin: Neue Wirtschafts-Briefe.

[36] SCHWARZE, J. (2001^{7}): Grundlagen der Statistik II. Wahrscheinlichkeitsrechnung und induktive Statistik. Herne, Berlin: Neue Wirtschafts-Briefe.

[37] SEL (o.A.): Gerätebeschreibung Localizer SN 4000.

[38] SJÖSSTRÖM, G. (1996^{4}): Flugnavigation. Band 3. Kartographischer Verlag Reinhard Ryborsch.

[39] STOVALL, S. H. (1997): Basic Inertial Navigation. Naval Air Warfare Center Weapons Division. China Lake, California.

[40] TORGE, W. (2003^{2}): Geodäsie. Berlin: Walter de Gruyter.

[41] WANNINGER, L. (11.05. 2005): Vortrag Satellitengestützte Positionierung mit Zentimeter-Genauigkeit. Technische Universität Dresden, Geodätisches Institut.

[42] ZIMMER, M. (1965): Allgemeine Navigation. Lehrbrief 1. Dresden: Ingenieurschule für Verkehrstechnik.

Abbildungsnachweis

Die Abbildungen wurden bis auf die unten aufgeführten Ausnahmen vom Verfasser angefertigt. Jene Abbildungen mit eckiger Klammer wurden nach der jeweils angegebenen Quelle erstellt und referenziert.

Für die Abbildung 2.10 (aus AIC 18/95 Abb. 4) erfolgte die freundliche Genehmigung der DFS - Deutsche Flugsicherung GmbH.

Die Verwendung der dargestellten Luftfahrtkarten der Abbildungen 2.17 und 2.18 aus dem Lido RouteManual erfolgt mit der freundlichen Genehmigung von Lufthansa Systems FlightNav. Sie wurden von Frau Maxi Unterricker zur Verfügung gestellt.

Ein Dank ergeht an die Herren Martin Köppl und Rudi Bacher, DFS - Deutsche Flugsicherung GmbH/Center München, welche die Aufnahmen für die Abbildungen 3.19, 3.31, 3.33 und 3.34 am 05.08.2005 am Flughafen München ermöglicht haben.